Julius König

NEUE GRUNDLAGEN DER LOGIK, ARITHMETIK UND MENGENLEHRE

VON

JULIUS KÖNIG

SEKRETÄR DER MATH. UND NATURWISS. KLASSE
DER UNGARISCHEN AKADEMIE DER WISSENSCHAFTEN

MIT DEM BILDNIS DES VERFASSERS

LEIPZIG
VERLAG VON VEIT & COMP.
1914

Druck von Metzger & Wittig in Leipzig.

Vorwort.

Die synthetische Logik[1] *soll ein wissenschaftliches Bild der in der Logik, Arithmetik und Mengenlehre angeschauten Denkvorgänge bieten, genau so wie die Mechanik des Himmels ein wissenschaftliches Bild der Planetenbewegung liefert.*

Dazu gehört vor allem eine Einigung über jene ersten Tatsachen, die wir als für jedes Denken verbindlich anerkennen wollen und auf dieser Grundlage die Konstruktion oder Synthese des Dingbegriffs, der in den mathematisch-logischen Wissenschaften auftritt. Insbesondere sind es die Kollektivbegriffe (Mengenbegriffe), die bei dieser Untersuchung eine ausgezeichnete Stellung einnehmen. Die Erfahrung zeigt, daß solche Kollektivbegriffe sich nicht nur durch die in die Kollektion aufgenommenen Elemente unterscheiden können, sondern auch durch die Art und Weise, „wie" diese Elemente in jenem Kollektivbegriffe, in der Menge, enthalten sind, wodurch vor allem die Russellsche „contradiction" ihre naturgemäße Erklärung findet. Nicht eine Beschränkung, sondern eine Präzisierung und damit verbundene Verallgemeinerung des Mengenbegriffs ist es, nach der die sogenannten Antinomien der Mengenlehre verschwinden, die von Poincaré geforderten strengen Bedingungen für unser mathematisches und logisches Denken erfüllt werden, und trotzdem die klassischen Resultate der Cantorschen Mengenlehre erhalten bleiben.

Dabei erweist sich eine tiefere Fassung der logischen Deduktion als notwendige Grundlage. Nicht durch ontologische und metaphysische Betrachtungen ist der Satz des Widerspruchs zu erhärten; damit wäre

[1] Ursprünglich war „Synthetische Logik" der Haupttitel des Buches. — D. K.

ja immer nur gesagt, daß, wo die Geltung dieses Satzes aufhört, auch unser logisches Denken aufhören muß. Seine Geltung muß „evident" werden; und dies geschieht ausschließlich durch Berufung auf unmittelbare Anschauung, vor allem auf die als unabweisbar hingestellte Tatsache, daß dieselben Dinge nicht zugleich verschieden und auch nicht verschieden sein können. Ähnlich wie Hilbert die Widerspruchslosigkeit seiner „Geometrien" durch Zurückführung auf das Anschauungsgebiet der Zahlen erhärtet, wird die Widerspruchslosigkeit des logischen Denkens durch Reduktion auf jenes eben erwähnte Anschauungsgebiet „evident".

Unser Glauben an die Zuverlässigkeit des logischen Denkens wird damit wesentlich vertieft, und zugleich eine zentrale Methode geschaffen, die das Problem der Widerspruchslosigkeit für die hier in Betracht kommenden Gebiete erledigt. In die gewohnte Ausdrucksweise übertragen, heißt dies, daß die Widerspruchslosigkeit gewisser Gruppen von Axiomen erhärtet wird. Damit eben wird eine „neue" Grundlegung der Arithmetik und Mengenlehre erreicht, auf deren auch in den Einzelheiten nicht unwichtige Erörterung diese kurze Anzeige nicht eingehen kann.

Nur das eine sei noch erwähnt, daß wir so auch zu dem Zermeloschen Auswahlprinzipe und dem damit zusammenhängenden allgemeinen Wohlordnungssatze gelangen. Niemand kann „gezwungen" werden, die in diesen enthaltenen Anschauungspostulate anzunehmen, wohl aber kann gezeigt werden, daß diese Annahmen niemals zu einem Widerspruche führen. Das ist es aber, was eigentlich verlangt werden kann, denn eine Gruppe von Sätzen, die durch logische Deduktion niemals zu Widersprüchen führt, ist nicht mehr Hypothese; sie besitzt jene logische Existenz, die für „freie Schöpfungen unsres Geistes" allein verlangt werden kann.

So glaube ich, diese interessanten und heiß umstrittenen Gebiete unsrem definitiven, in gewissem Sinne des Wortes naturwissenschaftlichem Wissen angegliedert zu haben.

Julius König.

Mit diesen Worten charakterisierte mein am 8. April d. J. verstorbener Vater das Ziel und die Resultate des Buches, an dem er seit acht Jahren bis zum letzten Tage seines Lebens gearbeitet hat und das hiermit der Öffentlichkeit übergeben wird. Es war ihm noch vergönnt, sein Werk — dem Wesen der Sache nach — zum Abschluß zu bringen, wenn auch das letzte Kapitel nur als ein Fragment angesehen werden kann. Es fehlten nur mehr einige Seiten. Diese hätten vor allem die seiner — in diesem Buche endgültig dargestellten — Auffassung entsprechende Darlegung des vielumstrittenen Zermeloschen Beweises für den Wohlordnungssatz enthalten. Er hatte schon seit mehreren Jahren diesen Beweis — wenigstens für die von ihm sogenannten Cantorschen Mengen (Kap. VI, Art. 6), zu denen auch das Kontinuum gehört — als bindend anerkannt. Außerdem hatte er nur noch die Absicht, einen Beweis des Satzes „$\aleph_\gamma^2 = \aleph_\gamma$“ in sein Buch aufzunehmen. Für diesen Satz von Cantor wurden bekanntlich von Hessenberg und Jourdain Beweise publiziert. Diese Erörterungen hätten keine neuen prinzipiellen Schwierigkeiten mehr bereitet. Der Verfasser meinte sogar schon nach der Beendigung des VII. Kapitels — und hat es auch wiederholt ausgesprochen —, daß alles Weitere jeder nachholen könnte, der diese sieben Kapitel gründlich studiert und verstanden hat.

Das Buch erscheint hier ohne Zusätze und Ergänzungen, so wie der Verfasser das Manuskript zurückgelassen hat. Die Änderungen, die ich bei der Durchsicht des Manuskriptes und der Korrekturen für unvermeidlich fand, sind so unwesentlich, daß es wohl nicht nötig erscheint, sie hier einzeln aufzuführen. Ich hatte das Glück, sie sämtlich mit Prof. Kürschák besprechen zu dürfen, der das Interesse, das er für die wissenschaftliche Tätigkeit meines Vaters stets bekundete, auch dem letzten Werke seines Lehrers und Freundes nicht entzogen hat. Wenn es nicht allzusehr merklich blieb, daß die letzte Revision des Manuskriptes nicht vom Verfasser selbst ausgeführt werden konnte, so ist das vor allem seiner Mitwirkung zu danken. Mein aufrichtiger Dank gilt auch Prof. F. Hausdorff. Indem er die mühsame und undankbare Arbeit übernahm, eine Korrektur des ganzen Buches mitzulesen, hat er einen der letzten Wünsche meines Vaters erfüllt. Auch die Verlagsbuchhandlung Veit & Comp. hat mich zum Danke verpflichtet durch ihre Freundlichkeit, mit der sie allen auf die Herstellung des Buches bezüglichen Wünschen, die zum Teil noch von meinem Vater selbst ausgesprochen wurden, bereitwilligst entgegengekommen ist und dem Buche das Bildnis des Verfassers vorangesetzt hat.

Budapest, Oktober 1913.

Dénes König.

Inhalt.

I. Die ersten Tatsachen.

II. Die Erweiterung des Dingbegriffes I. (Die Kollektivbegriffe oder Mengen.)

III. Die Erweiterung des Dingbegriffes II. (Bild und Relation. Endliche Mengen und endliche Denkprozesse.)

IV. Die logischen Grundbegriffe und ihre Formalisierung.

V. Theorie der logischen Formen. (Der Denkbereich der reinen Logik.)

VI. Axiomatische Formen- und Denkbereiche.

VII. Grundlagen der Arithmetik.

VIII. Die Fundamentalsätze der Cantorschen Mengenlehre.

IX. Ordnungszahlen, Ordinatoren und Wohlordnungssatz.

Erstes Kapitel.

Die ersten Tatsachen.

Die Erlebnisse.

1. Daß mein Bewußtsein von Vorgängen Kenntnis nimmt, die sich in diesem meinem Bewußtsein abspielen, ist eine unabweisbare „Tatsache" meines Denkens. Diese Tatsache kann nicht weiter beschrieben werden; denn in jeder solchen Beschreibung wäre ja diese Tatsache schon enthalten. Ich kann und darf nicht einmal sagen, daß die Leugnung dieser Tatsache mein Denken selbst aufheben würde; was wäre dies anderes, als Kenntnisnahme von einem Vorgange in meinem Bewußtsein, den ich als „Widerspruch" empfinde?

Der oberste Satz meines Denkens lautet demnach:

Es gibt Erlebnisse meines Bewußtseins.

Daß ich in diesen Zeilen andern denkenden Wesen von meinem Denken Mitteilung machen will, kommt dabei nicht in Rechnung. Ebensowenig hat es hier einen Sinn, zu fragen, ob ein Erlebnis meines Bewußtseins „wahr" ist oder nicht? Die Tatsache einer Geistererscheinung, an der noch keine Skepsis rührt, und die Tatsache, daß ich denke, haben in diesem Augenblicke für mich denselben „Wert". Jedes Erlebnis meines Bewußtseins ist — während und weil ich es erlebe — „unabweisbar". Ausführlicher könnte ich dies nur in der allerdings etwas sonderbaren Tautologie ausdrücken: „Mein Bewußtsein, das ein bestimmtes Erlebnis erlebt, erlebt dieses bestimmte Erlebnis".

Wenn ich die Denkvorgänge beschreiben will, die allem wissenschaftlichen Denken gemeinsam sind, und diesem „vorangehen", muß ich, soweit dies tunlich ist (ganz läßt es sich leider nicht ausführen, da ich doch irgend welchen sprachlichen Ausdruck benötige), jeden Ausdruck, der eine bestimmte wissenschaftliche Bedeutung besitzt, vermeiden. Jeder solche Ausdruck setzt uns ja der Gefahr aus, unbemerkt festzusetzen, was erst festgesetzt werden soll. Ich muß mich demnach damit begnügen, das bisherige in folgender Aussage zusammenzufassen:

Daß es Erlebnisse meines Bewußtseins gibt, ist eine unabweisbare „Tatsache".[1]

An diese Ur-Tatsache schließen sich die weiteren unabweisbaren Tatsachen:

Ein Erlebnis meines Bewußtseins kann sich wiederholen (z. B. das Erlebnis, daß ich „etwas" erlebe).

Und:

Es gibt verschiedene Erlebnisse meines Bewußtseins.

Ich kann mir nicht denken, wie eine wortreichere Fassung diese Aussagen klarer stellen könnte. Und ich würde in den eben gerügten Fehler verfallen, wenn ich hier von einer Analyse des Inhalts der Ur-Tatsache, von undefinierbaren Denk-Akten u. dgl. sprechen wollte.

Über das bisherige komme ich hinaus, wenn ich gewisse Bewußtseins-Erlebnisse konstatiere, d. h. diese als Erlebnisse in mein Bewußtsein aufnehme. Als solche wählen wir folgende:

„Ich sehe *a*." „Ich sehe *b*."

Daß ich dabei Gesichtseindrücke benutze, ist völlig nebensächlich. Man wird wohl zugeben, daß ein genügend geschulter Geist von Sinneseindrücken überhaupt absehen und andre Bewußtseinserlebnisse benützen könnte, an denen er die Tatsachen der Wiederholung oder Verschiedenheit zu konstatieren in der Lage ist. Da es aber so am bequemsten ist, will ich das Erleben von Gesichtseindrücken benützen, was ich umsomehr tun kann, als aus der fertigen Terminologie dieser Ursprung der Denkakte wieder herausfällt.

Der charakteristische Zug des „wissenschaftlichen Denkens" besteht darin, daß es sich dabei immer um ein Erleben von Erlebnissen handelt. Statt zu sagen: „Ich erlebe ein Erlebnis" benutze ich nun den Ausdruck: „Ich erlebe ein (Gedanken-) Ding", und nenne diese sprachliche Umformung, bei welcher ich „Gedankending" oder „Ding" statt Erlebnis sage, „Objektivierung" des Erlebnisses. Ob es Dinge gibt, die nicht Erlebnisse meines Bewußtseins sind, ist eine Frage, die vorläufig gar nicht aufgeworfen wird, und ich kann deshalb statt „Gedankending" immer kurz „Ding" sagen. So sage ich statt: „Ich erlebe das Erlebnis, daß ich *a* sehe" auch „Ich erlebe den Gesichtseindruck *a*", wo „der Gesichtseindruck *a*" eben ein (bestimmtes) „Ding" ist.

[1] Wäre das Wort „Anschauung" nicht schon — und noch dazu in verschiedenen Bedeutungen — festgelegt, so würde ich Anschauungstatsache sagen; umsomehr, da diese Ausdrucksweise, meiner Ansicht nach, im philosophischen oder erkenntnistheoretischen Sinne richtig wäre.

So gelangen wir endlich zu der endgültigen Formulierung der früher ausgesprochenen unabweisbaren Tatsachen:

Es gibt Dinge, die wir erleben. Diese Dinge werden, als „sich wiederholend“ oder als „verschieden“ erkannt. Statt „sich wiederholend“ soll auch der sprachliche Ausdruck: „nicht verschieden“ benutzt werden.

Daß Dinge als sich wiederholend, nicht verschieden erkannt werden, drücken wir endlich in folgenden Worten aus. „Ich sehe *a*“ ist dasselbe, wie „Ich sehe *a*“.

Vorstellungen und Gefühle.

2. Der Ausdruck: „Ein Erlebnis erleben“ wird im gewöhnlichen Sprachgebrauche nicht benützt; er kann und soll daher für uns eine genauere terminologische Bedeutung erhalten. Die Aussage, daß ich ein Erlebnis, z. B. den Gesichtseindruck *a* erlebe, sagt vor allem, daß ich „*a*“ sehe; sie wäre aber, wenn sie genau dasselbe bedeuten sollte, gewiß überflüssig. Dies ist aber schon dem unmittelbaren Sprachgefühle zufolge nicht der Fall. „Ich erlebe den Gesichtseindruck *a*“ sagt mehr als „ich sehe *a*“; ungefähr folgendes. Mein Bewußtsein nimmt Kenntnis von der Tatsache, daß mein Bewußtsein den Gesichtseindruck *a* aufgenommen hat; mein Bewußtsein erlebt nicht nur den Gesichtseindruck *a*, sondern auch die Vorstellung dieses Gesichtseindruckes *a*. Endlich in genauerer Fassung:

Daß ich ein bestimmtes Erlebnis erlebe, ist ein von diesem bestimmten Erlebnisse verschiedenes Erlebnis; und wird als „Vorstellung“ dieses Erlebnisses dem Erlebnisse selbst gegenübergestellt. Statt „ein Erlebnis erleben“ sagen wir demnach „ein Erlebnis vorstellen“; und die Vorstellung eines Erlebnisses ist wieder ein sprachlich objektiviertes Erlebnis, ein (Gedanken-)Ding.

Ich gelange damit zu weiteren unabweisbaren Tatsachen meines Denkens:

Ein bestimmtes Erlebnis und die Vorstellung dieses Erlebnisses sind verschiedene Dinge. Das Erlebnis „erzeugt“ die Vorstellung des Erlebnisses. Die Vorstellung des Erlebnisses „erinnert“ an das Erlebnis selbst. Das Erlebnis und seine Vorstellung sind miteinander „verknüpft“.

Auch hier würde eine wortreichere Fassung dieser unabweisbaren Tatsachen diese nicht klarer stellen. Damit soll natürlich nicht gesagt sein, daß eine weitere Untersuchung dieser Tatsachen überflüssig oder gar unstatthaft ist. Aber diese Untersuchungen, die einem andern Forschungsgebiete, der Psychologie angehören, werden auch dort den unmittelbaren „Inhalt“ dieser Tatsachen als gegeben voraussetzen.

In die Reihe der unabweisbaren Tatsachen, die von jedem Denkvorgange unzertrennlich sind, und also noch vor jenen Tatsachen zu konstatieren sind, die wir als der synthetischen Logik angehörend bezeichnen werden, gehört endlich noch folgende:

Jedes Erlebnis meines Bewußtseins wird von Zuständen meines Bewußtseins — Gefühlen im weitesten Sinne des Wortes — begleitet.

Auch diese Gefühle, die das Erlebnis begleiten, können ebenso wie die durch das Erlebnis erzeugte Vorstellung dem Erlebnisse selbst, als von diesem verschiedene Erlebnisse gegenübergestellt werden. Doch ist diese Gegenüberstellung vorderhand eine unsichere, verworrene, und es gehört zu den Hauptzielen des wissenschaftlichen Denkens, diese verworrenen Gefühle in klare Vorstellungen umzusetzen. Für Farbenempfindungen ist dies z. B. Aufgabe der physiologischen Optik; für das ebenso ursprüngliche Gefühl des „Wahr-Seins“ versucht dies, in allerdings — wieder für unser „Gefühl“ — recht ungenügender Weise, jedes metaphysische System.

Wie weit das Gefühl des Wahr-Seins — man verzeihe den ungewöhnlichen aber charakteristischen Ausdruck — sich mit dem Gefühle deckt, daß gewisse Tatsachen unabweisbar sind, soll und kann durch Beschreibung gewisser Denkvorgänge klargestellt werden, die als „Theorie der logischen Formen“ den ersten Teil jenes Wissenszweiges bildet, den wir als Beschreibung der Denkvorgänge „Logik“, und weil aus der Zusammenstellung unabweisbarer Tatsachen entstehend, „synthetische Logik“ nennen. Der Zusammenhang mit dem Kantschen Probleme der synthetischen Urteile a priori ist wohl ersichtlich, soll aber — weil wir eben nicht Philosophie treiben wollen — nicht weiter erörtert werden. Für uns ist die synthetische Logik „Naturwissenschaft“ in dem Sinne, daß wir Tatsachen — die Tatsachen unseres Denkens — „beschreiben“, „ordnen“, und dadurch „erklären“, das heißt im Gegensatz zu ihrer ursprünglichen Verworrenheit klarer machen wollen.

Namen und Zeichen.

3. Indem mein Bewußtsein von der unabweisbaren Tatsache Kenntnis nimmt, daß ein Erlebnis mit der Vorstellung dieses Erlebnisses „verknüpft“ ist, entsteht ein neues Erlebnis. Mein Bewußtsein erlebt die Verknüpfung jener Erlebnisse. Dabei zeigt mir die

Beobachtung meines Denkens, daß nicht bloß ein Erlebnis und seine Vorstellung verknüpft werden können.

Es ist eine unabweisbare Tatsache, daß ich folgende Festsetzung treffen kann. Irgendein bestimmtes Erlebnis (also auch eine bestimmte Vorstellung) soll die Vorstellung irgend eines, von diesem verschiedenen Erlebnisses „erzeugen", und diese Vorstellung wieder an jenes Erlebnis „erinnern". Dabei wird ein Erlebnis mit der Vorstellung eines beliebigen anderen Erlebnisses „verknüpft".

Auch diese Festsetzung ist, indem mein Bewußtsein von ihr Kenntnis nimmt, ein Erlebnis, und als solches von dem Gefühle der Spontaneität (der Freiheit) begleitet. (Ich kann, ich will diese Festsetzung treffen; ich kann es auch nicht tun.) Durch diese spontane Verknüpfung der Erlebnisse werden diese „einander zugeordnet" oder auch „geordnet".

Die soeben beschriebene Festsetzung ist das Wesen der Sprache, und eben deshalb einer Beschreibung durch die Sprache eigentlich unzugänglich. Wenn ich der deutschen Sprache mächtig bin, erzeugt der Laut „Rose" in meinem Bewußtsein eine bestimmte Vorstellung; und diese Vorstellung, sei sie wie immer entstanden, erinnert mich an den Laut. Die zugrunde liegende Festsetzung muß und kann „erlernt" und dann „festgehalten" werden. Wie diese Verknüpfung geschehen, habe ich an mir erfahren; es war dies das Erlebnis der Verknüpfung der Vorstellung und des Lautes „Rose". In der sprachlichen Darstellung ist aber die zu erzeugende Vorstellung nie vorhanden, sondern immer wieder nur ein sinnliches Erlebnis (z. B. die Laute „rote Blume" usw.), das die Vorstellung erzeugt. Der Laut „Rose" ist ein Name der zugehörigen Vorstellung, und das Erlebnis dieses Lautes hat innerhalb jener „sprachlichen" Festsetzung eine „Bedeutung" erhalten, die von dem Erlebnisse selbst, dem Hören des Lautes, verschieden ist.

Der Gesichtseindruck „Rose" wird in der geschriebenen Sprache genau so benützt, wie der Laut in der gesprochenen Sprache.

So werden wir endlich überhaupt ein Erlebnis als Namen jener Vorstellung denken, die es in einer bestimmten und festgehaltenen Festsetzung erzeugt, während diese Vorstellung wieder an jenes Erlebnis, als den Namen der Vorstellung erinnert.

Jedes Erlebnis, jeder Bewußtseinszustand, jede Empfindung, jedes Gefühl, könnte als „Name" benutzt werden. Die Sprache des Naturmenschen benutzt als Namen Sinneseindrücke (vor allem Gehörseindrücke, aber auch Gesten usw.); der Name ist um so

„bequemer“, je leichter und sicherer er erkannt und reproduziert wird. Auch die Erfahrung und Überlegung wird darum vor allem Sinneseindrücke, aber als solche die „schärfsten“, die Gesichtseindrücke wählen, die in dieser ihrer Verwendung zu „reinen“ Namen, Schriftsymbolen werden.

So gelangen wir zu einer festen Terminologie. Eine bestimmte Vorstellung hat einen bestimmten Namen, an den sie erinnert. Sie wird z. B. „a“ genannt, wenn a der als Name benutzte Sinneseindruck ist. Der Name a bedeutet, erzeugt jene bestimmte Vorstellung. Dabei ist aber eine fundamentale Tatsache hervorzuheben. Was ich da gesagt oder geschrieben, sind wieder nur Worte, Namen. So ist der Ausdruck „eine bestimmte Vorstellung“ wieder nur ein Name, der ein zugehöriges Denkerlebnis erzeugt.

Das methodische Denken beruht nun darauf, daß wir Namen als Erlebnisse wieder mit Namen belegen. Der Name, der die Vorstellung eines Namens erzeugt, ist ein Zeichen (im engeren Sinne des Wortes). So sage ich z. B.: „+“ ist das Zeichen der Addition, wo ja „+“ und „Addition“ Namen im oben gegebenen Sinne sind. So kann ich „nom.“ (nominatur) als „Zeichen“ der „Verknüpfung zwischen Vorstellung und Namen“ benutzen (auch das ist ja ein Name) und

$$A \text{ nom. } B$$

schreiben. „Der Name B soll als Name, Zeichen des Namens A benutzt werden.“ Und so wird endlich nach gehörigen Festsetzungen „A nom. B“ als Name die Vorstellung erzeugen, daß der Vorstellung des Erlebnisses, dessen Name A ist, jenes Erlebnis, dessen Name B ist, als Name zugeordnet ist.

Auch an dieser Beschreibung bemerke ich, daß eine Denktätigkeit, die uns einfach und gewohnt erscheint, durch eine solche Auseinandersetzung zuerst eher unklarer und verworrener wird. Trotzdem mußten diese Betrachtungen kurz gegeben werden; denn das Denken an und von Zeichen ist die Grundlage des wissenschaftlichen Denkens, wenigstens in dem Sinne, daß es die Methodologie des wissenschaftlichen Denkens ergibt.

4. Die Zeichen sind selbst Namen, und zwar Namen eines Namens; wir können festsetzen, daß ein bestimmtes Zeichen Name (Zeichen) irgendeines bestimmten Zeichens sei. In dieser Auffassung ist

$$A \text{ nom. } B$$

selbst der Name eines Erlebnisses, für den wieder der Name „Nomination“ festgesetzt werden kann, oder in der gewöhnlichen Sprachweise:

„A nom. B“ soll eine Nomination genannt werden.

Die Erfahrung lehrt, daß wir verschiedene solche Nominationen festsetzen und in unserem Bewußtsein festhalten können, am einfachsten durch die „simultane“ Anschauung der betreffenden Zeichen. Beispiele, d. h. Erfahrungen solcher Erlebnisse sind:

α) Die Nominationen:

$$a \text{ nom. } M$$
$$b \text{ nom. } M;$$

im sprachlichen Ausdrucke: „Die Zeichen a und b werden M genannt“. Dabei ist dieser Satz selbst ein Namen jenes Erlebnisses.

β) Die Nominationen:

$$a \text{ nom. } M$$
$$a \text{ nom. } N;$$

im sprachlichen Ausdrucke: „a wird M genannt, und auch N genannt“. Für eine ganz präzise Fassung ist die Wiederholung des Wortes „genannt“ notwendig; denn selbst die scheinbar genaue Ausdrucksweise: „a wird M und auch N genannt“ könnte ja auch so gedeutet werden, daß das Zeichen „M und auch N“ ein Name des Zeichens a ist.

Die unter α) und β) vorgezeigten Erlebnisse sind von dem Erlebnisse

$$A \text{ nom. } B$$

verschieden. In diesem ist die Verknüpfung von A und B von dem Gefühle der „Sicherheit“ begleitet. B bedeutet, erzeugt nur A, und A erinnert nur an B. A ist durch B, und B durch A „bestimmt“.

Anders in jenen. Durch den Namen M ist in α) kein Zeichen bestimmt. Ebensowenig bestimmt das Zeichen a in β) einen Namen. Es entsteht das Gefühl der „Unsicherheit“, des „Zweifels“, dem im sprachlichen Ausdruck das Bindewort „oder“ entspricht. Das Zeichen, dessen Namen M wir kennen, ist a oder b. Der Name des Zeichens a ist M oder N.

Es sei noch ein für allemal bemerkt, daß der sprachliche Ausdruck Ungenauigkeiten mit sich führt, die wir als vorläufig belanglos nicht weiter verfolgen. Sie können nicht stören; denn was wir erfahren, erfahren wir an den angeschauten Nominationen und nicht an ihrer sprachlichen Beschreibung. Insbesondere bezieht sich diese Bemerkung auf den sprachlichen Gebrauch von „und“ und „oder“.

Das Erlebnis, dessen festgesetzter Namen „A nom. B“ ist, kann auch mit anderen Namen verknüpft werden. Solche wären z. B. „A gehört zur Art B“ oder „die Art B enthält A“. Insoweit wir diese Sätze nur als Namen jenes Erlebnisses auffassen, wäre diese veränderte Nomination von „A nom. B“ ganz belanglos. (Sie würde uns jedoch der Gefahr aussetzen, daß wir diesen Sätzen schon jetzt den Sinn einer „logischen Einteilung“ zuschreiben, während wir doch jetzt nur ganz bestimmte, einzeln aufgeführte Tatsachen unseres Bewußtseins konstatieren sollen, deren Synthesis uns erst später zu jenen Tatsachen führen soll, die wir als logische Begriffsbildungen zu bezeichnen gewohnt sind. Allerdings liegen in der Nomination die ersten Keime der logischen Einteilung; aber gerade diese Einsicht wird klarer, wenn wir solche Namen, die schon unwillkürlich daran erinnern, jetzt noch prinzipiell vermeiden.)

Der Inkompatibilitätssatz und die Grundnorm unsres Denkens.

5. Ich bin imstande, gewisse Nominationen festzusetzen, und diese Festsetzungen festzuhalten. Diese „unabweisbare“ Tatsache ist unmittelbar der Erfahrung entnommen und kann z. B. in folgender Weise beschrieben werden. Auf einem Blatte Papier sehen wir in einzelnen Zeilen gewisse Nominationen oder eigentlich wir erfahren gewisse Gesichtseindrücke, die Namen jener Nominationen sind, und wir können mit Hilfe dieses Anschauungsmittels wieder und wieder konstatieren, daß „eine gewisse Nomination (oder eigentlich ihr sichtbarer Name) sich auf diesem Blatte befindet“; oder auch daß „eine gewisse Nomination sich n i c h t auf diesem Blatte befindet“.

Das Erlebnis, das wir betrachten, ist ein fundamentales, das unbedingt ausführlich beschrieben werden muß. Daß wir diese Beschreibung verstehen, daß wir in ihr einig sind, geht allem „Wissen“ voraus.

Wir haben ein Blatt Papier, auf dem in der angegebenen Weise gewisse Nominationen verzeichnet sind. Wir haben ein anderes Blatt, auf dem eine bestimmte Nomination sichtbar ist. Wir wollen entscheiden, ob diese Nomination sich unter jenen findet. Die Erfahrung gibt uns diese Entscheidung; dieser einfachste „Versuch“ ist ausführbar. Der Versuch und die Entscheidung sind Erlebnisse, die wiederholt werden können. Daß der wiederholte Versuch eine Entscheidung ergibt, die von der früheren Entscheidung verschieden ist, erscheint uns — wie man zu sagen pflegt — als undenkbar. (Wollten und dürften wir hier schon einen logischen Schluß anwenden, so könnte man ungefähr folgendes sagen. Mit dem Erlebnisse des Versuches erleben wir auch die Entscheidung. Die Wiederholung des Versuchs ist „also" auch eine Wiederholung der Entscheidung. Das wäre aber offenbar Anwendung der Logik, bevor noch die Logik in den Besitzstand unsres Bewußtseins eingetreten ist; der gewöhnliche Zirkel.)

Wir wollen den fraglichen Vorgang nun noch näher beschreiben. Der Versuch samt seiner Wiederholung ist auch ein Erlebnis, das in unser Bewußtsein getreten ist. Wir hätten in diesem Erlebnisse erlebt, daß jene bestimmte Nomination von einer bestimmten Nomination auf dem ursprünglichen Blatte nicht verschieden ist, und auch, daß sie von dieser verschieden ist.

Wir behalten von jetzt ab nur das Wesentliche bei und kürzen die Ausdrucksweise, indem wir statt „das Erlebnis, dessen Name A ist" kurz „das Erlebnis A" oder auch nur „A" schreiben.

Mit den Erlebnissen A, B können wir uns oft ein Erlebnis „A und B"[1] vorstellen. („Die Kugel ist rund" und „die Kugel ist rot".) Versuchen wir das mit den Erlebnissen

„M ist von N verschieden", (A)

„M ist von N nicht verschieden", (B)

so gelingt es nicht eine Vorstellung von „A und B" zu erhalten. Es entsteht nur das Gefühl einer „Schranke" unseres Bewußtseins (wenn man will, unseres Denkvermögens); und es ist, wenn wir aufrichtig sein wollen, nur dieses Gefühl, dem wir in dem „Inkompatibilitäts-Satze" Ausdruck geben:

Die Erlebnisse: „M ist von N verschieden" und „M ist von N nicht verschieden" sind inkompatibel. Sie schließen sich gegenseitig aus.

Die Tatsache dieses Gefühls ist gewiß auch eine unabweisbare Tatsache meines Denkens, die aber jeder andern Tatsache schroff gegenübersteht. Ihre Anwendung ist unfruchtbar. Die Tatsache, daß ich eine gewisse Festsetzung treffen kann, „vermehrt" den Inhalt meines Denkens. Diese Tatsache beschränkt es. Wir versuchen es gar nicht mehr, von jener Festsetzung zu einem Erlebnis, zu einer Vorstellung des Erlebnisses durchzudringen. Man erinnert sich dabei, auch unwillkürlich, der Vorgänge, die sich in unserem Bewußtsein abspielen, wenn wir einen mathematischen Beweis „nicht verstehen", wenn ein physikalischer Apparat „nicht funktioniert". Aber die Verhältnisse liegen hier anders. Die Tatsache des Gefühls,

[1] Was „A und B" bedeutet, zeigt in einzelnen Beispielen, wie oben, die Anschauung. Nur von solchen Fällen ist hier die Rede. Vielleicht ist das folgende eine genauere Beschreibung des Erlebnisses: „A und B": „Wir erleben A und wir erleben B".

von dem wir hier sprechen, ist von dem Gefühle der Notwendigkeit begleitet. Ob das Erlebnis, daß die Tatsache dieses Gefühls von dem Gefühle der Notwendigkeit begleitet wird, ob dieses Erlebnis selbst von dem Gefühle der Spontaneität oder von dem Gefühle der Notwendigkeit begleitet wird, ist eine für den Philosophen sehr wichtige Frage. Hier wird diese Frage gar nicht aufgeworfen. Jene Schranke unseres Denkvermögens wird von uns einfach angenommen, in freiwilliger Unterwerfung beibehalten; wir werden von jetzt ab keine Festsetzung fordern, nach der eine Vorstellung von „*M* ist von *N* verschieden“ **und** „*M* ist von *N* nicht verschieden“ erlebt werden soll. Eine solche Vorstellung ist „unannehmbar“.

6. Der Inkompatibilitäts-Satz wird durch diese Betrachtungen eine „unabweisbare Tatsache“, die Vorstellung einer „unabweisbaren Tatsache“ selbst aber durch dieselben Betrachtungen klarer und genauer. Während wir zuerst nur gewisse Erlebnisse unabweisbare Tatsachen genannt haben, können wir nun weiter konstatieren, daß die Vorstellung dieser Erlebnisse von dem Gefühle der Notwendigkeit begleitet ist. Wir wollen nun geradezu ein Erlebnis, dessen Vorstellung von dem Gefühle der Notwendigkeit begleitet wird, „unabweisbar“ nennen. Aber wir könnten dann weiter fragen, ob das Erlebnis, daß die Vorstellung eines Erlebnisses von dem Gefühle der Notwendigkeit begleitet wird, „unabweisbar“ ist. Und so fort. Es muß hier noch dabei bleiben, daß wir gewisse unabweisbare Tatsachen einfach aufgezählt und beschrieben haben. Selbstverständlich ist damit noch die Untersuchung, was „unabweisbar“ und „unannehmbar“ bedeutet, wissenschaftlich nicht bloß nicht abgeschlossen, sondern eher noch gar nicht begonnen.

Der Inkompatibilitätssatz hat in dieser Ausführung zu einer praktischen Regel, der Grundnorm unseres Denkens geführt.

Ist einmal „*M* ist von *N* verschieden“, sei es als notwendige Tatsache, sei es als spontane Annahme, festgesetzt, so soll „*M* ist von *N* nicht verschieden“ weder als notwendige Tatsache, noch als spontane Annahme festgesetzt werden. Und umgekehrt. Die beiden Annahmen schließen sich von jetzt ab aus. Wird die eine vorgestellt, so soll die andere fallen gelassen werden.

Ich betone hier den Gebrauch des Wortes „soll“; so wollen wir es halten. Ob wir es so halten müssen, ist ein Problem der Metaphysik, mit dem wir nichts zu tun haben. „Undenkbar“ ist, was uns durch diese Denknorm verboten wird. (Dies entspricht übrigens auch dem Sprachgebrauche; wir sagen auch, daß das Perpetuum mobile undenkbar ist, während es doch, wenn auch als Wunder, ganz gut denkbar ist.)

Eine Festsetzung oder Annahme, von der die Grundnorm unseres Denkens gebietet, daß sie fallen gelassen, ausgeschlossen werde, werden wir als unmöglich bezeichnen. So ist z. B. bei der Annahme, daß M von N nicht verschieden ist, die Annahme, daß M von N verschieden ist, unmöglich, usw.

Diese Bedeutung des Wortes „unmöglich" ist, wenn das bisher Vorgetragene als in den Inhalt unseres Bewußtseins eingegangen anerkannt wird, eine völlig klare; sie ist rein normativ und sagt demgemäß viel weniger, als das in metaphysische Nebel gehüllte „unmöglich" des Philosophen, dessen Sinn in bezug auf „Sein", „Denken" und „Wirken" ja die Lösung aller „Welträtsel" in sich enthalten müßte. Trotzdem ist es nicht nur gefahrlos, sondern geradezu angezeigt, dieses und kein anderes Wort zu gebrauchen. So geht jede Theorie vor, deren „wissenschaftlichen Wert" wir anerkennen. So spricht z. B. die Theorie der Planetenbewegung von der Erdmasse, während doch von den verworrenen Erfahrungen, die mit dem Worte ursprünglich genannt werden, nichts übrig geblieben ist als die Zahl, die wir Gravitationskonstante nennen.

Im Gegensatze zu dieser normativen Bedeutung sucht die Metaphysik dem Worte „unmöglich" eine dogmatische Bedeutung zu geben. Mit dieser haben wir vorläufig nichts zu tun[1], auch dann nicht, wenn wir sie anerkennen. Nur eines muß diesbezüglich bemerkt werden. Wenn wir in den bisher entwickelten und später zu entwickelnden Sätzen das Wort „unmöglich" nicht normativ, sondern in seiner als anerkannt gedachten dogmatischen Bedeutung fassen, so erhalten sie selbstverständlich einen ganz anderen („transzendenten") Sinn. Auch in diesem Sinne sind sie, oder scheinen sie, allgemein gültig, d. h. sie sind für jeden, der Metaphysik treibt oder Metaphysik zu treiben glaubt und trotz aller Verworrenheit der entsprechenden Vorgänge des Bewußtseins von der Empfindung der Notwendigkeit begleitet. Mit andern Worten:

Unsere Gedankenreihe gibt uns in der Tat eine Theorie (ein Bild) des Wissens oder der wissenschaftlichen Erkenntnis, genau so wie die Gravitationstheorie eine Theorie (ein Bild) der Bewegungen der Himmelskörper liefert.

[1] Siehe die hierauf bezüglichen abschließenden Erörterungen in Kap. V, Art. 5.

Dieser merkwürdige Parallelismus zwischen der empirischen und transzendenten Bedeutung unserer Sätze wird durchweg erhalten bleiben, auch bei den weiter zu behandelnden logisch-arithmetischen Teilen. So wird diese „Theorie des wissenschaftlichen Denkens" nicht ein Bindeglied, sondern ein gemeinsames Fundament der Philosophie und Naturwissenschaft. Sie liefert die Kriterien des „exakten" Denkens und genügt ihnen selbst.

7. Das Erleben (die Kenntnisnahme) von Denkvorgängen ist wieder ein Denkvorgang; über diese unabweisbare Tatsache können wir nicht hinwegkommen. Will man nun das Wissen von unseren Denkvorgängen als gesonderten und noch dazu grundlegenden Wissenszweig (Logik) von unserem übrigen Wissen trennen, so muß eine Antinomie entstehen. In der Tat gelangt man da zu dem Widerstreite: „Ohne Wissen keine Logik, ohne Logik kein Wissen."

Antinomien entstehen, wenn man aus bestimmten, wohlunterschiedenen oder doch als solchen angesehenen Begriffen neue Begriffe „erzeugt" und dann, durch mehr oder weniger oberflächliche Analogien verleitet, den neu erzeugten Begriff mit einem der erzeugenden Begriffe zusammenfallen läßt. Die Vorstellung eines Erlebnisses A, die gar nicht zustande kommen kann (nicht erlebt werden kann), wenn wir nicht schon die Vorstellung des Erlebnisses B besitzen, ist schon durch diese ihre Erzeugung von der letzteren verschieden, und sie als von dieser nicht verschieden zu denken, verstößt jedenfalls gegen die Grundnorm unseres Denkens.

Ebensowenig wie später die Antinomien der Mengenlehre, dürfen wir diese Antinomie des logischen Denkens als „scholastische Spitzfindigkeit" oder gar der Beachtung nicht werte „Spielerei mit Worten" bei Seite schieben; es ist eine Lebensfrage des wissenschaftlichen Denkens, in der Begründung der Logik jede solche Klippe zu vermeiden. Daß es einen solchen Weg gibt, hat wohl noch niemand bezweifelt. Aber das genügt nicht. Der Weg muß auch einmal begangen, die Methode festgelegt werden, nach der wir „wissenschaftlich denken".

Wenn nach dem bekannten Kantschen Ausspruch, den auch Hilbert als Leitwort seinen „Grundlagen der Geometrie" vorgesetzt hat, „alle menschliche Erkenntnis mit Anschauungen anfängt", so kann auch die erste Beschreibung unseres wissenschaftlichen Denkens nur mit Anschauungen beginnen, einfachen Erfahrungen, Erlebnissen, die wir als unabweisbare Tatsachen empfinden. Und wie diese Anschauungen wieder zu einem Erlebnis zusammentreten, auch das muß wieder angeschaut, beobachtet werden.

Für die menschliche Erkenntnis geht der Weg zum Wissen nur durch die Beschreibung. Die Anschauungen werden als verschieden erkannt, als nichtverschieden wiedererkannt, als Vorstellungen wiedererzeugt. Die unabweisbare Tatsache, daß wir nicht nur die Vorstellung, sondern in gewissen Fällen auch die Anschauung selbst, das Erlebnis wiedererzeugen können, ist die unumgängliche, natürliche und eben deshalb auch naturwissenschaftliche Grundlage unseres Denkens. Oder um dies mit Kants Worten auszudrücken[1], da ja diese Wiedererzeugung eines Erlebnisses das „Experiment" in seiner einfachsten Form ist:

„Diese dem Naturforscher nachgeahmte Methode besteht also darin: die Elemente der reinen Vernunft in dem zu suchen, was sich durch ein Experiment bestätigen oder widerlegen läßt" (Kritik der reinen Vernunft, 2. Auflage, Anmerkung auf S. 17).

Aber nicht nur für den Ansatz, auch für den Aufbau entscheidet das Beispiel, das die Naturwissenschaft in langer, harter Arbeit gegeben hat.

Es ist eine unabweisbare Tatsache, daß es Vorstellungen gibt, deren Erzeugung mit dem Gefühle der Spontaneität verknüpft ist. Z. B. wenn wir sagen: „Denken wir uns den Gesichtseindruck (den Buchstaben) a." Es ist eine fernere unabweisbare Tatsache, daß solche spontan erzeugten Vorstellungen zu Vorstellungen von neuen Erlebnissen führen, die mit dem Gefühle der Notwendigkeit verknüpft sind. So z. B. wenn wir in der Vorstellung des Gesichtseindrucks $a\,b$ gezwungen sind, den Gesichtseindruck a wieder zu erkennen. So sammeln wir Erfahrungen, in die noch kein Element der formalen Logik eingeht. Die Möglichkeit, solche Erfahrungen in spontan festgesetzten, aber bestimmten Vorstellungen zu erzeugen, ist das primäre, empirische Element der Erkenntnis; eine so erzeugte Erfahrung und die Vorstellung einer solchen Erfahrung — soweit ich diese Vorstellung überhaupt erzeugen kann — ist ein Erlebnis, das als primäres, rein deskriptives Wissen bezeichnet werden kann.

Ganz anders steht die Sache bei Erfahrungen, die von dem Gefühle der Notwendigkeit begleitet sind. Wir „müssen" es anerkennen, daß der Stein unter gewissen Bedingungen zur Erde fiel, daß ein in gewisser Schlußreihe gefälltes Urteil sich uns „aufdrängt". So verschieden die beiden Beispiele auch sind, in dem einen, wie im anderen haben wir es mit der Vorstellung eines neuen Erlebnisses zu tun, das nicht durch spontane Festsetzung erzeugt wurde. Würde

---

[1] Ob Kant selbst an diesen Sinn seiner Worte gedacht hat, muß wohl mindestens dahingestellt bleiben.

ich auch sagen, der Stein muß zur Erde fallen, das Urteil muß richtig sein, so wäre damit für unsern „Wissenstrieb" nichts gewonnen, sondern nur ein Dogma oder ein Wunder konstatiert. Über diesen Standpunkt hinauszukommen — ist das Ziel des „wissenschaftlichen Denkens". Wie soll das geschehen? „Beweisen" läßt sich offenbar das Gravitationsgesetz ebensowenig wie der Syllogismus. Beweisen hieße ja (eine andere Bedeutung des Wortes gibt es nicht) von bestimmten Vorstellungen durch spontane Festsetzungen (Regeln) zu neuen Vorstellungen zu gelangen. Dann ist aber eben die neue Vorstellung, da ja jene Regeln von dem Gefühle der Spontaneität begleitet sind, selbst auch von dem Gefühle der Spontaneität begleitet, und sie von jener notwendigen Vorstellung nichtverschieden zu setzen würde gegen die Grundnorm unseres Denkens verstoßen, die festzuhalten wir ein für allemal übereingekommen sind.

Hier setzt das Beispiel der Naturwissenschaften, z. B. der Astronomie ein, die in dem einen Teile rein beschreibend, in dem andern rein theoretisch ist.

In diesem Sinne soll die synthetische Logik ein „wissenschaftliches Bild" der in Logik, Arithmetik und Mengenlehre angeschauten Denkvorgänge bieten, gerade so wie die „Mécanique céleste" ein wissenschaftliches Bild der Planetenbewegungen liefert.

Ob und wie die so sehr unvollkommen angedeutete Aufgabe in diesen Blättern wirklich gelöst wird, — diese Frage zu beantworten muß wohl dem sachkundigen Leser überlassen werden.

Zweites Kapitel.

Die Erweiterung des Dingbegriffs I.

(Die Kollektivbegriffe oder Mengen.)

Die Beschreibung der Denkbereiche. Involution.

1. Ein bestimmter Zustand unseres Bewußtseins ist gegeben, wenn es für jedes Erlebnis festgesetzt ist, ob wir uns dasselbe vorstellen können oder nicht. Dabei ist aber zu beachten, daß wir für irgendein Erlebnis auch durch einen spontanen Akt festsetzen können, daß wir es uns nicht vorstellen können, das heißt, daß wir es uns nicht vorstellen wollen, daß wir es ausschließen wollen. Wir objektivieren so einen bestimmten Zustand unseres Bewußtseins als Denkbereich, dem gewisse Erlebnisse angehören, andere nicht. Ein Denkbereich ist vollständig beschrieben, wenn wir von jedem Erlebnisse wissen, ob es dem Denkbereiche angehört oder nicht. Aber auch unvollständig beschriebene Denkbereiche können als Objekte unserer Anschauung dienen.

In den einfachsten Fällen wird der Denkbereich durch Aufweisung der ihm angehörenden Erlebnisse vollständig beschrieben. So z. B. wenn ich sage, daß ich nur das eine denken kann: „Ich bin hungrig". Es gibt verschiedene Denkbereiche, die wir nach ihrer vollständigen Beschreibung durch verschiedene Namen oder Zeichen unterscheiden können. („Der Denkbereich Φ", „der Denkbereich Ψ" usw.)

Das Aufweisen der dem Denkbereiche angehörigen Erlebnisse und daraufhin die Unterscheidung dieser Erlebnisse von den dem Denkbereiche nicht angehörenden Erlebnissen ist aber nicht immer durchführbar. Man denke z. B. an so vage Bestimmungen, wie der Denkbereich der formalen logischen Gesetze usw.

Die Beschreibung der Denkbereiche wird wesentlich gefördert durch die Möglichkeit weiterer Festsetzungen, im besonderen der sog. Involution.

Wir können zur Beschreibung des Denkbereichs beitragen, indem wir „Eigenschaften" des Denkbereichs festsetzen, z. B. wie folgt: „Sollte das Erlebnis A dem Denkbereiche angehören, so soll auch das Erlebnis B dem Denkbereiche angehören." Wofür wir fernerhin kurz

$$A \text{ inv. } B$$

(A involviert B) sagen wollen. Eine solche Eigenschaft des Denkbereichs heißt Involution, wo wir natürlich, wenn verschiedene Denkbereiche zugleich betrachtet werden — was aber selten der Fall sein wird — die Angabe des Denkbereichs hinzufügen müßten, in dem die Involution statthat.

Man hüte sich wohl, der Involution „A inv. B" irgend einen „logischen" Inhalt zu geben, etwa den von „Grund und Folge". Sollte A dem Denkbereiche angehören, so sagt „A inv. B" nicht mehr und nicht weniger aus, als daß B dem Denkbereiche angehört. Sollte aber A dem Denkbereiche nicht angehören, so sagt „A inv. B" gar nichts aus, d. h. sie bestimmt nichts in bezug auf den Denkbereich. Insbesondere soll damit durchaus nicht gesagt sein, daß das Erlebnis jener „Verknüpfung von A mit B" („Wenn A dem Denkbereiche angehört, gehört auch B dem Denkbereiche an") selbst dem Denkbereiche angehört. Mit anderen Worten: „A inv. B" trägt nur dann zur Beschreibung des Denkbereichs bei, wenn A diesem angehört, und sagt dann, daß auch B ihm angehört.

Ebenso werden die Involutionen „A inv. B" und „B inv. C" nur dann zur Beschreibung des Denkbereichs beitragen, wenn A oder B dem Denkbereiche angehören. Ist dies nur für B der Fall, so erfahren wir damit, daß C dem Denkbereiche angehört. Gehört aber auch A dem Denkbereiche an, so erfahren wir, daß B und auch C dem Denkbereiche angehören. In diesem Falle wird auch „A inv. C" zur Beschreibung des Denkbereichs beitragen, da wir — allerdings wußten wir dies schon — damit erfahren, daß C dem Denkbereiche angehört.

Sollte also „A inv. B" und „B inv. C" zur Beschreibung des Denkbereichs beitragen, so darf auch „A inv. C", als zur Beschreibung des Denkbereichs beitragend gesetzt werden.

Die äußere Analogie der Satzbildung darf uns aber durchaus nicht dazu verführen, in diesen Betrachtungen irgend etwas von der Natur des Syllogismus zu finden. Es handelt sich hier nur um unmittelbare Erfahrungen, die gewisse spontane Festsetzungen unseres Denkens betreffen.

Auch mit dem „logischen Prinzip" des ausgeschlossenen Dritten haben diese Betrachtungen nichts gemein. Allerdings benutzen wir die Tatsachen: „A gehört dem Denkbereiche an", „A gehört dem

Denkbereiche nicht an" und lassen nur eine der beiden zu. Aber nur weil wir eben willkürlich festgesetzt haben, daß für A eine und nur eine der beiden Behauptungen statthaben soll. Sollte die vollständige Beschreibung auf irgendwelchen Umwegen geschehen sein, so müssen wir uns eben überzeugen, ob diese Festsetzungen einen „Denkbereich" ergeben. Was durch eine Beschreibung eventuell entsteht, in der „A gehört dem Denkbereiche an" und auch „A gehört dem Denkbereiche nicht an" gesetzt werden, heißt eben gar nicht mehr Denkbereich.

Ein solcher Denkbereich ist für uns „unmöglich". Wir schließen ihn aus, wenn wir das Wort „Denkbereich" auch jetzt benützen wollten. Dies entspricht vollständig dem Gebrauche des Wortes „unmöglich", der in Kap. I, Art. 6 festgesetzt wurde. „A gehört dem Denkbereiche an" und „A gehört dem Denkbereiche nicht an" würde nach dem für den Ausdruck „Denkbereich" festgesetzten Gebrauch sagen, daß A von A verschieden ist.

Es muß aber besonders betont werden, daß durch diese Abmachungen nur in der Beschreibung des Denkbereiches auftretende Widersprüche (A gehört dem Denkbereiche an und A gehört dem Denkbereiche nicht an) ausgeschlossen werden. Ob die Erlebnisse, deren Vorstellbarkeit wir mit dem Denkbereiche statuieren, „wahr" oder „falsch" sind, hat damit gar nichts zu tun, um so weniger, als wir den genauen Wahrheitsbegriff der Logik noch gar nicht kennen. Wir hatten es nur mit gewissen, an spontanen Festsetzungen gemachten (naiven) Erfahrungen zu tun, die wir als Fundamente unseres Denkens kritiklos annehmen und in diesem Sinne als „unabweisbar" bezeichnen.

So kann der Denkbereich die beiden Behauptungen enthalten: „Unser Raum hat ein konstantes positives Krümmungsmaß" und „Unser Raum hat ein konstantes negatives Krümmungsmaß". Oder wenn wir in dem Gedankenkreise dieser Betrachtungen bleiben wollen: „A ist von B verschieden" und „A ist von B nicht verschieden". Die Beschreibung der hierbei auftretenden „Wahrheitsgefühle" bleibt späterem vorbehalten. Die einem bestimmten Denkbereiche angehörenden Erlebnisse sind vorstellbar, aber noch weder wahr, noch falsch, und können sich auch „widersprechen".[1]

2. Man beachte wohl, daß „A inv. B", d. h. die Festsetzung, nach der mit A auch B ein dem Denkbereiche angehörendes Erlebnis ist,

[1] Selbstverständlich kann dies umsomehr der Fall sein, wenn wir aus den „Behauptungen" (Erlebnissen), die dem Denkbereiche angehören, durch sog. „logische Schlüsse" andere Behauptungen „ableiten".

etwas ganz anderes ist, als die Festsetzung, daß „A inv. B" ein dem Denkbereiche angehörendes Erlebnis sein soll. „A inv. B" ist aus der Anschauung des schon beschriebenen Denkbereichs gewonnen, eine Eigenschaft des „fertigen" Denkbereichs.

Durch eine Involution kann in der Beschreibung des Denkbereichs eine Eigenschaft desselben z. B. eine Involution festgesetzt werden, z. B. es involviert A, daß „B inv. C" eine Eigenschaft des Denkbereichs ist. Dann dürfen wir aber dafür nicht abgekürzt schreiben:

$$A \text{ inv. } (B \text{ inv. } C).$$

Das würde sagen, daß mit A das Erlebnis „B inv. C" dem Denkbereiche angehört, und zwar ohne daß dieses Erlebnis deshalb zur Beschreibung des Denkbereichs benutzt werden könnte oder müßte, mit andern Worten, ohne daß dieses Erlebnis für die Anschauung des Denkbereichs richtig sein müßte.

Um unserer abgekürzten Schreibweise auch für diese Fälle Genauigkeit zu verleihen, wollen wir, wenn nicht ein Erlebnis des Denkbereichs, sondern eine Eigenschaft desselben durch die Involution festgesetzt werden soll, nach inv. den Buchstaben Q einfügen; also in diesem Falle schreiben:

$$A \text{ inv. } Q\ (B \text{ inv. } C).$$

Diese Involution trägt offenbar nur dann zur Beschreibung des Denkbereichs bei, wenn A dem Denkbereiche angehört, und sagt dann, daß der Denkbereich die Eigenschaft (qualitas) besitzt, die durch „B inv. C" ausgedrückt wird. Diese Involution trägt wieder nur dann zur Beschreibung des Denkbereichs bei, wenn B dem Denkbereiche angehört, und besagt dann, daß auch C dem Denkbereiche angehört. Jene Doppelinvolution enthält die Aussage, daß, wenn A und B dem Denkbereiche angehören, auch C dem Denkbereiche angehören soll, was wir aus naheliegenden Gründen in der Folge auch durch

$$\left.\begin{matrix} A \\ B \end{matrix}\right\} \text{ inv. } C$$

ausdrücken wollen. Ähnlich benutzen wir auch die Bezeichnung

$$\left.\begin{matrix} A \\ B \\ C \end{matrix}\right\} \text{ inv. } D.$$

Tiefergehende Methoden zur Beschreibung der Denkbereiche erhalten wir, wenn wir Festsetzungen treffen, die sich auf „irgendein Erlebnis", das dem Denkbereiche angehört, beziehen. Diese Akte unseres Denkens müssen aber dann genauer beschrieben werden, als es die gewöhnliche Sprache gestattet.

Eine genaue sprachliche Beschreibung unseres Denkens entsteht nur, wenn wir die Erlebnisse mit Eigennamen bezeichnen, so daß ein solcher Eigenname ein bestimmtes Erlebnis und nur dieses bezeichnet, während verschiedene Eigennamen auch verschiedene Erlebnisse bezeichnen. Als solche Eigennamen sollen nun die Zeichen $X, Y, Z \ldots$ oder, wenn diese nicht ausreichen, $X_1, X_2 \ldots$ usw. benutzt werden; während die Festsetzung, welches Erlebnis durch X oder Y usw. bezeichnet werden soll, fehlt, oder genauer ausgesprochen, nachträglich beliebig gegeben werden kann. So können wir z. B. für einen Denkbereich die Involution

$$X \text{ inv. } (X \text{ et } A)$$

festsetzen, d. h.: Ist X irgend ein Erlebnis, das dem Denkbereiche angehört, so soll auch das Erlebnis „X und A" dem Denkbereiche angehören. Kompliziertere Fälle, deren sprachlicher Ausdruck schon schwieriger ist, lassen sich dann leicht ausdrücken, z. B.

$$[X \text{ inv. } (Y \text{ inv. } X \text{ et } Y)] \text{ inv. } Q\ [Z \text{ inv. } (X \text{ et } Y \text{ et } Z)]$$

Formal sind auch „A inv. A" oder „X inv. X" Involutionen, sog. identische Involutionen. Offenbar sagt eine solche gar nichts aus und kann einfach weggelassen werden. Wir brauchen nur ausführlich zu schreiben: „Wenn A dem Denkbereiche angehört, soll A dem Denkbereiche angehören", um zu sehen, daß diese „Tautologie" für jeden Denkbereich richtig, aber bei Beschreibung eines solchen überflüssig ist.

Verknüpfungserlebnisse.

3. In jedem Denkprozesse erkennen wir die Vorstellung von Erlebnissen, wo wir uns um nichts anderes als um die Tatsache kümmern, daß wir uns jenes Erlebnis vorstellen. Weder die Entstehungsweise, noch der Inhalt des Erlebnisses, nicht einmal das Gefühl der spontanen oder zwangsweisen Erzeugung gehen dabei in unser Bewußtsein ein. Ein solches Erlebnis ist (in jenem Denkprozesse) ein primäres Erlebnis. Als solche können z B. „ich bin hungrig" oder „die Sonne scheint" hingestellt werden. Dabei ist aber wohl zu beachten, daß diese Erlebnisse nur für gewisse Denkprozesse die Rolle der primären Erlebnisse übernehmen. Die unaufhaltsame „Assoziation" der Vorstellungen in unserem Bewußtsein — möge diese uns von unserem Wollen abhängig oder unabhängig erscheinen — gibt diesen Vorstellungen, sobald wir unsere Aufmerksamkeit auf sie richten, einen neuen Inhalt, und sie haben damit aufgehört, primär zu sein. Sie sind nur solange primär, als wir uns um ihren Inhalt nicht kümmern, und sind demnach in gewisser Beziehung, im

besonderen beim „logischen" Denken, Abstraktionsprodukte, deren weitere Bestimmung eben erst durch die in den Denkprozeß aufgenommenen Verknüpfungen geschieht. So z. B. wenn ich denke, und nur dieses denke, daß das Erlebnis: „Ich bin hungrig" von dem Erlebnisse: „Die Sonne scheint" verschieden ist. Dieses Erlebnis ist das Erleben der Verknüpfung selbst, und als solches von jedem Erlebnisse zu unterscheiden, das — bei der in unserem Bewußtsein stattfindenden Assoziation der Vorstellungen — zu jenem Erlebnisse der Verknüpfung hinzutritt. Dabei sind sehr feine Unterschiede, die wir in gewissen Fällen gar nicht zu beachten pflegen, von grundlegender Bedeutung. So ist z. B. das Erlebnis: „*A* ist von *B* verschieden", sobald wir unsere Aufmerksamkeit auf *A* richten, was wir sprachlich durch „*A* ist ein von *B* verschiedenes Ding" ausdrücken können, ein anderes geworden. Während dort die gleichberechtigten Erlebnisse *A* und *B* „verknüpft" werden, ist hier ein Erlebnis entstanden, das „eine Eigenschaft von *A* ausdrückt", — womit vorläufig nur durch die sprachliche Nuance die Verschiedenheit der Erlebnisse hervorgehoben werden soll. (Selbstverständlich hat wieder diese „Analyse" mit der „Wahrheit" der Erlebnisse absolut nichts zu tun.)

Das Erlebnis, daß die Erlebnisse *A* und *B* zu einem neuen Erlebnisse in bestimmter Weise verknüpft werden, ist von unserem Standpunkte aus „einfacher" als irgend ein Erlebnis, das sich mit dieser Vorstellung „zugleich" in unser Bewußtsein drängt. Nichtsdestoweniger gibt es Verknüpfungs-Erlebnisse, die unserer Anschauung nach gewissen mit ihr unaufhaltsam verbundenen Vorstellungen gegenüber zurücktreten.

In dem Erlebnisse: „*A* und *B*" (Die Sonne scheint und ich bin hungrig) erkennen wir ein Erlebnis, das verschieden ist von „*A* ist in der durch und bestimmten Weise mit *B* verknüpft", und aus diesem erst in einer ganz bestimmten Weise erzeugt wird. Die Bildung unsrer sprachlichen Ausdrücke konnte und wollte niemals den Bedürfnissen der Logik entsprechen, es ist ja umgekehrt die aristotelische Logik aus der Analyse der sprachlichen Schöpfungen entstanden. So sind wir erst langsam zu der Erkenntnis vorgedrungen, daß der volle Satz (als Erlebnis) etwas logisch einfacheres ausdrückt, als die in den einzelnen Worten gegebenen „Begriffsbilder". Es wäre demgemäß verfehlt, zu behaupten, daß wir erst das Erlebnis „*A* und *B*" vorstellen müssen, um aus diesem die Vorstellung der entsprechenden Verknüpfung von *A* mit *B* abzuleiten. Das hängt ausschließlich von der Gewöhnung unseres Denkens ab, die, wie die beiden bisher gebrauchten Beispiele zeigen, bei verschiedenen Verknüpfungen verschieden sein kann. Wir sind demnach vollauf berechtigt, in der Beschreibung unseres logischen Denkens das Erlebnis, nach dem A und B in bestimmter Weise verknüpft ist, „früher zu bilden", d. h. für „einfacher" zu erklären und erst aus diesem die assoziierte Vorstellung (in unserem Falle „A und B") zu erzeugen. Es wäre aber verfehlt und würde unsere Aufgabe nur erschweren, diese Auffassung auch sprachlich durchzuführen, und demgemäß in der genaueren Sprache der Logik nicht dem Erlebnisse „A und B" das einfachere (ursprüngliche) Zeichen zuzuordnen.

Die logische Synthese wird — wenn wir das bisherige zusammenfassen — von gewissen Erlebnissen ausgehen, die wir als primäre betrachten; und zwar wird diese Auffassung der Erlebnisse dadurch statuiert, daß wir den verschiedenen primären Erlebnissen verschiedene Eigennamen zuordnen (S. Art. 2). Wir werden dann Erlebnisse statuieren, die nichts anderes als bestimmte verschiedene Verknüpfungen jener primären Erlebnisse sind, und endlich aus diesen in bestimmter Weise neue Erlebnisse erzeugen. Offenbar können wir diese Denkprozesse an den neuen, nicht mehr primären Erlebnissen abermals durchführen, und so zu neuen Verknüpfungserlebnissen sowie zu neuen, mit diesen in bestimmter Weise assoziierten (aus ihnen in bestimmter Weise erzeugten) Vorstellungen gelangen.

Alles dies geschieht in spontanen Festsetzungen, die nicht motiviert zu werden brauchen, deren „Zweckmäßigkeit" erst nachträglich erscheint, wenn wir in ihnen die Beschreibung der „logischen" Denkprozesse erkennen. (Man wird in der Methode leicht das Vorbild erkennen, das innerhalb der Mathematik die Konstruktion des allgemeinen Zahlbegriffs geliefert hat.)

Erlebnis und Ding.

4. Wenn wir einen Denkbereich beschreiben, handelt es sich immer nur darum, ob ein Erlebnis dem Denkbereiche angehört oder nicht. Dies soll auch fernerhin durchweg so gehalten werden. Insofern das Erlebnis objektiviert wird, d. h. als „Gegenstand" unsrer Vorstellung betrachtet wird, haben wir es auch Ding genannt, und dadurch — streng genommen — vom Erlebnisse unterschieden. Es ist dies eine Unterscheidung, die umsomehr betont werden muß, als die Sprache überhaupt nicht im Stande ist, sie genau wiederzugeben. Sobald ich nämlich sage: „das Erlebnis gehört dem Denkbereiche an", habe ich es ja schon objektiviert, und das „Ding" dem eigentlichen „Erlebnisse" substituiert.

Demgemäß soll von Erlebnissen und Dingen fortan nebeneinander die Rede sein mit der Festsetzung, daß, wenn wir weiterhin die Bedeutung des Wortes „Ding" ändern, unsere Betrachtungen eigentlich Wort für Wort wiederholt werden sollten, was aber in der Praxis ebenso überflüssig wie langwierig wäre.

Die Bedeutung des Wortes Ding soll aber niemals anders festgesetzt werden, als daß eine „Verallgemeinerung" stattfindet, das heißt daß die Bedeutung des Namens Ding alles umfaßt, was bisher schon Ding genannt wurde, also insbesondere das objektivierte Erlebnis immer auch ein Ding ist. Andrerseits soll ein „Ding" immer auch mit jedem anderen Dinge in neuen Erlebnissen „verknüpft" werden können.

Die Nominationen.

5. Die Betrachtung der als „Verknüpfungen" bezeichneten Erlebnisse beginnt, wie jede Beobachtung von der Erfahrung entnommenen Tatsachen, am besten an solchen Fällen, wo wir am wenigsten störende Einflüsse vermuten. Diese störenden Einflüsse sind bei der Beobachtung der in unserem Bewußtsein stattfindenden Denkprozesse die assoziierten Vorstellungen, die mit und ohne Einfluß unsres Willens jedes Erlebnis begleiten.

Die Elimination der auf ein „weil" oder „wie" gerichteten assoziierten Vorstellungen erscheint uns am leichtesten, wenn wir festsetzen, daß dem Dinge a das Ding m als „Name" zugeordnet sein soll. Hier könnten wir auch die Bestimmung „als Name" weglassen und kurzweg davon sprechen, daß dem Dinge a das Ding m zugeordnet ist. Die Worte „als Name" erinnern nur an diese „einfachste Art" der Zuordnung. Wenn wir für diese Zuordnung den Ausdruck „Nomination" gebrauchen, ist diese Nomination wohl aus der im ersten Kapitel als solche beschriebenen Verknüpfung entstanden, aber doch schon etwas anderes geworden.

Das methodische Hilfsmittel, mit dessen Hilfe wir störende assoziierte Vorstellungen fernhalten wollen und auch fernhalten können, ist die Festsetzung eines bestimmten Denkbereichs, so daß nur dem Denkbereiche angehörende Erlebnisse[1] in unser Denken eintreten sollen.

Wir können so — um mit einem „einfachsten" Beispiele zu beginnen — einen Denkbereich dadurch bestimmen, daß das Erlebnis

$$a \text{ nom. } m$$

und nur dieses dem Denkbereiche angehören soll, wo a

[1] Die einem Denkbereiche angehörenden „Dinge" sind der getroffenen Festsetzung nach immer nur „Erlebnisse", wie immer auch inzwischen eine Erweiterung (Verallgemeinerung) des Dingbegriffes geschehen sei.

und *m* irgendwelche — von einander verschiedene oder auch nicht verschiedene — Dinge sind.

Für den sprachlichen Ausdruck dieses Erlebnisses sagen wir: „*a* heißt *m*“ oder auch „*a* ist *m*“. Insbesondere die letztere Sprachweise verleitet uns dazu, in „ist“ die s. g. reine Copula der Schullogik zu sehen, d. h. eine Verknüpfung, die jeden weiteren Inhalt verloren hat. Allerdings haben wir durch die Festsetzung, daß nur „*a* nom. *m*“ dem Denkbereiche angehört, eben statuiert, daß kein Erlebnis in unserem Bewußtsein auftreten soll, das diese Verknüpfung betreffende weitere Anschauungen vermittelt.

Wenn wir aber nun weiter einen neuen Denkbereich bilden, dem das Erlebnis

$$a' \text{ nom. } m'$$

und nur dieses angehören soll, wo a' und m' wieder irgendwelche, aber von *a* und *m* verschiedene Dinge sind, so ist doch diese hier durch nom. bezeichnete Verknüpfung von der früheren wesentlich verschieden. Sie konnte dort nur auf die Dinge *a* und *m*, hier nur auf die Dinge a' und m', bezogen werden.[1]

Wir wollen die hier beschriebenen Denkbereiche der Kürze wegen mit [*a* nom. *m*] und [a' nom. m'] bezeichnen.

Die sprachliche Beschreibung des einen Denkbereichs unterscheidet sich von der des anderen nur dadurch, daß wo in dem einen die Zeichen oder Laute *a* und *m* zur Verwendung kommen, in dem anderen dafür a' und m' eintreten. Diese Tatsache verleitet uns zu dem „Schlusse“, daß nicht nur in dem sprachlichen Ausdrucke, sondern in den entsprechenden Erlebnissen sich nichts anderes geändert hat. Wir dürfen und wollen aber hier überhaupt nicht „schließen“, sondern nur unsre Anschauungen fixieren. Am allerwenigsten dürften wir

---

[1] Eigentlich ist jede bestimmte Verknüpfung der Dinge *a* und *b* etwas ganz gesondert stehendes, individuelles, und diese bestimmte Verknüpfung ist ohne die bestimmten Dinge *a* und *b* gar nicht denkbar. Wenn wir trotzdem sagen, daß zwischen den Dingen *c* und *d* dieselbe Verknüpfung besteht, wie zwischen *a* und *b*, so meinen wir damit immer nur, daß diese Verknüpfungen als „in gewissen Beziehungen nicht verschieden“ gedacht werden können, was offenbar von „nicht verschieden“ sehr verschieden ist.

Man denke z. B. an den Verknüpfungsbegriff „also“ und die Sätze: „Es ist *a* gleich *b*; also auch *b* gleich *a*“. „Der Luftdruck steigt, also wird es schönes Wetter“. Es wird niemandem einfallen, die in diesen Sätzen durch „also“ ausgedrückten Verknüpfungen als absolut nicht verschieden anzusehen. Die eine ist ein logischer Schluß, die andere ein Schluß „aus der Erfahrung“. Das „also“ in dem einen Falle ist von dem „also“ in dem anderen Falle nur „in gewissen Beziehungen nicht verschieden“. Dieses „in gew. Bez. nicht verschieden“ ist ein Fundamentalbegriff unsres logischen Denkens, und wird als solcher unter dem Namen der „Isologie“ noch genauer betrachtet werden müssen.

aber einen geradezu falschen Schluß (eine quaternio terminorum) sich einschleichen lassen. Die mit nom. bezeichnete Zuordnung (Verknüpfung) bezieht sich in dem einen Denkbereiche nur auf a und m, in dem andern nur auf a' und m'. Und die Forderung, diese „Spur" von a und m in dem einen Falle, von a' und m' in dem andern Falle aus der Verknüpfung wegzudenken, ist eigentlich nur so zu erfüllen, daß wir uns a von a' und m von m' nicht verschieden denken. Sie verstößt gegen die Grundnorm unsres Denkens, und ist der Übereinkunft nach auszuschließen. Wir müssen sie fallen lassen.

Die Akte der Verknüpfung von a und m in dem einen Denkbereiche, von a' und m' in dem andern unterscheiden sich in den zur Verknüpfung gelangenden Dingen; sie sind „in gewisser Beziehung nicht verschieden", aber durchaus nicht „absolut nicht verschieden." Die Verknüpfung kann ja überhaupt ohne die verknüpften Dinge nicht zur Anschauung gelangen!

Der sprachliche Ausdruck, in dem wir jene Denkbereiche beschreiben, ist ungenau und muß, um der Anschauung zu entsprechen, zumindest soweit geändert werden, daß wir, wenn statt a und m nun a' und m' gesetzt werden, auch statt nom. ein neues Zeichen, z. B. nom.' gebrauchen. Die Nominationen sind verschieden, wenn auch nur in den Dingen, die wir eben verknüpfen. Die Annahme einer „reinen Copula", die in beiden Denkbereichen auftritt, ist unhaltbar. Sie entspricht durchaus nicht einer wirklichen, unabweisbaren Anschauung. Die „reine Copula" ist eine ganz willkürliche Annahme; die Grundnorm unsres Denkens, die wir eben nicht verlassen wollen, zwingt uns, sie fallen zu lassen.

Es mag weiter noch ausdrücklich bemerkt werden, daß, wenn wir einen Denkbereich dadurch bestimmen, daß die Erlebnisse „a nom. m" und „a' nom. m'" (oder auch „a' nom. m") und nur diese dem Denkbereiche angehören sollen, die mit nom. bezeichnete Verknüpfung in diesen verschiedenen Erlebnissen der Festsetzung nach nicht verschieden ist.

Die Klassenbegriffe.

6. Wenn demselben Denkbereiche angehörende Nominationen betrachtet werden, kann es vorkommen, daß in diesen weder die Art und Weise der Zuordnung noch die zugeordneten Dinge verschieden sind. So z. B. wenn wir festsetzen, daß die Erlebnisse „a nom. m" und „b nom. m" — und nur diese — einem bestimmten Denkbereiche angehören sollen. Solche Nominationen können kurz als gleichartige bezeichnet werden.

Wir wollen uns nun mit Denkbereichen beschäftigen, für welche alle dem Denkbereiche angehörenden Erlebnisse gleichartige Nominationen sind. Als Beispiel kann der eben statuierte Denkbereich oder auch in unmittelbar verständlicher Bezeichnung (und Anschauung)

$$[a \,\mathrm{nom.}\, m, \quad b \,\mathrm{nom.}\, m, \quad c \,\mathrm{nom.}\, m]$$

dienen.

Allgemeiner können und wollen wir uns denken, daß gewisse Dinge gegeben sind, oder genauer, daß wir für jedes „Ding", das überhaupt in unsere Betrachtung eingezogen werden soll, wissen, ob es „gegeben" oder „nicht gegeben" ist. „Woher" wir das wissen, „wie" die Frage zu beantworten ist, ob ein Ding „gegeben" oder „nicht gegeben" ist, soll uns dabei nicht weiter kümmern. (So wissen wir in dem eben gegebenen Beispiele, daß die mit a, b, c bezeichneten Dinge und nur diese „gegeben" sind). Wohl aber sei es ausgeschlossen, daß ein Ding gegeben und auch nicht gegeben ist, wie auch, daß ein Ding weder gegeben noch nicht gegeben ist. Solche „Bestimmungen" betrachten wir eben überhaupt nicht.

Es soll weiter X der Eigenname eines bestimmten Dinges sein; wir setzen nun einen Denkbereich durch die Beschreibung fest, daß jedem gegebenen Dinge — und nur diesen — jenes durch den Eigennamen X bestimmte Ding als Name zugeordnet sei. Offenbar entspricht dieser Denkbereich den in Art. 1 dieses Kapitels auseinandergesetzten Forderungen; er verstößt nicht gegen die Grundnorm unsres Denkens.

Wir können und wollen jetzt weiter festsetzen, daß die Bestimmung, welches Ding durch X bezeichnet werden soll, nicht bloß fehlt, sondern auch nachträglich niemals erfolgen soll. Offenbar ist dadurch der Inhalt der in den Denkbereich gehörenden Erlebnisse geändert worden, es bleibt nur die „Bestimmung", daß allen gegebenen Dingen, und nur diesen, dasselbe Ding als Name zugeordnet werde.

In dem Denkakte, den der letzte Satz ausdrückt, hat aber schon eine Erweiterung des Dingbegriffs stattgefunden. Das „Ding", das jetzt allen gegebenen Dingen und nur diesen als Name zugeordnet wird, hat unsern Festsetzungen nach seinen primären, angeschauten Inhalt ein für allemal verloren, und was übrig geblieben, besagt nur seine in bestimmter Weise zu bewirkende Verknüpfung mit den gegebenen Dingen.[1]

[1] Während — wie dies beim Aufbau unsrer Begriffswelt geschieht — ursprünglich nur Erlebnisse „Dinge" waren, ist dieses Ding gar kein Erlebnis mehr, das für sich angeschaut werden kann; sondern es gelangt nur so in unser Bewußtsein, daß wir es mit bestimmten Erlebnissen in bestimmter Weise verknüpft denken.

Wir statuieren demnach Dinge, die selbständige Schöpfungen unseres Denkvermögens sind, von denen wir geradezu sagen können, daß sie erst durch den beschriebenen Denkbereich erzeugt (definiert) werden. Ein solches Ding soll ein Klassenbegriff heißen, und zwar ein Klassenbegriff erster Art; von den Dingen, die als gegeben den definierenden Denkbereich vollständig beschreiben, sagen wir, daß sie Terme sind, die unter den Klassenbegriff fallen; während für die nicht gegebenen Dinge auch der Ausdruck gebraucht wird, daß sie nicht unter den Klassenbegriff fallen.

Eine sehr ähnliche, aber mit der vorhergehenden durchaus nicht zu verwechselnde Begriffsbildung findet durch folgende Festsetzung statt: Dasselbe Ding soll allen gegebenen Dingen, und auch sich selbst — aber nur diesen — als Name zugeordnet werden. Wenn wir im übrigen den bisher beschriebenen Gedankengang genau wiederholen, gelangen wir abermals zu einem Dinge, das eine selbständige Schöpfung unseres Denkvermögens ist, und das auch Klassenbegriff, aber Klassenbegriff zweiter Art, heißen soll. Nicht nur die gegebenen Dinge, sondern auch der „Klassenbegriff" selbst sind jetzt Terme, die unter den Klassenbegriff fallen; während die nicht gegebenen Dinge nicht unter den Klassenbegriff fallen; eventuell mit Ausnahme des Klassenbegriffs selbst, wenn er eben nicht schon unter den ursprünglich in Betracht gezogenen Dingen vorhanden war. Dem früher zugezogenen einfachen Beispiele würde jetzt der Denkbereich

$$[a \text{ nom. } x, \quad b \text{ nom. } x, \quad c \text{ nom. } x, \quad x \text{ nom. } x]$$

entsprechen.[1]

Vorläufige logische Bemerkungen zum Klassenbegriff.

7. Die Denkbereiche, welche Klassenbegriffe definieren, entsprechen der festgesetzten Grundnorm unseres Denkens, sie sind „möglich". Damit ist aber nur gesagt, daß wir die dem Denkbereiche angehörenden Erlebnisse uns vorstellen („zugleich" vorstellen) können[2]; aber durchaus nicht, daß diese Erlebnisse „wahr" sind.

[1] Wenn wir den durch

$$[a \text{ nom. } z, \quad b \text{ nom. } z, \quad c \text{ nom. } z]$$

definierten Klassenbegriff erster Art eingeführt haben, können wir wieder einen neuen Klassenbegriff erster Art bilden, für den a, b, c und z die gegebenen Dinge sind. Derselbe ist aber offenbar durch einen Denkakt erzeugt, der verschieden ist von jenem, in welchem der durch die gegebenen Dinge a, b, c bestimmte Klassenbegriff zweiter Art erzeugt wird.

[2] Erlebnisse „zugleich" vorstellen, heißt für uns nichts anderes als statuieren, daß die Erlebnisse demselben Denkbereiche angehören.

Umsoweniger als in der bisherigen synthetischen Beschreibung gewisser Denkvorgänge das „Wahrheitsgefühl" noch überhaupt nicht beschrieben wurde. Auch können wir nicht schon jetzt die Frage aufwerfen, ob die Annahme, daß die dem Denkbereiche angehörenden Vorstellungen „wahr" sind, nicht durch logische Schlüsse zu einem Widerspruche führt; es sind doch weder logische Schlüsse, noch die allgemeine Vorstellung des „Widerspruchs" bisher beschrieben worden. Ebensowenig kann hier untersucht werden, ob der Klassenbegriff von den gegebenen Dingen verschieden oder nicht verschieden ist. Jede dieser Behauptungen kann in den Denkbereich aufgenommen werden, ohne die Grundnorm unsres Denkens zu verletzen; während doch den „logischen Gesetzen" nach die eine dieser Behauptungen wahr, die andere falsch sein muß. Die Konstruktion der Denkbereiche, insbesondere die Schöpfung der Klassenbegriffe, hat vorläufig mit dem „Wahr- oder Falschsein" der erzeugten Vorstellungen nichts zu tun. Die Betrachtungen, mit denen wir jetzt die exakte Beschreibung unseres Denkens unterbrechen und uns auf den Boden der Schullogik stellen, sind demnach hier eigentlich absolut nicht an ihrem Platze. Wenn wir sie dennoch einschalten, geschieht es nur, um uns einerseits vorläufig über die weiteren Problemstellungen zu orientieren, andrerseits aber — und in erster Reihe — um eben eine solche Verwirrung in der Reihenfolge unserer Begriffskonstruktionen später zu vermeiden.

Der Klassenbegriff, dessen Schöpfung soeben beschrieben wurde, lehnt sich wohl an den Klassenbegriff der Schullogik an, ist aber von diesem himmelweit verschieden. Er hat — wie wir das eben in der Ausdrucksweise der Schullogik sagen können — einen wesentlich geringeren Inhalt, der durch den zugehörigen Denkbereich erschöpft ist, also nicht einmal die Widerspruchslosigkeit fordert.

Der Klassenbegriff der Schullogik geht von zwei Voraussetzungen aus; die eine besagt, daß die unter den Klassenbegriff fallenden Dinge den Klassenbegriff vollständig bestimmen, die andere, daß dieser Klassenbegriff in allen Fällen ein widerspruchsloses logisches Gebilde ist. Beide Voraussetzungen sind aus den einfachsten Beispielen unseres vorlogischen Denkens in übereilter Weise verallgemeinert und unhaltbar, wie dies im Anschlusse an Cantors Schöpfung der Mengenlehre in den letzten anderthalb Jahrzehnten klar geworden. Daß diese Unhaltbarkeit nur an sehr abstrakten Neuschöpfungen unseres Denkvermögens klar wird, hat mit der Sache selbst nichts zu tun.

Wenn wir eben auf dem Boden der Schullogik bleiben, können wir dem Klassenbegriffe wohl nicht die allgemeineren Sammelbegriffe entgegenstellen, mit denen wir es alsbald zu tun haben werden; aber selbst auf diesem engeren Gebiete zeigt sich schon die Unzulänglichkeit der ersten Voraussetzung. Dieser entsprechend wäre z. B. der Klassenbegriff zu bilden, unter den jeder Klassenbegriff fällt.

Um diesen Klassenbegriff bilden zu können, müßten wir ihn schon gebildet haben. Das können wir uns nicht denken, und in dieser krassen Form verstößt diese sogen. „imprädikative Definition" gegen die Grundnorm unseres Denkens; sie muß als unmöglich fallen gelassen werden. Daraus ist — wohl voreilig — geschlossen worden, daß mit der Definition auch das zu definierende Ding unmöglich ist. Sieht man aber genau zu, so sind das ganz verschiedene Tatsachen. Es läßt sich ja vielleicht jenes Ding in anderer (widerspruchsloser) Weise erzeugen, so daß uns erst nachträglich die Anschauung lehrt, daß das erzeugte Ding ein Klassenbegriff ist, unter den jeder Klassenbegriff fällt. Aus der imprädikativen Definition eines Dinges darf wohl nicht die logisch widerspruchslose Existenz des Dinges „gefolgert" werden, aber ebensowenig „folgt" aus ihr, daß jede Erzeugung des fraglichen Dinges auf einen logischen Widerspruch führen muß.

Offenbar ist aber bei Erzeugung unseres Klassenbegriffes erster Art diese Schwierigkeit der imprädikativen Definition vollständig vermieden. Es handelt sich ja nur darum, uns vorzustellen, daß allen gegebenen Dingen und nur diesen dasselbe Ding als Name zugeordnet ist.

Nicht ganz so steht die Sache bei der Erzeugung des Klassenbegriffs zweiter Art, wo wir uns vorstellen sollen, daß dasselbe Ding allen gegebenen Dingen und außerdem nur noch sich selbst als Name zugeordnet ist. Hier ist das imprädikative Element in der Forderung, ein Ding sich selbst als Namen zuzuordnen, gewiß enthalten; aber die Schwierigkeit der damit zu verbindenden Vorstellung ist völlig überwunden. Daß z. B. der Gesichtseindruck „*a*" die Vorstellung dieses Gesichtseindruckes „*a*" erzeugt, das können wir uns vorstellen; es ist das sogar eine ganz unmittelbare Vorstellung unseres (abstrahierenden) Denkvermögens.

8. Dagegen ist die Annahme, daß ein Klassenbegriff durch die unter ihn fallenden Dinge immer widerspruchslos bestimmt ist, auch bei unserer inhaltlich ärmeren Definition nicht zu retten. Es ist das Verdienst B. Russells[1], diese merkwürdige Tatsache,

[1] Die Russellsche „Contradiction" findet sich in der Literatur zuerst bei Frege, Grundgesetze der Arithmetik, II. Bd. Jena 1903, „Nachwort" (S. 253), und zwar auf Grund einer brieflichen Mitteilung Russells. Siehe die ausführliche Darstellung in Russell, The Principles of Mathematics, Vol. I. Cambridge 1903, S. 101 usw.

und ihre grundlegende (umstürzende) Bedeutung für die Logik zuerst erkannt zu haben.

Wenn wir uns wieder auf den Boden der Schullogik stellen, muß es für jeden Klassenbegriff wahr oder falsch sein, daß dieser Klassenbegriff von jedem der unter ihn fallenden Dinge verschieden ist. Oder — kürzer ausgedrückt — es muß wahr oder falsch sein, daß ein bestimmter Klassenbegriff nicht unter sich fällt. Klassenbegriffe, die nicht unter sich fallen, können wir aber unmittelbar bilden. Ein Klassenbegriff erster Art, für den die gegebenen Dinge Erlebnisse sind, wird z. B. gewiß nicht unter sich fallen; dieser Klassenbegriff ist gar kein Erlebnis, während die unter ihn fallenden Dinge durchweg Erlebnisse sind.

Es müßte — nach der zu prüfenden Annahme — ein Klassenbegriff gebildet werden können, unter den „alle nicht unter sich fallenden Klassenbegriffe" — und nur diese Dinge — fallen, und dieser Klassenbegriff dürfte keinen logischen Widerspruch ergeben.

Für den soeben beschriebenen (Russellschen) Klassenbegriff müßte es demnach wahr oder falsch sein, daß dieser „Russellsche Klassenbegriff" unter sich fällt. Wir wollen ihn kurz mit R bezeichnen.

Wenn es nun wahr ist, daß R unter sich fällt, so wäre eben R eines der „gegebenen" Dinge, die unter den Klassenbegriff fallen, also ein Klassenbegriff, der nicht unter sich fällt. Das ergibt aber einen logischen Widerspruch.

Wenn es dagegen falsch ist, daß R unter sich fällt, so muß es wahr sein, daß R nicht unter sich fällt, d. h. es ist wahr, daß R eines der gegebenen Dinge ist, also daß R unter sich fällt; was abermals einen logischen Widerspruch ergibt.

„R fällt unter sich" kann weder wahr noch falsch sein, d. h. der Russellsche Klassenbegriff kann nicht widerspruchslos gedacht werden.

Dem steht die unabweisbare Tatsache gegenüber, daß wir in der Forderung, jeden nicht unter sich fallenden Klassenbegriff von jedem anderen Dinge gesondert vorzustellen, genügen können, ohne darin etwas zu finden, was der Grundnorm unseres Denkens widerspräche. In der Gegenüberstellung dieser Tatsachen hat man von verschiedenen Seiten eine unlösliche oder wenigstens ungelöste Antinomie unsres Denkvermögens zu finden geglaubt, die diesem Denkvermögen selbst eine unerklärliche, oder wenigstens unerklärte Schranke setzt.

Wenn wir diese Tatsachen den an bisher untersuchten Klassenbegriffen gefundenen Anschauungen gegenüberstellen, widersprechen sie dieser, sind jedenfalls neu und deshalb in gewissem Sinne paradox (wie auch die Tatsache einer stetigen und doch nicht differenzierbaren Funktion für einen gewissen Zustand unseres mathematischen Denkens paradox erscheint). Genau zugesehen, haben wir nur folgendes konstatiert. Die Annahme, daß die unter den Klassenbegriff fallenden Dinge diesen Klassenbegriff als logisch widerspruchsloses Gebilde bestimmen, muß fallen gelassen werden.[1]

Jede Tatsache, jedes Erlebnis, dessen Vorstellung aus der Anschauung mit dem Gefühle des Zwanges verbunden erzeugt wird, ist streng genommen unerklärt und unerklärlich. Wir sprechen von einer „Erklärung", wenn wir die entsprechende Vorstellung in einen Denkbereich einstellen, in dem sie als logische Konsequenz anderer ebenso unerklärter, aber — oft ganz willkürlich — als „einfacher" gedachter Tatsachen erscheint. (Die Tatsache, daß „die Sonne scheint", ist wohl für die meisten Menschen einfacher, als die Unzahl der physikalischen Theorien und mathematischen Begriffsbildungen, aus der sie der Astronom „ableitet".)

Bei einer „Erklärung" des Russellschen Paradoxons, wo es sich um ganz ungewohnte Gebiete unseres Denkens handelt, müssen wir offenbar ganz besonders vorsichtig sein. So mag es an sich ganz richtig sein, daß der logische Widerspruch mit dem in der Beschreibung des fraglichen Klassenbegriffs eingetretenen imprädikativen Elemente in (logischem) Zusammenhange steht. Aber es geht deshalb doch nicht an, die „Erklärung" des Paradoxons darin zu sehen, daß jede solche Begriffsbildung a limine auszuschließen ist. Das würde auf dasselbe herauskommen, wie wenn man die Besteigung einer besonders gefährlichen Bergspitze polizeilich verbieten wollte! Die Bergspitze ist damit doch nicht aus der Welt geschafft.

Die beschriebenen Tatsachen werden damit weder erklärt noch eliminiert, wenn man ihretwegen, wie es einzelne der bedeutendsten Forscher (Poincaré) getan haben, Cantors geniale Schöpfung, die Mengenlehre, im ganzen verwirft, oder aber diese durch eine Beschränkung des Mengenbegriffs zu „retten" versucht. Den letzteren Weg hat Zermelo eingeschlagen und auch Russells „theory of types" gehört dem Wesen nach in diese Kategorie. Dabei mag aber sogleich bemerkt werden, daß Cantors geniale Intuition ihn davor bewahrt hat, auch nur einmal auf imprädikative Elemente gestützte „Schlüsse" zu ziehen.

[1] Der Text zeigt dies eigentlich nur für den hier eingeführten und genau beschriebenen Klassenbegriff. Dieselben Betrachtungen können jedoch für den Klassenbegriff der Schullogik wiederholt werden. Übrigens ersieht man aus den bisherigen und noch mehr aus den folgenden Betrachtungen, daß dieser in übereilter Weise einigen beschränkten Anschauungen entnommene „Klassenbegriff" für ein exaktes Denken noch gar nicht verwendet werden kann.

9. Der Tatbestand ist demgegenüber der folgende.

Wir wollen uns gewisse gegebene Dinge von den nicht gegebenen Dingen gesondert (verschieden) vorstellen und verbinden dann, wenn wir von „den gegebenen Dingen" oder von „jedem gegebenen Dinge" sprechen, mit diesen Ausdrücken eine mehr oder minder genaue Vorstellung. Eine „exakte Beschreibung", eine „Theorie" unsres Denkens wäre aber offenbar wenig zufriedenstellend, wenn wir die eben angedeuteten Vorstellungen nicht genauer beschrieben, sondern statt dessen geradezu festsetzen wollten, daß diese Vorstellungen aus der „Theorie" vollständig auszuschließen sind.

Offenbar (d. h. seiner Beschreibung nach) fällt jeder Klassenbegriff zweiter Art unter sich. Wenn ein Klassenbegriff demnach nicht unter sich fällt, muß er, wenn wir, wie überhaupt in diesem Exkurse, die logischen Gesetze als zwingend anerkennen, ein Klassenbegriff erster Art sein.[1] Wir können nun festsetzen, daß allen Klassenbegriffen erster Art, die nicht unter sich fallen, dasselbe Ding (als Name) zugeordnet werde, und daß wir für dieses Ding ausschließlich diese Zuordnungen als definierende Erlebnisse zulassen. Für das so definierte Ding, den Russellschen Klassenbegriff, tritt nun die früher beschriebene paradoxe Erscheinung auf, die jedoch bei genauerer Betrachtung sich als ganz naturgemäß erweist.

Daß der Klassenbegriff X nicht unter sich fällt, sagt einfach aus, daß X von jedem der Dinge verschieden ist, die als „gegeben" den Klassenbegriff (erster Art) X definieren. Ebenso für den Klassenbegriff Y usw. Die Festsetzung, daß dann und nur dann, wenn X nicht unter sich fällt, dem X der Name R zugeordnet werden soll, enthält nun absolut nichts, was zu einem Widerspruche führt. Der Widerspruch entsteht erst dann, wenn wir diese Festsetzung folgendermaßen formulieren: „Dann und nur dann, wenn X nicht unter sich fällt, soll X unter R fallen" und damit in ungerechtfertigter Weise zwei ganz verschiedene Arten der Zuordnung — im Gegensatz zur Grundnorm unseres Denkens — als nicht verschieden statuieren.

Es kann dies auch anders — vielleicht noch klarer — ausgedrückt werden. Wenn wir in „X fällt unter sich" oder in „X fällt nicht unter sich" X dem X zuordnen oder nicht zuordnen, so ist von einem Erlebnisse die Rede, in dem wir X mit den Dingen vergleichen, die als

[1] Daraus „folgt" aber durchaus nicht, daß ein Klassenbegriff erster Art niemals unter sich fällt. In den einfachsten Fällen zeigt dies eine unabweisbare Anschauung. Aber dies schließt durchaus nicht aus, daß in gewissen Fällen der erzeugte Klassenbegriff notwendigerweise nicht verschieden ist von einem der Dinge, die als „gegeben" den Klassenbegriff definieren. (Klasse aller „nichtroten" Dinge.)

„gegeben“ den Klassenbegriff X definieren. Ebenso für Y. Die Zuordnung erfolgt also auf Grundlage einer Anweisung, die von X abhängig, d. h. für verschiedene X verschieden ist. Wenn wir aber X dem R zuordnen, vergleichen wir X mit den Dingen, die als „gegeben“ den Klassenbegriff R definieren, benutzen also eine Anweisung, die von X unabhängig ist. Wenn wir nun für diese verschiedenen Anweisungen genau denselben sprachlichen Ausdruck verwenden, begehen wir einen Fehler, den auch die Schullogik als „quaternio terminorum“ genau kennt und verbietet.

Nach Feststellung dieser Tatsachen erscheint die folgende Regel, obwohl sie alle sog. Antinomien der Mengenlehre als auf einer quaternio terminorum beruhende falsche Schlüsse aufdeckt, beinahe als Gemeinplatz. Wenn wir mit Hilfe gewisser Zuordnungen von Dingen abermals eine Zuordnung definieren, und in dieser Weise neue Dinge adjungieren, wird es nicht immer gestattet sein, die so definierte Zuordnung als nicht verschieden von einer in der Definition schon benutzten Zuordnung zu statuieren. Insbesondere wird dies der Fall sein, wenn in der Definition schon „alle“ als nicht verschieden zu betrachtenden Zuordnungen vorkommen, und diese Definition selbst durch jene weitere Gleichsetzung anscheinend nichtprädikativ wird.

10. Viel wichtiger aber, weil positiv neue Resultate schaffend, ist die allerdings jetzt schon als selbstverständlich erscheinende Bemerkung, daß die aristotelische Logik, die nur einen einzigen unwandelbaren Sammelbegriff, den Klassenbegriff kennt, einer weitgehenden Verallgemeinerung fähig ist, die von unserem modernen mathematischen Denken geradezu gefordert wird. Daß wir aus „gegebenen“ Dingen die Vorstellung verschiedener Sammelbegriffe bilden können, ist unmittelbar zu sehen, wenn wir sprachliche Ausdrücke wie „jedes gegebene Ding“, „alle gegebenen Dinge“, „irgend ein gegebenes Ding“ oder auch „kein gegebenes Ding“ bilden. Diese Verschiedenartigkeit der Zusammenfassung, die insbesondere von Russell[1] genau untersucht wurde, kann aber noch mit Hilfe des gewöhnlichen Klassenbegriffs genauer beschrieben werden. Wenn wir z. B. alle Erlebnisse zusammenfassen, die „Teile“ oder „Folgen“ eines bestimmten Erlebnisses sind, so treten in dieser Art der Zusammenfassung determinierende Momente auf, die über den Inhalt des Klassenbegriffs weit hinausgehen, da dieser ja prinzipiell die der Zusammenfassung selbst assoziierten Erlebnisse ausschließt, von deren Verschiedenheit absieht. Und doch wird es niemandem einfallen, bei

[1] A. a. O., Kap. V des ersten Teils: „Denoting“ S. 53 u. f.

Sammelbegriffen wie „ein Sack Kartoffeln“ oder „der Professorenkörper der Berliner Universität“ die Art der Zusammenfassung zu ignorieren.

Wir stellen demgemäß die Tatsache fest, daß dieselben Dinge zur Erzeugung verschiedener Sammelbegriffe Anlaß geben können, indem wir eben die gegebenen Dinge dem zu adjungierenden Sammelbegriffe in verschiedener Weise zuordnen.

Wenn z. B. in einer Urne sich ausschließlich rote Kugeln und schwarze Würfel befinden, können wir von den in der Urne befindlichen roten Körpern und auch von den in der Urne befindlichen kugelförmigen Körpern sprechen, und haben dabei ganz verschiedene Sammelbegriffe gebildet; die Zusammenfassung geschah eben auf Grund ganz verschiedener „Eigenschaften“. Daß die zusammengefaßten Dinge dieselben sind, ist dabei für uns ein zufälliger, sekundärer, oder genauer ausgedrückt, ein neuer Umstand, der, wenn wir nicht von der Beschreibung der Urne und der in dieser befindlichen Körper, sondern von den Sammelbegriffen selbst ausgehen, eine besondere Eigenschaft der gebildeten Sammelbegriffe ergibt.

Die Unterscheidung der Sammelbegriffe nicht nur den gegebenen Dingen nach, sondern auch mit Berücksichtigung der Art der Zuordnung oder Adjunktion führt über die Logik der Klassenbildung hinaus zur allgemeinen Mengenlehre.

Die reine Menge als abstrakter Sammelbegriff.

11. Der primäre Denkakt, den wir der synthetischen Erzeugung des reinen Mengenbegriffs zugrunde legen, ist abermals die Zuordnung (Verknüpfung) eines bestimmten Dinges zu einem bestimmten (von jenem verschiedenen oder auch nicht verschiedenen) Dinge. Tatsächlich sind diese Zuordnungen von der verschiedensten Art (Grund und Folge, Teil und Ganzes, Ding und diesem zukommende Eigenschaft, Term und Klassenbegriff usw. usw.). Wir können und wollen aber jetzt, wenn wir diese Zuordnungen selbst zum Gegenstand unseres Denkens machen, die mannigfachen, einer bestimmten Zuordnung assoziierten Vorstellungen als nicht vorhanden betrachten, genauer ausgesprochen, die diesen Assoziationen entsprechenden Erlebnisse als unserem Denkbereiche nicht angehörend fixieren (von ihnen „abstrahieren“), wohl aber — der Grundnorm unseres Denkens entsprechend — voraussetzen, daß für irgend welche Zuordnungen ihre Gleichheit oder Verschiedenheit erkannt wird. Um in dieser Auffassung unser Denken genauer beschreiben zu können, wird es am bequemsten sein, von einer α-Zuordnung, β-Zuordnung usw. zu sprechen,

wo die α-Zuordnung von der β-Zuordnung als verschieden oder nicht verschieden gesetzt wird, je nachdem die Dinge α und β verschieden oder nicht verschieden sind.[1]

Wir wollen nun wieder als festgesetzt denken,[2] daß gewisse Dinge gegeben sind, oder — genauer — daß wir für jedes Ding, das überhaupt in unsere Betrachtung einbezogen werden soll, wissen, ob es „gegeben" oder „nicht gegeben" ist. Dabei sei es aber ausgeschlossen, daß ein Ding gegeben und auch nicht gegeben ist, wie auch daß ein Ding weder gegeben noch nicht gegeben ist. Solche Bestimmungen betrachten wir überhaupt nicht.

Wir beschreiben ferner einen Denkbereich durch die Festsetzung, daß jedem gegebenen Dinge, und nur diesen, ein durch den Eigennamen X bestimmtes Ding in der durch α bestimmten Weise („α-artig") zugeordnet sei. Der so beschriebene Denkbereich entspricht den in Art. 1 aufgestellten Forderungen.

Wir setzen nun weiter fest, daß die Bestimmung, welches Ding durch X bezeichnet werden soll, nicht bloß fehlt, sondern auch nachträglich niemals erfolgen soll. Es bleibt dann — mit Änderung des Inhaltes der in den Denkbereich gehörenden Erlebnisse — nur die „Bestimmung", daß allen gegebenen Dingen, und nur diesen, dasselbe Ding α-artig zugeordnet sei, oder auch, daß jedes gegebene Ding in der α-Relation zu „demselben" Dinge steht.

Wir statuieren damit Dinge, die „freie Schöpfungen des menschlichen Geistes" sind,[3] von denen wir geradezu sagen können, daß sie erst durch den beschriebenen Denkbereich erzeugt (definiert) werden. Ein solches Ding soll eine reine α-Menge erster Art heißen. Von den Dingen, die als gegeben den erzeugenden (definierenden) Denkbereich vollständig beschreiben, sagen wir, daß sie α-Elemente der betreffenden reinen α-Menge sind; während für die nicht gegebenen Dinge auch der Ausdruck gebraucht wird, daß sie keine α-Elemente der betr. reinen α-Menge sind.

Eine sehr ähnliche, aber mit der vorhergehenden durchaus nicht zu verwechselnde „Begriffsbildung" (Ding-Adjunktion) er-

---

[1] Man kann sich das auch so vorstellen, daß dem abstrakten Zuordnungsbegriffe immer eines der Dinge α, β, ... (einer willkürlichen Festsetzung nach) assoziiert werde, und daß die Verschiedenheit der Zuordnung eben in diesen Festsetzungen zum Ausdruck gelangt.

[2] Wie der allgemeine Mengenbegriff in Analogie und Erweiterung des Klassenbegriffs entsteht, zeigt sich an der beinahe wörtlichen Wiederholung der vorher gebrauchten sprachlichen Ausdrücke.

[3] „Mittel, um die Verschiedenheit der Dinge leichter und schärfer aufzufassen" [Dedekind, Was sind und was sollen die Zahlen? Braunschweig 1888. (Vorwort)].

folgt auch durch folgende Festsetzung: „Dasselbe Ding ist allen gegebenen Dingen, außerdem aber auch sich selber — und nur diesen Dingen — α-artig zugeordnet“, oder auch: „Jedes gegebene Ding, wie auch das zu adjungierende Ding, steht zu diesem in der α-Relation“. Wenn wir im übrigen den soeben befolgten Gedankengang genau wiederholen, gelangen wir wieder zur Erzeugung eines Dinges, das eine „freie Schöpfung des menschlichen Geistes“ ist und „reine α-Menge zweiter Art“ heißen soll.

Nicht nur die gegebenen Dinge, sondern auch die α-Menge zweiter Art selbst sollen jetzt α-Elemente der so erzeugten α-Menge zweiter Art heißen, während die nicht gegebenen Dinge nicht Elemente der Menge sind, eventuell mit Ausnahme der Menge selbst, die, wenn sie von allen ursprünglich gegebenen Dingen verschieden ist, als ein neues Element der Menge anzusehen ist.

12. Die bei Erzeugung der Mengen zwischen gewissen Dingen festgesetzte (oder nach Erzeugung des Mengenbegriffs der Anschauung entstammende) Verknüpfung wollen wir von jetzt ab in bequemerer Weise ausdrücken, in „Formeln“, die vorläufig nur als abgekürzte Schreibweisen anzusehen sind.

Wir schreiben

$$a \text{ rel.}_\alpha\, b$$

für die Aussage, daß „das Ding a“ α-artig „dem Dinge b“ zugeordnet ist, wofür wir übrigens auch sagen, daß das Ding a in α-artiger Relation (Zuordnung) zu dem Dinge b steht.

Offenbar können wir, von denselben Dingen als gegeben ausgehend, durch die Art der Zuordnung verschiedene reine Mengen erster oder zweiter Art bilden.

Eine reine Menge erster Art ist durch die Art der Zuordnung und durch die Bestimmung der gegebenen Dinge vollständig beschrieben. Dagegen kann es ganz gut reine Mengen erster und zweiter Art geben, die verschieden sind, trotzdem sie dieselben Elemente enthalten und durch dieselbe Zuordnung erzeugt werden. So seien z. B. a und b zwei primäre Erlebnisse (z. B. die Gesichtseindrücke a und b selbst). Die durch a und b als gegebene Dinge erzeugte α-Menge zweiter Art M ist durch den Denkbereich

$$[a \text{ rel.}_\alpha M, \quad b \text{ rel.}_\alpha M, \quad M \text{ rel.}_\alpha M]$$

definiert und verschieden von der α-Menge erster Art N, die aus den gegebenen Dingen a, b und M erzeugt wird und durch den Denkbereich

$$[a \text{ rel.}_\alpha N, \quad b \text{ rel.}_\alpha N, \quad M \text{ rel.}_\alpha N]$$

definiert ist. Offenbar enthält trotzdem die α-Menge erster Art N und die α-Menge zweiter Art M dieselben Elemente. M und N werden durch verschiedene Denkakte adjungiert, und sind demnach als verschieden anzusehen.[1]

Die Mengen der „Mengenlehre".

(Der gewöhnliche Mengenbegriff.)

13. Der Begriff der „reinen Menge", wie er auf den vorstehenden Seiten entwickelt wurde, ist der Sammelbegriff geringsten Inhaltes, den wir überhaupt bilden können. Der definierende Denkbereich enthält eben keine anderen Erlebnisse, als daß gewisse Dinge, die unter sich und von anderen „wohlunterschieden" werden können, zu einem eben durch den Denkbereich definierten Ding in einer bestimmten α-Relation stehen. Insbesondere fehlt jede Angabe darüber, „wie" die „gegebenen" Dinge unter sich und von anderen unterschieden werden. Dadurch wird der Begriff aber so „arm", daß er zur Beschreibung der entsprechenden tatsächlichen Denkvorgänge nicht ausreicht.

Insbesondere ist aus dem die reine Menge erster Art definierenden Denkbereiche jede Festsetzung, ob ein Ding gegeben oder nicht gegeben, als „Erlebnis" ausgeschaltet. Dem Denkbereiche gehören nur die Erlebnisse an, daß gewisse Dinge zu demselben (eben durch diese Zuordnung definierten) Dinge in der α-Relation stehen. Während demnach jedes Erlebnis des Denkbereichs Verknüpfung des Mengenbegriffs mit einem gegebenen Dinge ist, wird dieser Mengenbegriff selbst schon durch die in der Verknüpfung ihm zugewiesene „Stellung" von jedem gegebenen Dinge verschieden. Dieses Er-

[1] Eine interessante Bemerkung, die unser „logisches" Schließen betrifft, und uns später von Nutzen sein wird, mag sogleich angefügt werden. Offenbar sind M und N in gewisser Beziehung nicht verschieden, insofern sie dieselben Elemente in derselben Weise enthalten. Den Denkbereichen, welche M und N definieren, gehört weder das Erlebnis „M ist von N verschieden", noch „M ist von N nicht verschieden" an. Wenn ich nun dem Denkbereiche, dem die Erlebnisse

$$a \text{ rel.}_\alpha M, \quad b \text{ rel.}_\alpha M, \quad M \text{ rel.}_\alpha M,$$

$$a \text{ rel.}_\alpha N, \quad b \text{ rel.}_\alpha N, \quad M \text{ rel.}_\alpha N$$

angehören, noch das Erlebnis „M ist von N nicht verschieden" hinzufüge, entsteht kein logischer Widerspruch; und doch ist es ein Fehlschluß, hieraus „M von N nicht verschieden" zu „folgern".

Ein solcher Fehlschluß, der in der Mengentheorie sehr verlockend erscheinen kann, wird aber wohl schon durch ein mathematisches Beispiel leicht aufgedeckt. Aus $x^2 = 1$, $y^2 = 1$ entsteht durch $x = y$ kein logischer Widerspruch; trotzdem darf ich nicht $x = y$ setzen.

lebnis gehört aber nicht dem Denkbereiche an, sondern entsteht erst aus der Anschauung des (fertigen) Denkbereichs selbst. Und wir haben im allgemeinen gar kein Recht, den Denkbereich für „unmöglich“ zu erklären, wenn festgesetzt wird, daß eines der Erlebnisse „das zu definierende Ding ist von einem der gegebenen Dinge nicht verschieden“ oder „von jedem gegebenen Dinge verschieden“ auch dem Denkbereiche angehöre. Dadurch wird eben die Definition geändert. Der Denkbereich ist durchaus nicht unmöglich, kann aber „durch logische Schlüsse zu Widersprüchen führen.“ Das muß eben noch näher geprüft werden.

In erster Reihe werden die Festsetzungen, nach denen ein Ding gegeben oder nicht gegeben ist, in den Denkbereich aufzunehmen sein. Erst wenn diese Festsetzungen einmal getroffen sind, wird es ein Erlebnis, daß ein bestimmtes Ding diesen Festsetzungen nach „gegeben“ oder „nicht gegeben“ ist. Dieses Erlebnis wird sprachlich am bequemsten so ausgedrückt, daß ein bestimmtes Ding die durch jene Festsetzung bestimmte Eigenschaft, die G-Eigenschaft (gegeben zu sein) besitzt (oder nicht besitzt). Die Festsetzungen können in verschiedener Weise getroffen werden. Demgemäß gibt es verschiedene solche Eigenschaften (G-Eigenschaft, H-Eigenschaft usw.).

Wir statuieren nun einen Denkbereich $[G]$ durch folgende Festsetzung:

Wenn X Eigenname eines gegebenen Dinges ist, soll das Erlebnis: „X besitzt die G-Eigenschaft“ dem Denkbereiche angehören.

Und einen weiteren Denkbereich $[M]$, dem die $[G]$ angehörenden Erlebnisse angehören und für den ferner noch die Involution besteht: Das Erlebnis „X besitzt die G-Eigenschaft“ involviert das Erlebnis: „X steht in der a-Relation zu M“.

Durch diese Involution wird kein Erlebnis als „dem Denkbereiche nicht angehörend“ statuiert; der Denkbereich ist nicht „unmöglich“ und soll wieder als Definition des zu adjungierenden (mit M bezeichneten) Dinges dienen.

Ein so definiertes Ding nennen wir kurzweg a-Menge (a-Menge der die G-Eigenschaft besitzenden, d. h. der gegebenen Dinge) oder auch, wenn die Unterscheidung von anderen Mengenbegriffen dies erheischt, gewöhnliche a-Menge. Diese a-Mengen und (wenigstens bisher) nur diese bilden den Gegenstand der Untersuchungen der Mengenlehre. (Damit ist — wie schon wiederholt betont wurde — eine solche a-Menge durch einen regelrecht beschriebenen Denkbereich definiert, aber damit noch durchaus nicht die Anschauung gewonnen, daß aus diesem Denkbereiche durch logische Schlüsse sich niemals Widersprüche ergeben; auch dann wäre M ein „Ding", aber ein Ding, das logische Widersprüche ergibt.)

Der soeben beschriebene Denkbereich $[M]$ kann in komprimierter Schreibweise[1] mit

$$[G], \quad (X \text{ qual. } G) \text{ inv. } (X \text{ rel.}_a\ M)$$

bezeichnet werden, wo „X qual. G" und „X rel.$_a$ M" (wenigstens vorläufig) nur sprachliche Abkürzungen für die Ausdrücke „X besitzt die G-Eigenschaft" bzw. „X steht in der a-Relation zu M" sind, während das „Symbol" $[G]$, wie schon weiter oben festgesetzt wurde, andeutet, daß dann und nur dann, wenn X Eigenname eines „gegebenen" Dinges ist, „X qual. G" dem Denkbereiche angehört.

Wir wollen endlich von jedem gegebenen Dinge und nur von diesen sagen, daß sie a-Elemente der Menge sind, oder auch daß die Menge sie (als Elemente) enthält. In kurzer Schreibweise[2], wenn X Eigenname eines gegebenen Dinges ist,

$$X \text{ elem.}_a M \quad \text{oder} \quad M \text{ cont.}_a X.$$

Diese Ausdrücke sind mit „X rel.$_a$ M" nicht gleichbedeutend. Das letztere kann von beliebigen Dingen gesagt werden und ist in unserem Falle ein Beitrag zur Bildung des Denkbereichs, während „X elem.$_a$ M" und „M cont.$_a$ X" voraussetzen, daß M eine schon definierte a-Menge ist, d. h. Anschauungen ausdrücken, die an dem schon fertig konstruierten Denkbereiche erscheinen („evident" werden).

14. Der durch diese Betrachtungen erzeugte Mengenbegriff ist einerseits präziser, andererseits allgemeiner, als das, was in den bisherigen Untersuchungen zur Mengenlehre als Menge bezeichnet wurde.

Als „Menge" bezeichnet man nach Cantor[3] „jede Zusammenfassung M von bestimmten wohlunterschiedenen Objekten unserer Anschauung oder unseres Denkens (welche die ‚Elemente' von M genannt werden) zu einem Ganzen." Auch wir nehmen diese Definition des Mengenbegriffs an; nur ist dabei nicht zu ignorieren, daß die Art der Zusammenfassung (Zuordnung) verschieden sein kann, und daß die „Zusammenfassung" als Denkakt eine solche sein kann, daß eines der zusammenzufassenden „Objekte" in der „Zusammenfassung" selbst erzeugt wird. Dabei wird wohl auch der

[1] qual. = qualitatis, rel. = relatum.

[2] elem. = elementum, cont. = continet.

[3] Beiträge zur Begründung der transfiniten Mengenlehre. Math. Ann. 46 (1895) S. 481.

Ausdruck „Ganzes" besser vermieden, der uns verleitet, in die Art der Zusammenfassung die Eigenschaften eines speziellen Falles der Anschauung hineinzutragen. Es soll jedoch ausdrücklich bemerkt werden, daß Cantors untrüglicher Forscherblick ihn davor bewahrt hat, auch solche Mengenbildungen in Betracht zu ziehen, wo die Nichtbeachtung der erwähnten Umstände zu Antinomien oder besser gesagt zu Fehlschlüssen führt. Cantor spricht in solchen Fällen von „inkonsistenten" Mengen, ohne aber in seinen Publikationen auf diese einzugehen.[1]

Paradox erscheinende Mengen.

15. Die reine α-Menge erster Art ist — wie schon erwähnt — ihrer Definition nach verschieden von den sie definierenden gegebenen Dingen, insofern für diese nur die in den Denkbereich aufgenommenen Erlebnisse gelten. Hierin unterscheidet sie sich wesentlich von der jetzt betrachteten (gewöhnlichen) α-Menge.[2]

Der Annahme nach ist eine Festsetzung getroffen, die für jedes Ding entscheidet, ob es gegeben ist (die G-Eigenschaft besitzt) oder nicht. Andererseits ist es aber auch festgesetzt, daß die durch den beschriebenen Denkbereich definierte α-Menge M ein Ding ist. Jene Festsetzung, die für jedes Ding gilt, entscheidet (damit ist nur mit anderen Worten dasselbe gesagt) darüber, ob M gegeben (die G-Eigenschaft besitzt) oder nicht, ob (wieder nur mit Änderung der Ausdrucksweise) das Erlebnis „M qual. G" dem Denkbereiche angehört oder nicht. Es ist entschieden, ob M ein α-Element von M ist oder nicht. Das letztere findet z. B. stets statt, wenn die gegebenen Dinge durchweg Erlebnisse sind. So wird „die α-Menge aller Erlebnisse" sich nicht als α-Element enthalten.

Als Beispiel einer α-Menge, die sich enthält, gilt gewöhnlich in erster Reihe „die α-Menge der Dinge, die die Eigenschaft besitzen, nicht-rot zu sein". Die Menge besitzt selbst auch diese Eigenschaft,

[1] In chronologischer Reihenfolge ist wohl die sog. Antinomie „aller wohlgeordneten Mengen", die wir erst später (Kap. IX. Art. 4) betrachten werden, die erste ausführlicher dargelegte. (Burali-Forti, Una questione sui numeri transfiniti, Rendiconti del Circolo Matematico di Palermo, Bd. 11 (1897) S. 154). Russell (a. a. O.) und Zermelo (in mündlichen Mitteilungen) haben dann zuerst darauf hingewiesen, daß ähnliche Schwierigkeiten schon bei viel einfacheren Gebilden, z. B. der Menge aller sich nicht enthaltenden Mengen auftreten. Die Literatur des Gegenstandes ist seitdem ziemlich angewachsen.

[2] Die Verwechslung der reinen und der gewöhnlichen α-Menge führt zu dem Fehlschlusse, daß die letztere sich niemals als Element enthält. So z. B. bei Schoenflies, Über die logischen Paradoxien der Mengenlehre, Jahresber. d. d. Math.-Ver. (Bd. XV. 1906) S. 19.

mit andern Worten, sie enthält sich. Offenbar ist aber das Beispiel sehr roh; der Dingbegriff, der dabei auftritt, ist gar nicht wissenschaftlich gefaßt; ebensowenig die Unterscheidung zwischen nicht-rot oder nicht nicht-rot.[1]

Nichts hindert uns M auch dann ein Ding zu nennen, wenn aus den Erlebnissen des Denkbereichs durch gewisse Regeln (die wir Regeln der logischen Deduktion nennen werden) Vorstellungen von Erlebnissen „abgeleitet" werden, die mit den Erlebnissen des Denkbereichs in Widerspruch geraten. Es wird dann eben M ein „Ding", dessen Definition „zu Widersprüchen führt" (ohne aber solche unmittelbar zu enthalten).[2]

Sobald die dem Mengenbegriffe zugrundeliegende G-Eigenschaft der äußeren oder der inneren Anschauung, d. h. der Erfahrung entstammt, fordert offenbar die Bildung des Begriffs ein Postulat (Erfahrungspostulat); daß wir nämlich auf Grund der Anschauung entscheiden können, ob ein Ding die G-Eigenschaft besitzt oder nicht.

---

[1] Es mag ein für allemal betont werden, daß der Aufbau des Dingbegriffs hier ausschließlich für die Zwecke des mathematisch-logischen Denkens geschieht, dem sich noch höchstens die Theorien der „mathematischen" Physik anschließen, insofern wir von einer tatsächlichen Übertragung auf die Naturerscheinungen absehen. Wenn wir von diesem Blatt Papier als Ding sprechen, so geschieht dies auch nur auf Grund einer Zusammenfassung mannigfacher Erlebnisse, deren „unmittelbare" Realität etwas ganz anderes ist, als die Realität des Papierblattes.

Daß nur Erlebnisse als Bewußtseins-Akte Realität besitzen, ist ein Satz, dessen Inhalt ganz davon abhängt, was wir „Realität" nennen wollen. Jedenfalls ist die Realität des Erlebnisses: „Der Stein fällt" eine ganz andere, als die Realität des Steins selbst.

So ist auch das Kantsche Ding an sich „ein Ding", ohne aber deshalb die Realität eines Bewußtsein-Aktes zu besitzen.

[2] Es wird später unsere Aufgabe sein, solche Dinge, und die entsprechenden Denkbereiche auszuschließen, wenn wir eben in der Synthesis unseres mathematisch-logischen Denkens zur Beschreibung logischer Denkbereiche gelangen. Vorläufig ist das für unseren Dingbegriff durchaus nicht nötig, wenn wir nur in diesen nicht — wozu die Gewöhnung unseres „logischen" Denkens uns sehr leicht verleitet — mehr hineinlegen, als die Beschreibung eines der Grundnorm unseres Denkens entsprechenden Denkbereichs.

Einer der wichtigsten Gesichtspunkte bei diesen späteren Untersuchungen mag der Klarheit wegen schon hier angedeutet werden. Wenn wir die dem fertigen Denkbereiche entsprechenden Anschauungen in unser Denken aufnehmen, wird in der Beschreibung eines Erlebnisses: „A rel.$_\alpha$ M" die Beschreibung von A schon enthalten sein. Diese selbst kann die α-Relation schon enthalten, und dieser Umstand allein genügt schon, um die α-Relation in „A rel.$_\alpha$ M" als von jener verschieden zu erklären. Doch können wir die beiden Relationen als „in gewisser Beziehung nicht verschieden" betrachten, als nicht „identisch", aber „isolog" erklären, und damit zu einer widerspruchslosen Auffassung durchdringen, was in der Identitätslehre der reinen Logik tatsächlich geschieht.

Um aber eine Menge von „Dingen" zu definieren, können wir auch eine ξ-Relation benützen, die von den bei der Bildung der Dingbegriffe benutzten verschieden ist. Es wird sich zeigen, daß das immer möglich ist, was aber jetzt noch dahingestellt bleiben mag.

Wir müssen die G-Eigenschaft — um einen von Zermelo eingeführten Ausdruck zu benützen — als definit voraussetzen. Da wir ja niemals den entsprechenden Versuch für jedes Ding ausgeführt denken können, aber doch voraussetzen, daß der Versuch für jedes Ding ausgeführt werden kann, und dadurch das Erlebnis: „Ein bestimmtes Ding besitzt die G-Eigenschaft" eine unabweisbare oder unannehmbare Tatsache wird; handelt es sich für das empirische Denken um eine unvermeidbare Schranke, die durch eine entsprechende „Hypothese" wohl nicht weggeräumt, aber unserem Denken erträglich gemacht wird. (Für das reine Denken wird an Stelle einer solchen Hypothese eine Beschränkung des Dingbegriffs treten, die in unsere Betrachtung eintreten muß, wenn wir die Eigenschaft als definit aufrecht erhalten wollen.)

16. Das Russellsche Paradoxon bezieht sich in präziser Fassung auf die α-Menge aller sich nicht enthaltenden α-Mengen. Die G-Eigenschaft ist demnach „eine α-Menge sein, die sich nicht enthält" und für den bisher genau festgestellten Dingbegriff definit. (Ein Erlebnis ist keine α-Menge; ebensowenig eine β-Menge usw.; sollte der Dingbegriff anderweitig erweitert werden, so wird dieser eben wieder die G-Eigenschaft nicht besitzen.)

Die Involution

$$(X \text{ qual. } G) \text{ inv. } (X \text{ rel.}_\alpha R),$$

wo wir die zu definierende α-Menge mit R bezeichnen, sagt ausführlich hingeschrieben: Wenn X eine α-Menge ist, die sich nicht enthält, soll die zu definierende Menge R die Menge X als Element enthalten.

Da aber die Beschreibung des definierenden Denkbereichs durch Involution erfolgt, wird es notwendig sein, genauer nachzusehen, ob der Denkbereich wirklich ein solcher ist, d. h. der Grundnorm unseres Denkens entspricht. Die G-Eigenschaft wird als definit vorausgesetzt. Es muß also auch entschieden sein, ob die definierte α-Menge R sich enthält oder nicht, wenn der Denkbereich überhaupt „möglich" ist und damit auch eine α-Menge definiert.

Ist X Eigenname eines von R verschiedenen Dinges, das die G-Eigenschaft besitzt, so liefert die Involution ein Erlebnis, das dem Denkbereiche angehört. Dieses ist: „X rel.$_\alpha$ R", das der unmittelbaren Anschauung nach (X ist eben von R verschieden) von jedem Erleben der G-Eigenschaft verschieden ist. Ist aber X Eigenname eines von R verschiedenen Dinges, das die G-Eigenschaft nicht besitzt, so liefert die Involution überhaupt kein Erlebnis, das dem Denkbereiche angehört.

Ein Verstoß gegen die Grundnorm unseres Denkens, so daß

$$[G], \quad (X\,\text{qual.}\,G)\ \text{inv.}\ (X\,\text{rel.}_a\,R)$$

überhaupt kein Denkbereich ist, kann, wie die Anschauung lehrt, nur so erfolgen, daß X Eigenname des adjungierten Dinges R ist.[1]

R ist den bestehenden Festsetzungen nach gegeben, d. h. „R qual. G" gehört dem Denkbereiche an oder dies ist nicht der Fall. Ist R gegeben, so gehört — wieder gemäß den bestehenden Festsetzungen — auch „R rel.$_a$ R" dem Denkbereiche an. Das heißt: R ist eine sich enthaltende Menge, oder R ist nicht gegeben. Der Denkbereich ist unmöglich.

Wenn aber „R qual. G" dem Denkbereiche nicht angehört, d. h. R kein gegebenes Ding ist, sagt auch die Involution nichts in bezug auf den Denkbereich aus, und „R rel.$_a$ R" gehört dem Denkbereiche nicht an, was aber in anderen Worten „R ist ein gegebenes Ding" aussagt. R wäre wieder gegeben und auch nicht gegeben.

Mit andern Worten:

$$[G], \quad (X\,\text{qual.}\,G)\ \text{inv.}\ (X\,\text{rel.}_a\,R)$$

ist gar kein Denkbereich und definiert auch demgemäß kein Ding. In der gewöhnlichen Sprachweise sagen wir auch: „Eine α-Menge aller sich nicht enthaltenden α-Mengen existiert nicht." Dabei ist es „für unsere Anschauung" ganz klar, wie wir durch die „entgegengesetzte" Bedeutung von „R qual. G" und „R rel.$_a$ R" zu diesen „Anschauungen" gelangen.

Die sog. „Antinomie" würde nun darin bestehen, daß die G-Eigenschaft definit ist und doch keine α-Menge der die G-Eigenschaft besitzenden Dinge existiert. Eine sorgsame Darstellung hat uns aber offenkundig gezeigt, daß *diese beiden Aussagen eben nicht in allen Fällen dasselbe sagen.* Eine Antinomie wäre auch dann nicht vorhanden, wenn wir in der Synthese unserer Anschauungen überhaupt nicht weiter gelangen könnten. Dem ist aber offenbar nicht so; offenkundig können wir den allen gegebenen Dingen entsprechenden Sammelbegriff auch hier leicht fassen. Es ist dies „*die β-Menge aller sich nicht enthaltenden α-Mengen*", wo *β von α verschieden ist.* Der in $[G]$ benutzte Relationsbegriff ist der Definition nach von dem in der Bildung von R benutzten verschieden, und diese doch gleich zu setzen, als „in gewisser Beziehung nicht verschieden" anzunehmen — was in anderen Fällen gestattet

[1] Die implizite Voraussetzung, daß „von R verschieden sein" oder auch „von R nicht verschieden sein" eine definite Eigenschaft ist, ist am klarsten als Beschränkung des Dingbegriffs selbst zu fassen.

sein mag — führt jetzt zu jener Verletzung der Grundnorm unseres Denkens. Damit ist auch die Rolle des „imprädikativen" Elementes in diesen Anschauungen genau auseinandergesetzt.

Offenbar führt

$$[G_\alpha], \quad (X\,\text{qual.}\,G_\alpha)\ \text{inv.}\ (X\,\text{rel.}_\beta\,R),$$

wo $[G_\alpha]$ andeuten soll, daß die G-Eigenschaft sich auf α-Mengen bezieht, und α von β verschieden ist, zu einem ganz regelrecht definierten Denkbereich. „X qual. G_α" und „X rel.$_\beta$ R" sind eben jetzt Erlebnisse, deren Zugehörigkeit zum Denkbereiche nichts miteinander zu tun hat.

R ist jetzt eine β-Menge, und besitzt als solche gewiß nicht die G_α-Eigenschaft. Demgemäß gehört „R rel.$_\beta$ R" dem Denkbereiche nicht an. R ist eine sich nicht enthaltende β-Menge; sie enthält eben nur gewisse α-Mengen.

17. Die klare Auffassung dieser Begriffsbildungen wird wesentlich unterstützt, wenn wir in ähnlicher Weise versuchen, die α-Menge aller sich enthaltenden α-Mengen zu bilden. (Daß die β-Menge dieser Dinge durch einen der Grundnorm unseres Denkens entsprechenden Denkbereich definiert ist, braucht wohl kaum auseinandergesetzt zu werden.)

Wenn wir „eine α-Menge sein, die sich enthält" jetzt als H_α-Eigenschaft bezeichnen, ist es die Forderung eines Denkbereichs

$$[H_\alpha], \quad (X\ \text{qual.}\ H_\alpha)\ \text{inv.}\ (X\ \text{rel.}_\alpha\ S),$$

die näher zu untersuchen ist.

Ist X Eigenname eines von S verschiedenen Dinges, so stehen die Verhältnisse geradeso wie früher. Für S selbst sagt aber „S qual. H_α" und „S rel.$_\alpha$ S" genau dasselbe: „S ist eine sich enthaltende α-Menge". Die Involution wird identisch und trägt nichts zur Beschreibung des Denkbereiches bei. So gelangen wir — wie die Anschauung zeigt — niemals zu dem Erlebnisse: „S rel.$_\alpha$ S"; dieses Erlebnis gehört dem (übrigens regelrecht definierten) Denkbereiche nicht an. S ist eine sich nicht enthaltende α-Menge, die alle sich enthaltenden α-Mengen und nur diese enthält.

Nichts hindert uns aber festzusetzen, daß auch „S rel.$_\alpha$ S" dem Denkbereiche angehöre. Dann dürfen wir aber nicht vergessen, daß wir so den definierenden Denkbereich und damit auch das zu definierende Ding geändert haben; dementsprechend wollen wir die jetzt zu definierende Menge mit T bezeichnen. Dann zeigt die Anschauung — genau wie in den schon behandelten Beispielen — daß der Denkbereich

$$[H_a], \quad (X \text{ qual. } H_a) \text{ inv. } (X \text{ rel.}_a T), \quad T \text{ rel.}_a T$$

regelrecht definiert ist und T eine sich enthaltende α-Menge ist, die alle sich enthaltende α-Mengen und nur diese enthält. Daß diese Mengenbildungen auch „zu keinerlei logischen Widersprüchen führen", wird später zu zeigen sein.

An Stelle der „Unmöglichkeit" im früheren Beispiele ist hier eine „Zweideutigkeit" der Lösung des Problems getreten.

Drittes Kapitel.

Die Erweiterung des Dingbegriffs II.

(Bild und Relation. Endliche Mengen und endliche Denkprozesse.)

Bildprozeß. Reihe.

1. Als einfachste Mengenbildung kann wohl eine solche angesehen werden, wo ein bestimmtes Ding, z. B. a, und nur dieses als gegeben angenommen wird, die entsprechende G-Eigenschaft demnach „von a nicht verschieden sein" ist. Die Bezeichnung des Denkbereichs mit

$$a \,\text{qual.}\, G, \quad (X \,\text{qual.}\, G) \text{ inv. } (X \,\text{rel.}_{\mathfrak{a}}\, M)$$

kann dann unmittelbar (auch ohne Begründung) mit der Aufzählung der dem Denkbereiche angehörenden Erlebnisse

$$(a \,\text{qual.}\, G, \quad a \,\text{rel.}_{\mathfrak{a}}\, M)$$

vertauscht werden, und liefert so die Definition der „das einzige Element a enthaltenden $\mathfrak{a}$-Menge".

Die so definierte Menge bezeichnen wir als durch die beschriebene Festsetzung aus a „erzeugt". Irgendeinem beliebig gewählten, aber bestimmten Dinge entspricht so die aus diesem erzeugte $\mathfrak{a}$-Menge, welche dieses und nur dieses bestimmte Ding als Element enthält und von diesem Dinge verschieden ist, wenn auch nur dadurch, daß diese „Erzeugung" in die Beschreibung des erzeugten Dinges neu aufgenommen ist. Die Anschauung lehrt uns ferner, daß mit der Anschauung des erzeugten Dinges immer auch die Anschauung des „erzeugenden" (ursprünglich beliebig gewählten, aber bestimmten) Dinges verbunden ist. Mit andern Worten: Ist einmal der Erzeugungsprozeß festgesetzt, so „bestimmt" (definiert) das erzeugende Ding das erzeugte Ding, und auch das erzeugte Ding das erzeugende Ding.

Der Erzeugungsprozeß (die obige Festsetzung) soll kurz als $\mathfrak{f}$-Prozeß bezeichnet werden; das erzeugte Ding heiße, wenn x Eigenname des erzeugenden Dinges ist, das $\mathfrak{f}$-Bild von x, kurz: $\mathfrak{f}x$, wo dieses Zeichen wieder vorläufig nur als abgekürzte Schreibweise gelte. Ähnlich nennen wir x das $\bar{\mathfrak{f}}$-Bild von $\mathfrak{f}x$; so daß $\bar{\mathfrak{f}}(\mathfrak{f}x)$ eine neue Bezeichnung von x wird.

Solange wir nur den oben beschriebenen Erzeugungsprozeß betrachten, können wir mit diesen Bezeichnungen auskommen; offenbar gibt es aber verschiedene Erzeugungsprozesse, z. B. wenn wir nicht α-Mengen, sondern β-Mengen bilden; oder wenn wir festsetzen, daß die zu erzeugende Menge das beliebig gewählte, aber bestimmte Ding, dessen Eigenname x ist, und außerdem das ein für allemal gewählte Ding k, und nur diese als Elemente enthalte. In diesen Fällen werden wir von $\mathfrak{f}_\alpha$, $\mathfrak{f}_\beta$... oder auch $\mathfrak{f}$, $\mathfrak{g}$...-Bildern usw. sprechen.

Festsetzungen, in denen das erzeugende und das erzeugte Bild sich gegenseitig bestimmen (definieren) (wir kennen hier dem gewöhnlichen Gebrauche des Wortes entsprechend nur eindeutige „Bestimmungen") sollen Bildprozesse genannt werden.[1] Wir sprechen in der Folge kurz von $\mathfrak{f}$-Prozessen und verstehen darunter irgendeine der beschriebenen Festsetzungen, aber selbstverständlich immer dieselbe.

Wir können und wollen nun weiter die Festsetzung treffen, daß von x ausgehend, nicht nur das $\mathfrak{f}$-Bild von x, das ist $\mathfrak{f}x$ erzeugt werde, sondern auch, wenn ein solches $\mathfrak{f}$-Bild erzeugt ist, dieses wieder als erzeugendes Ding zur Erzeugung seines $\mathfrak{f}$-Bildes verwendet werde.

Diese Festsetzung führt zu einer sehr merkwürdigen Tatsache. Die in ihr enthaltene „Forderung" ist völlig präzis. Aus x ist $\mathfrak{f}x$, aus $\mathfrak{f}x$ wieder $\mathfrak{f}\mathfrak{f}x$, aus $\mathfrak{f}\mathfrak{f}x$ abermals $\mathfrak{f}\mathfrak{f}\mathfrak{f}x$ zu erzeugen. „Und so fort." In diesem „und so fort" ist eine grundlegende Anschauung (ein synthetisches Urteil) enthalten, die am Anfange jedes logischen Denkens steht und nicht umgangen werden kann. Wenn wir der Festsetzung entsprechend irgendein Ding als Bild erzeugt haben, ist dieses Bild wieder als erzeugendes Ding zu verwenden (und das neu erzeugte Bild ist von den schon erzeugten Bildern, zumindest durch seine „Stellung" im Erzeugungsprozesse selbst, verschieden). Die getroffene Festsetzung oder Forderung verstößt nirgends gegen die

[1] Die hier beschriebenen Bildprozesse entsprechen der bisherigen Erweiterung des Dingbegriffs. Es gibt aber natürlich auch andere ähnliche Festsetzungen. Z. B. „Ich stelle mir ein Ding vor" ist ein Erlebnis, das von dem „vorgestellten" Dinge verschieden ist und auch als Bild des erzeugenden Dinges angesehen werden kann. Die Anwendung der Mengen, die nur ein Element enthalten, stammt von Zermelo; hat aber bei Zugrundelegung unseres Mengenbegriffs einen ganz verschiedenen logischen Inhalt. So sind für uns die Dedekindschen Begriffe, wie Vorstellung von x, Vorstellung der Vorstellung von x usw. auch Mengen, die nur ein Element enthalten.

Grundnorm unseres Denkens und darf — wenigstens bei der hier gebrauchten präzisen Bedeutung dieses Wortes — nicht als „unmöglich“ abgetan werden. (Abgesehen davon, daß dann jedes mathematisch-logische Denken gleichfalls „unmöglich“ wäre, d. h. abgelehnt werden müßte.) Wir haben es nicht mit einer Schranke unseres Denkvermögens, wohl aber mit einer Schranke unseres Anschauungsvermögens[1] zu tun. Diese Schranke können wir verschieben, aber nicht aufheben! Wohl aber ist es — im präzisen Sinne des Wortes — unmöglich, diese Schranke anzugeben. Daß unser Anschauungsvermögen bis zur Anschauung der Erzeugung eines bestimmten Bildes langt, und nicht weiter, ist unmöglich. Mit dieser Anschauung können wir die Erzeugung des Bildes jenes Bildes verbinden, und das so erzeugte Bild ist der Anschauung zugänglich und doch von allen der Anschauung zugänglichen Dingen, damit auch von sich selbst verschieden, was in der Tat gegen die Grundnorm unseres Denkens verstößt.

Die Annahme, daß diese Schranke angegeben werden kann, muß fallen gelassen werden.[2]

Um nun jene Festsetzung oder Forderung nicht nur mit unserem Denkvermögen, sondern auch mit unserem Anschauungsvermögen in Einklang zu bringen, muß sie durch eine (mehr oder weniger) willkürliche Festsetzung der Schranke geändert werden. Wir können und wollen ein bestimmtes, durch den mit x beginnenden $\mathfrak{f}$-Prozeß erzeugtes Ding (z. B. $\mathfrak{f}x$ oder $\mathfrak{f}\mathfrak{f}x$ oder $\mathfrak{f}\mathfrak{f}\mathfrak{f}x$) wählen, und den $\mathfrak{f}$-Prozeß selbst dann durch die Vorschrift „beschränken“, daß unsere im $\mathfrak{f}$-Prozeß beschriebene Denktätigkeit mit der Erzeugung jenes Dinges eingestellt werde. Die ursprünglich gegebene Festsetzung wollen wir weiterhin als „offenen $\mathfrak{f}$-Prozeß“ von der jetzt gegebenen Festsetzung als „geschlossenem $\mathfrak{f}$-Prozeß“ unterscheiden.

Ein Ding, das durch einen dem x entstammenden geschlossenen $\mathfrak{f}$-Prozeß erzeugt wird, sowie auch das Ding x selbst, soll kurz „Glied der $S_{x,\mathfrak{f}}$-Reihe“ heißen.

2. Daß wir die Dinge, die Glieder der x entstammenden $S_{x,\mathfrak{f}}$-Reihe, von allen andern unterscheiden, mit andern Worten als

[1] Nebenbei sei bemerkt, daß diese Schranke, wenn wir uns in dieser Anmerkung über die methodische Synthese des Textes hinwegsetzen, nicht im Unendlichen, sondern im Endlichen liegt. Wir können die Vorstellung der Kardinalzahlen 2, 10, vielleicht auch 1000 durch Anschauung gewinnen; für eine Trillion ist dies gewiß nicht der Fall.

[2] Unser Anschauungsvermögen ist fortwährend der Erweiterung fähig, unfertig (weder endlich, noch unendlich). „Der Anschauung zugänglich sein“ ist keine (definite) Eigenschaft. Es müßte dann die Anschauung entscheiden, ob die Anschauung erzeugt werden kann.

„gegeben“ ansehen können, oder auch daß „Glied der x entstammenden $S_{x,\mathfrak{f}}$-Reihe sein“ eine G-Eigenschaft ist, muß, wie schon auseinandergesetzt wurde, als Postulat der Erfahrung hingenommen werden; wir können diese Annahme erläutern, aber niemanden zwingen, diese Behauptung als unabweisbare Tatsache hinzunehmen. Allerdings hört bei Leugnung dieser Behauptung die Möglichkeit jedes mathematisch-logischen Denkens, auch die Möglichkeit des Zählens auf. Um doch jenes Postulat zu erläutern, bemerken wir, daß wir bei einem geschlossenen $\mathfrak{f}$-Prozesse es vor allem mit einem Dinge zu tun haben, von dem uns eben die Anschauung gelehrt hat, daß es in der Tat durch einen offenen $\mathfrak{f}$-Prozeß erzeugt wird. Der entsprechende geschlossene $\mathfrak{f}$-Prozeß ist dieser Annahme nach der Anschauung zugänglich, und die Anschauung dieses geschlossenen $\mathfrak{f}$-Prozesses lehrt uns eben, daß gewisse Dinge und nur diese „Glieder der x entstammenden $S_{x,\mathfrak{f}}$-Reihe sind.“ Wir erfahren im engsten Sinne des Wortes, daß $\mathfrak{f}x$ Glied der $S_{x,\mathfrak{f}}$-Reihe ist, d. h. daß es z. B bei dem (mit $\mathfrak{f}\mathfrak{f}x$) geschlossenen $\mathfrak{f}$-Prozesse erzeugt wird. Unserer Denkgewohnheit erscheint dies beinahe als Tautologie, und dabei hat es uns noch gar nicht zu kümmern, ob diese Anschauung nicht eventuell „zu Widersprüchen führt“. Wir haben nur diese Anschauung als unabweisbare Tatsache hingenommen, aber noch gar nicht behauptet, daß diese Tatsache mit anderen Denkprozessen verbunden uns immer als unabweisbar erscheint.[1]

Daß unser Anschauungsvermögen bei Anwendung des offenen $\mathfrak{f}$-Prozesses plötzlich versagt, d. h. daß das so erzeugte Ding k noch der Anschauung zugänglich ist, dies aber für das aus k erzeugte Ding $\mathfrak{f}k$ nicht mehr der Fall ist, erwies sich als unmöglich. Unser Anschauungsvermögen hat eben keine Schranke, wenigstens keine feste Schranke. Es ist einer unausgesetzten Vervollkommnung fähig. Wir haben kein Recht, von irgendeinem durch einen offenen $\mathfrak{f}$-Prozeß erzeugten Dinge zu behaupten, daß es auch nach jeder wie immer geschehenen Vervollkommnung unseres Anschauungsvermögens der Anschauung unzugänglich bleibt. Keinesfalls widerstreitet es der Grundnorm unseres Denkens, wenn wir die folgende Behauptung als Erfahrungspostulat aufstellen.

Jedes durch einen x entstammenden offenen $\mathfrak{f}$-Prozeß erzeugte Ding ist nach entsprechender Vervollkommnung unseres Anschauungsvermögens der Anschauung zugänglich. (Daß x selbst der Anschauung zugänglich gedacht wird, ist

[1] Selbst wenn solche Denkprozesse sich auffinden ließen, wäre jenes Postulat eine sehr nützliche „naturwissenschaftliche Hypothese“, mit deren Hilfe wir gewisse Denkerfahrungen wissenschaftlich klären und ordnen.

dabei nicht besonders zu erwähnen; die Behauptung selbst verlöre sonst ihren Sinn.)

Die Setzung eines solchen, von dem unsern wohl quantitativ, aber nicht qualitativ verschiedenen Anschauungsvermögens, mit dem wir „arbeiten" können, ohne es doch zu besitzen, ist die grundlegende Errungenschaft des philosophierenden menschlichen Geistes. Diese Vervollkommnung unseres Anschauungsvermögens — wenn notwendig — auch schon als geschehen angenommen, gelangen wir dazu, jedes durch einen dem x entstammenden offenen $\mathfrak{f}$-Prozeß erzeugte Ding als der Anschauung zugänglich und so auch als bestimmt (von irgendeinem Dinge verschieden oder nicht verschieden) anzunehmen. Die Anschauung eines solchen Dinges ist nichts anderes als die Anschauung der Erzeugung des Dinges[1]; und damit sind die durch den $\mathfrak{f}$-Prozeß erzeugten Dinge auch mit der Verschiedenheit ihrer Erzeugung als verschieden erkannt. Wir sind demnach berechtigt festzusetzen:

Jedes Ding, das durch einen dem x entstammenden offenen $\mathfrak{f}$-Prozeß erzeugt wird, sowie auch das Ding x selbst, soll „Glied der $S_{x,\mathfrak{f}}$-Reihe" heißen (sein).

Die Beschränkung auf geschlossene $\mathfrak{f}$-Prozesse fällt fort; jedes Ding, das durch den offenen $\mathfrak{f}$-Prozeß erzeugt wird, kann eben zur „Beschränkung" dieses Prozesses benutzt werden, und wird so auch durch diesen geschlossenen Prozeß erzeugt werden.

Nach diesen Voraussetzungen lehrt uns die Anschauung (wenn eben unser Anschauungsvermögen entsprechend vervollkommnet gedacht wird) ob irgendein Ding Glied der $S_{x,\mathfrak{f}}$-Reihe ist. „Glied der $S_{x,\mathfrak{f}}$-Reihe sein" kann als G-Eigenschaft gefaßt werden (ist eine definite Eigenschaft) und die so gegebenen Dinge definieren eine ξ-Menge, die (gewöhnliche) Menge der Glieder der $S_{x,\mathfrak{f}}$-Reihe, auch wenn ξ von α nicht verschieden ist. Der definierende Denkbereich ist regelrecht gebildet. Sowohl die G-Eigenschaft wie die Mengeneigenschaft sagen nur aus, daß gewisse Dinge in der α-Relation oder ξ-Relation stehen, niemals aber, daß ein Erlebnis dem Denkbereiche nicht angehört.

Diese Menge ist regelrecht definiert; ob sie „zu logischen Widersprüchen führt", wird hier noch gar nicht gefragt; daß dies nicht der Fall ist, wird Gegenstand späterer Erörterungen sein.

Diese Erläuterungen — um einen vielfach gebräuchlichen Ausdruck anzuwenden — „begründen" die „Existenz der Glieder der

[1] Daß ein Ding der Anschauung zugänglich ist, oder auch daß die Erzeugung dieses Dinges der Anschauung zugänglich ist, sind nur verschiedene Ausdrücke für dieselbe Tatsache.

$S_{x,\mathfrak{f}}$-Reihe"; d. h. sie beschreiben, was unter diesem Ausdrucke zu verstehen ist; sie begründen aber — wenn wir so sprechen dürfen — nur eine „vorlogische" Existenz; für eine „logische Existenz" wird eben noch die Überzeugung der „Widerspruchlosigkeit" im oben gegebenen Sinne gefordert.

Eigenschaftsbegriffe.

3. Das bei der Definition des gewöhnlichen Mengenbegriffs zur Anwendung gelangte Symbol $[G]$ (Kap. II, Art. 13) kann geradezu als Bezeichnung eines Denkbereichs angesehen werden, dem die Erlebnisse „X besitzt die G-Eigenschaft" dann und nur dann angehören, wenn X Eigenname eines gegebenen Dinges ist. Dementsprechend kann das Erlebnis, das bisher nur in gekürzter Schreibweise mit „X qual. G" bezeichnet wurde, als Verknüpfung von X mit G betrachtet werden, wo dann G als ein durch den Denkbereich $[G]$ neu definiertes (adjungiertes) Ding anzusehen ist. In solcher Weise definierte Dinge nennen wir Eigenschaftsbegriffe. Offenbar benutzt die Sprache mit Vorliebe diese Eigenschaftsbegriffe; sie werden in unserem Denken fortwährend aus den sich auf bestimmte Dinge beziehenden „Aussagen" abgeleitet.

Bei dieser „Ableitung" wird „X qual. G" das einemal als das Erlebnis, daß X gegeben ist, aufgefaßt, das anderemal aber als das Erlebnis, daß X einem bestimmten Dinge, dem durch den Denkbereich definierten Eigenschaftsbegriff, in bestimmter Weise zugeordnet ist. Offenbar ist der Eigenschaftsbegriff nichts anderes, als ein Mengenbegriff, in dem die definierende Zuordnung (Relation) durch gewisse assoziierte Vorstellungen gewissermaßen eine andere Nuance, eine andere Auffassung erhält. Die Relation ist eine andere geworden, aber der Eigenschaftsbegriff ist nichts anderes als ein Mengenbegriff. An Stelle der α-Menge ist — sagen wir — eine ξ-Menge getreten.

Wir dürfen demnach gewisse Mengen als Eigenschaften oder Eigenschaftsbegriffe bezeichnen und aus jeder Menge den „zugehörenden" Eigenschaftsbegriff „Element der Menge sein" erzeugen.

Die Theorie der „Eigenschaftsbegriffe" ist nichts anderes als die Theorie der (gewöhnlichen) Mengen.

Dabei sind aber sehr feine und ungewohnte Unterschiede in den mit unserem Denken verbundenen Anschauungen zu beachten. Dem definierenden Denkbereiche gehören nun die Erlebnisse „X ist gegeben" und diejenigen Erlebnisse an, die durch die Involution „X ist gegeben involviert X qual. G" entstehen.

Andererseits können und wollen wir [*G*] auch als den Denkbereich fassen, dem die Erlebnisse „*X* qual. *G*“ und nur diese angehören, wo *X* Eigenname eines gegebenen Dinges ist, ohne uns aber um das „wie“ dieses Gegebenseins zu kümmern, während doch *G* als „Ding“ zu fassen ist, das eben durch den Denkbereich [*G*] definiert wird. Offenbar sind wir aber damit auf den Begriff der reinen Menge zurückgekommen, in dessen Beschreibung wieder nur die Bezeichnung der Verknüpfung geändert wurde.

Man könnte dementsprechend diese Dinge als „reine Eigenschaftsbegriffe“ bezeichnen, was aber als überflüssig erscheint, und auch mit dem Sprachgebrauche nicht übereinstimmt. Bei der Aussage „*X* besitzt die *G*-Eigenschaft“ unterscheiden wir eben den Anschauungsakt, der zu jener Zuordnung veranlaßt, von dieser Zuordnung selbst.

So treten in der Theorie der gewöhnlichen Mengen auch Fragen auf, die eigentlich noch in die Theorie der reinen Menge gehören, insofern wir eben solche Verhältnisse erörtern, die sich nur auf den Denkbereich [*G*] beziehen.

Nichts hindert uns, einen irgendwie bestimmten Denkbereich selbst als Ding, als Menge der ihm angehörenden Erlebnisse, oder — was auf dasselbe hinauskommt — „ein Erlebnis sein, das einem bestimmten Denkbereiche angehört“ als Eigenschaftsbegriff aufzufassen. Insbesondere geschieht dies, wenigstens sprachlich, wenn wir einen bestimmten Denkbereich zur Beschreibung eines neuen Denkbereichs benutzen, wie wir ja schon den Denkbereich [*G*] zur Beschreibung des die *a*-Menge *M* definierenden Denkbereichs benützten.[1]

Dabei ist es von größter Wichtigkeit, die Erlebnisse, die dem Denkbereiche angehören, von jenen Erlebnissen zu unterscheiden, die der Anschauung des Denkbereichs selbst, d. h. der Anschauung der den Denkbereich bestimmenden Festsetzungen entstammen. So wird z. B. wenn das Erlebnis *A* dem Denkbereiche angehört, das Erlebnis: „*A* gehört dem Denkbereiche an“, wenigstens in vielen Fällen[2], nicht nur von *A* verschieden sein, sondern dem Denkbereiche überhaupt nicht angehören.

[1] Des Verständnisses wegen wird es gut sein, schon jetzt zu bemerken, daß wir später — den Forderungen des „exakten“ Denkens entsprechend — unser Denken auf bestimmte Denkbereiche beschränken müssen, so daß ein Erlebnis, das dem Denkbereiche nicht angehört, ein für allemal ausgeschaltet bleibt, („nicht ist“). Dieser Denkbereich soll niemals als Ding adjungiert werden.

[2] So z. B. wenn *A* ein Gesichtseindruck (Ich sehe *a*) ist, und dem Denkbereiche nur solche Gesichtseindrücke angehören.

Erlebnis und Teilerlebnis.

4. Es sei A ein bestimmtes Erlebnis. In und mit dem Denkvorgange, der die Vorstellung des Erlebnisses A erzeugt, ist die Tatsache, daß ich mir das Erlebnis A vorstelle, unabweisbar. Wir „objektivieren" diese Erfahrung — allerdings nur dem sprachlichen Ausdruck nach —, indem wir sagen: Die Vorstellung des Erlebnisses A ist eine unabweisbare Tatsache. Damit ist nichts anderes gesagt, als daß ich mir eben dieses Erlebnis A vorstelle. (Der weitere Zweck dieser Objektivierung, die Setzung eines von meinem Bewußtsein unabhängigen Denkaktes liegt durchweg außerhalb unserer Betrachtungen). Die Festsetzung resp. Annahme, daß die Vorstellung des Erlebnisses A eine unabweisbare Tatsache ist, wird dementsprechend nichts anderes als die Forderung sein, das Erlebnis A vorzustellen und diese Vorstellung mit dem Gefühle des Zwanges bzw. der Spontaneität zu verknüpfen.

Die Erlebnisse A und B können nun, wie ein einfaches Beispiel sogleich zeigen wird, in der Weise verknüpft sein, daß die Annahme oder Festsetzung, die Vorstellung von B sei eine unabweisbare Tatsache, uns dazu zwingt, auch die Vorstellung von A als unabweisbare Tatsache anzuerkennen. Wir wollen in diesem Falle sagen „A ist ein Teilerlebnis von B".

So wird z. B. das Erlebnis: „Ich habe Paul gesehen" ein Teilerlebnis (Teil) von: „Ich habe Peter und Paul gesehen".

Das Erlebnis: „A ist ein Teilerlebnis von B" ist eine Verknüpfung von A und B, die unmittelbar der Anschauung entnommen, als unabweisbare Tatsache hingestellt wird. Sollte jemand dieses Verknüpfungserlebnis nicht als unabweisbare Tatsache annehmen wollen, so ist eben eine Gemeinsamkeit unseres Denkens ausgeschlossen.

Dabei ergibt meine Anschauung noch folgendes: Die Erlebnisse „A ist ein Teilerlebnis von B" und „B ist ein Teilerlebnis von C" zwingen mich, auch das Erlebnis „A ist ein Teilerlebnis von C" als unabweisbare Tatsache hinzustellen. In der gewöhnlichen Ausdrucksweise sagen wir: Ohne A können wir uns B, und ohne B können wir uns C nicht vorstellen. „Also" können wir uns auch C nicht ohne A vorstellen. Wir geben dieser Tatsache damit eine „logische Form". Offenbar entsteht diese sprachliche Ausdrucksweise nur aus der Gewohnheit, unser Denken in ein „logisches Schema" zu bringen. Von einer logischen „Deduktion" ist aber deshalb in jenem Erlebnisse durchaus nichts vorhanden. In ungewohnter, und dadurch schwerfällig erscheinender Weise können wir dies zur Evidenz bringen, indem wir den Inhalt unserer Anschauung folgendermaßen ausdrücken: „A ist ein Teilerlebnis von C“ ist ein Teilerlebnis von „A ist ein Teilerlebnis von B, und B ein Teilerlebnis von C“. Das soll für mich und jeden, der meine Gedanken mitdenken will, als unabweisbare Tatsache, d. h. als unmittelbar der Anschauung entnommenes Erlebnis gelten, dessen Vorstellung wir wann immer erzeugen können.

Ob wir „X ist ein Teilerlebnis von Y“ in unsern Erfahrungskreis, in unsern Denkbereich aufnehmen wollen, hängt noch von unserer freien Entschließung ab; daß aber mit „X Teilerlebnis von Y“ und „Y Teilerlebnis von Z“ auch „X Teilerlebnis von Z“ als unserem Erfahrungskreis entstammend, dem Denkbereiche angehörend zu betrachten ist, ist eine Festsetzung, von der wir niemals abweichen wollen und die, dem bisherigen entsprechend, als allgemein gültiges Anschauungsgesetz bezeichnet werden kann.[1]

Relationsbegriffe und Ordnungsbegriffe.

5. Das Erlebnis „A rel.$_a$ B“ gibt Anlaß zu einer abermaligen Erweiterung des Dingbegriffs, die bei dem sprachlichen Ausdruck unseres Denkens sich von selbst ergibt und eigentlich schon geschehen ist, wenn wir von „Zuordnungen“ oder „Verknüpfungen“, von „Relationen“ sprechen.

Der erste Schritt hierzu geschieht schon, wenn wir jenes Erlebnis so ausdrücken, daß A die Eigenschaft besitzt, zu B in der a-Relation zu stehen. Statt B können wir den Eigennamen X irgendeines Dinges benutzen, und so von der Eigenschaft sprechen, zu X in der a-Relation zu stehen. Wenn die Bestimmung jenes Dinges, dessen Eigenname X ist, fehlt, wird die Eigenschaft „unbestimmt“ und erst durch die Angabe jenes Dinges endgültig festgelegt.

Nichts hindert uns jedoch, auch in diesem Denkprozesse die „Erzeugung“ eines Dinges zu sehen, das als Relationsbegriff bezeichnet werden kann. Dieser Relationsbegriff erscheint in dem Erlebnisse, daß er mit einem Dinge, dessen Eigenname eben X sein soll, verknüpft

[1] Es mag auffallen, daß wir hier nicht von den Denkbereich beschreibenden Involutionen sprechen. Dies wird aus verschiedenen Gründen vermieden. Erstens weil bei der Beschreibung eines Denkbereichs das willkürliche Element unseres Denkens betont wird, während wir es hier mit einer normativen, niemals zu verletzenden Feststellung zu tun haben; zweitens aber, und vor allem, weil es sich bei Anwendung dieser Erfahrungen um an schon konstruierten Denkbereichen erlangte Anschauungen handeln wird, die wir nicht wieder zu neuen Denkbereichen vereinigen, sondern nur dazu benutzen, an jenen Denkbereichen erfahrene Erlebnisse zu beschreiben.

wird, und in dem sich anschließenden Verknüpfungserlebnisse, daß jenes Erlebnis den Eigenschaftsbegriff, zu jenem jetzt schon bestimmten Dinge in der α-Relation zu stehen, „erzeugt".

Das so adjungierte Ding ist den schon früher erzeugten Dingen gegenüber ein „unvollständiges" Ding, ein Funktionalding, kurz eine Funktion, von der wir zu schon früher beschriebenen Dingen zurückkehren, wenn wir ihr „Argument" angeben, d. h. jenes Ding bestimmen, dessen Eigenname eben X sein soll.

Einen weiteren Funktionsbegriff, den allgemeinen Relationsbegriff erhalten wir, wenn wir X und Y als Eigennamen irgendwelcher Dinge benutzen, und das Erlebnis „Y rel.$_\alpha$ X" ins Auge fassen. Dies ergibt einen Funktionsbegriff, der zu einem der schon beschriebenen Dinge wird, wenn wir die Argumente X und Y angeben. Offenbar können dann Y sowie X wieder Relationsbegriffe sein, wie schon in dem einfachsten Falle, wo wir Relationsbegriffe als voneinander verschieden erklären.

Wir werden auch bei anderen Denkprozessen Gelegenheit haben, Funktionsbegriffe zu bilden, so z. B. wenn wir (Art. 1 d. K.) das $\mathfrak{f}$-Bild eines Dinges, dessen Eigenname x ist, erzeugen, und die Angabe des Dinges, dessen Eigenname x sein soll, nicht erfolgt. Dann ist „das $\mathfrak{f}$-Bild irgendeines Dinges" wieder ein Funktionsbegriff, aus dem ein schon früher beschriebenes Ding „erzeugt" wird, wenn wir das Argument, d. h. das Ding, dessen Eigenname x sein soll, bestimmen.

Bei dieser Fassung des Relationsbegriffs ist der Akt der Verknüpfung von den zu verknüpfenden Dingen unabhängig gedacht, was in gewissen Fällen unserem Anschauungsvermögen adäquat erscheint, wie z. B. bei der Relation „verschieden von". Bei der Relation von Grund und Folge, der „Kausalitätsrelation", erscheint aber diese selbständige Anschauung des Verknüpfungsaktes schon viel schwieriger. Bei der Relation „irgend ein Element irgendeiner α-Menge sein" kann ich überhaupt zu einer selbständigen Auffassung des Verknüpfungsaktes nicht gelangen und werde immer nur an mir bekannte Beispiele denken und mich dabei auf ein „Abstraktionsvermögen" berufen, das ich in der Tat gar nicht besitze (und eigentlich auch adjungiere). Diese Bemerkungen führen auf die Gebiete der Psychologie und Erkenntnistheorie, die hier nicht betreten werden sollen.

6. Diesen (abstrakten) Relationsbegriffen stellen wir den empirischen Relationsbegriff gegenüber, der in der Synthesis unseres Denkens eigentlich ausschließlich benutzt wird. Er wird aus

irgendeinem bestimmten, genau beschriebenem Denkbereiche „erzeugt", so z. B. wenn ich von dem Denkbereiche ausgehe, der eine bestimmte (sagen wir z. B. die Elemente a, b und nur diese enthaltende) α-Menge erzeugt. Ich kann es dann als Erlebnis fassen, daß der entsprechende Relationsbegriff die Dinge a, b und nur diese der α-Menge in bestimmter Weise zuordnet. Der Inhalt der Erlebnisse, in denen so der Relationsbegriff mit gewissen Eigenschaftsbegriffen verknüpft wird, ist dann selbstverständlich nicht verschieden von den Festsetzungen, die den Denkbereich bestimmen.

Aus verschiedenen Denkbereichen entstammende empirische Relationsbegriffe sind dann (konform den Ausführungen im Kap. II, Art. 5) immer auch verschieden.

Zur Beschreibung des empirischen Relationsbegriffes tragen dann insbesondere jene dem Denkbereiche angehörenden Erlebnisse bei, die selbst von der Form „X rel.$_\alpha$ Y" sind, oder für welche die Anschauung lehrt, daß ein Erlebnis von der Form[1] „X rel.$_\alpha$ Y" ein Teilerlebnis derselben ist. Das ist z. B. für ein Erlebnis von der Form „(X rel.$_\alpha$ Y) rel.$_\beta$ Z" der Fall.

Unter den empirischen Relationsbegriffen sind wieder gewisse, die wir aus naheliegenden Gründen **syllogistische Relationsbegriffe** nennen wollen, für die genaue Beschreibung unseres Denkens von besonderer Wichtigkeit.

Es kann vorkommen, daß in einem gewissen Denkbereiche ein bestimmter Relationsbegriff, den wir mit „syll. rel.$_\alpha$" bezeichnen, vorkommt, und dabei der Denkbereich der Involution

$$[X \text{ syll. rel.}_\alpha Y] \text{ inv. } Q[(Y \text{ syll. rel.}_\alpha Z) \text{ inv. } (X \text{ syll. rel.}_\alpha Z)]$$

genügt.

Die Anschauung lehrt, daß dieser Involution nach mit „X syll. rel.$_\alpha$ Y" und „Y syll. rel.$_\alpha$ Z" auch „X syll. rel.$_\alpha$ Z" dem Denkbereiche angehört, und daß der Inhalt dieser Aussage auch durch die Involution

$$[Y \text{ syll. rel.}_\alpha Z] \text{ inv. } Q[(X \text{ syll. rel.}_\alpha Y) \text{ inv. } (X \text{ syll. rel.}_\alpha Z)]$$

gegeben werden kann.

(Selbstverständlich ist es nicht ausgeschlossen, daß derselbe Denkbereich verschiedene syllogistische Relationen beschreibt, die z. B. mit syll. rel.$_\alpha$ und syll. rel.$_\beta$ bezeichnet werden können.)

---

[1] „Ein Erlebnis von der Form X rel.$_\alpha$ Y" ist hier und in der Folge nur ein kürzerer Ausdruck für „X rel.$_\alpha$ Y, wo X und Y Eigennamen bestimmter Dinge sind".

Ein empirischer Relationsbegriff, für den der definierende Denkbereich der soeben beschriebenen Festsetzung genügt, soll eben syllogistisch genannt werden.

Unter den syllogistischen Relationen sind wieder die *Ordnungsrelationen* besonders hervorzuheben.

Wir gehen von einer bestimmten α-Menge M aus und definieren einen neuen Denkbereich in folgender Weise: Jedes Erlebnis, das dem M definierenden Denkbereiche angehört, soll auch dem neuen Denkbereiche angehören. Sind a und b irgendwelche verschiedene Elemente von M, so soll von den beiden Relationen $a < b$, $b < a$ eine und nur eine dem Denkbereiche angehören, wo eben $<$ das Zeichen[1] der neu eingeführten Relation ist. Es kann nun vorkommen, daß die neueingeführte Relation syllogistisch wird, d. h. der Denkbereich der Involution

$$[x < y] \text{ inv. } Q[(y < z) \text{ inv. } (x < z)]$$

genügt. In diesem Falle mag der neue Denkbereich mit $O(M)$ bezeichnet werden, und wir sagen dann, daß die Menge M in $O(M)$ (d. h. durch die für $O(M)$ getroffenen Festsetzungen) geordnet wurde.

Für Mengen, die keine verschiedenen Elemente enthalten (wie z. B. die Mengen des Art. 1 d. K.) verliert die Beschreibung von $O(M)$ ihren Sinn.

Für die Menge, deren Elemente a, b und nur diese sind, wird die Festsetzung $a < b$, aber ebenso auch $b < a$ genügen; allerdings ist das noch ein Ausnahmefall, insofern wohl der Involution „genügt" wird, aber nur „weil" sie zur Beschreibung des Denkbereichs nichts beiträgt.

Sind die Elemente der Menge a, b, c oder in einem anderen Falle a, b, c, d, so genügen der unmittelbaren Anschauung nach die folgenden Festsetzungen den Forderungen. In dem einen Falle

$$a < b, \quad a < c, \quad b < c \qquad \text{(I.)}$$

In dem anderen Falle:

$$\begin{array}{lll} a < b, & a < c, & a < d, \\ & b < c, & b < d, \\ & & c < d. \end{array} \qquad \text{(II.)}$$

Wir sagen auch mitunter, daß $O(M)$ *die geordnete Menge* M *definiert, obwohl eigentlich der Ordnungsbegriff sich*

---

[1] $<$ ante, vor oder auch „steht vor". Dabei soll aber selbstverständlich „vor" durchaus nicht an zeitliche oder räumliche Verhältnisse erinnern.

nicht auf die α-Menge, sondern nur auf ihre Elemente, auf die gegebenen Dinge bezieht, und ungeändert bleibt, wenn wir z. B. auf die β-Menge derselben Elemente übergehen.

Dabei haben wir in den verschiedenen Beispielen dasselbe Zeichen ($\prec$) für die Ordnungsrelation benützt; dies ist allgemein gebräuchlich, darf aber nicht zu der Annahme verleiten, daß diese Relation in den verschiedenen Beispielen dieselbe ist. Der Ordnungsbegriff ist eben ein empirischer Relationsbegriff, der nur an den zu ordnenden Dingen erzeugt wird, und ohne solche gar keinen Inhalt besitzt. Die gegebenen Dinge sind in den Beispielen verschieden; so in (I.) und (II.) nicht nur durch das Hinzutreten von d, sondern auch dadurch daß a, b, c in diesen Beispielen eine verschiedene Bedeutung erhalten. So besitzt a dem (II.) entsprechend die in $a \prec d$ beschriebene Eigenschaft, die bei (I.) fehlt.

Würde für eine α-Menge, die als Elemente a, b, c und nur diese enthält, die Festsetzung

$$a \prec c, \quad a \prec b, \quad c \prec b$$

getroffen, so könnte es uns gar nicht einfallen, in einem Denkbereiche, der beide Ordnungsmöglichkeiten beschreibt, diesen Relationen dasselbe Zeichen entsprechen zu lassen; aber ebensowenig entspricht es der tatsächlichen Anschauung, wenn wir für I. und II. jene „in gewisser Beziehung nicht verschiedenen" Relationsbegriffe als überhaupt nicht verschieden erklären. Es wäre das geradezu ein Verstoß gegen die Grundnorm unseres Denkens. Die Annahme eines reinen (abstrakten) Ordnungsbegriffs ist ebenso unstatthaft, wie die der reinen Copula und die auf diese bezüglichen Bemerkungen (Kap. II, Art. 5) übertragen sich unmittelbar auf die jetzt betrachteten Denkprozesse.[1]

Es mag dies noch folgendermaßen gefaßt werden. Nach der Beschreibung des Denkbereichs, der die geordnete, die Elemente a, b, c, d und nur diese enthaltende Menge definiert, können wir festsetzen, daß die Erlebnisse

$$d \,\text{qual.}\, G, \quad d \,\text{elem.}\, M, \quad a \prec d, \quad b \prec d, \quad c \prec d$$

nicht mehr dem Denkbereiche angehören sollen. Damit ist ein von jenem verschiedener Denkbereich definiert. Dann haben aber die G-Eigenschaft, die gegebenen Dinge und der gebrauchte Relationsbegriff auch ihre Bedeutung geändert.

[1] Hier findet sich schon der Hinweis auf jenen falschen Schluß, der auf die „Menge aller Ordnungszahlen" — zur sogenannten „Antinomie der Menge W" — führt, und mit dem wir uns später (Kap. IX, Art. 4) noch ausführlicher beschäftigen werden.

Die Numeratoren und ihre natürliche Ordnung.

7. Die Anwendung der Ordnungsbegriffe auf die Dinge, die durch einen dem x entstammenden offenen $\mathfrak{f}$-Prozeß erzeugt werden, und die wir Glieder der $S_{x,\mathfrak{f}}$-Reihe nannten, führt zur genaueren Beschreibung jener Denktätigkeit, die wir in der gewöhnlichen Sprache als „Zählen" bezeichnen. In diesen Ausdruck wird aber gewöhnlich ein weiterer Schritt unseres synthetischen Denkens, die Bildung des Anzahlbegriffs, auch schon mit hineingenommen. Um dieses zu vermeiden, wollen wir die jetzt zu beschreibende Denktätigkeit als Numeration bezeichnen.[1]

Um unsere Anschauungen genau zu fixieren, wollen wir den $\mathfrak{f}$-Prozeß nicht einem beliebigen Dinge, dessen Eigenname x ist, entstammen lassen, sondern dafür ein bestimmtes Ding, den Gesichtseindruck 1, die „Eins", kurz „1", genauer „die Ziffer 1" wählen, so daß wir es mit den Gliedern der offenen $S_{1,\mathfrak{f}}$-Reihe zu tun haben, die wir von jetzt ab auch Numeratoren nennen. Als (sprachliche) Namen, d. h. abgekürzte Schreibweisen führen wir noch die „Ziffern" 2 bis 9 für $\mathfrak{f}\,1$ bis $\mathfrak{ffffffff}\,1$ ein. Die Ziffern sind Zählzeichen, aber durchaus nicht Zahlzeichen[2] (Anzahlzeichen).

Mit den Numeratoren ist nun auch die Menge (ξ-Menge) der Numeratoren bestimmt; wir bezeichnen sie mit Z.

Die Erzeugung eines bestimmten Numerators, den wir mit m bezeichnen wollen, geschieht durch einen geschlossenen $\mathfrak{f}$-Prozeß, der dann und nur dann von der Vorstellung der Eins nicht verschieden ist, wenn jener bestimmte Numerator die Eins ist. Für die Erzeugung eines von 1 verschiedenen Numerators ist die Erzeugung der 1 ein Teilerlebnis; die Anschauung zeigt ferner (man denke z. B. an $\mathfrak{ff}\,1$), ob auch die Erzeugung anderer Numeratoren ein Teilerlebnis der Erzeugung von m ist. Ist dies z. B. der Anschauung nach für l der Fall, so soll

$$l \prec m$$

gesetzt werden. Ein Numerator n, dessen Erzeugung kein Teilerlebnis der Erzeugung von m ist, wird der mit unseren Festsetzungen verbundenen Anschauung nach durch neuerliche Anwendung des $\mathfrak{f}$-

[1] Indem wir daran denken, daß den gegebenen und zu unterscheidenden Dingen (wie in einer Garderobe) zur bequemeren Unterscheidung „Nummern" zugeordnet werden und die Dinge auf Grund der zugeordneten „Nummern" geordnet werden.

[2] Die Bezeichnungen $\mathfrak{f}^2 1$ oder $\mathfrak{f}^8 1$ würden eben schon „2" oder „8" als Zeichen der Anzahl benutzen!

Prozesses erzeugt, und die Erzeugung von m ist ein Teilerlebnis der Erzeugung von n. Dementsprechend setzen wir

$$m \prec n.$$

Hat man für irgendwelche Numeratoren in dieser Weise $x \prec y$ und $y \prec z$ gesetzt oder, mit anderen Worten, konstatiert, daß die Erzeugung von x ein Teilerlebnis der Erzeugung von y, und die Erzeugung von y ein Teilerlebnis der Erzeugung von z ist, so zwingt uns die Anschauung, die Erzeugung von x auch als Teilerlebnis der Erzeugung von z zu konstatieren und demgemäß

$$x \prec z$$

zu setzen.

Wenn ich aber von dem Numerator z ausgehe und die bei Erzeugung dieses Numerators erhaltene Anschauung benutze, kann mich diese Anschauung wieder belehren, daß $x \prec z$ zu setzen ist. Wie aber, wenn meiner Anschauung nach die Erzeugung von x kein Teilerlebnis von z wäre, und die Erzeugung von x jetzt erst durch eine Fortsetzung des $\mathfrak{f}$-Prozesses an z zur Anschauung gelangte? Demgemäß wäre dann (im Gegensatze zu unserer früheren Anschauung)

$$z \prec x$$

zu setzen. Unserer Anschauung nach wäre dann $x \prec z$, und $z \prec x$ zu setzen, d. h. x durch die Fortsetzung des $\mathfrak{f}$-Prozesses an x erzeugt, und mit der Verschiedenheit der Erzeugung auch die Verschiedenheit der erzeugten Dinge konstatiert, mit anderen Worten, x als von x verschieden erkannt, gegen die Grundnorm unseres Denkens.

Die Annahme, daß unsere Anschauung uns einmal dazu führt, $x \prec z$ zu setzen, das andere Mal aber $z \prec x$ zu konstatieren, ist „unmöglich" in dem genau (Kap. I. Art. 6) festgesetzten Sinne dieses Wortes. Diese Annahme muß fallen gelassen werden. Mit anderen Worten: Wenn wir festsetzen, daß $x \prec y$ dann und nur dann zu setzen ist, wenn x ein Teilerlebnis von y ist, so zwingt uns die Grundnorm unseres Denkens, die in $y \prec x$ ausgedrückte Annahme zu verwerfen (auszuschließen). Ebenso muß auch die Annahme, daß mit $x \prec y$ und $y \prec z$ auch die in $z \prec x$ ausgedrückte Tatsache der Anschauung entspringt, ausgeschlossen werden.[1] Damit ist endlich gesagt:

---

[1] Die mit dieser „Unmöglichkeit" verbundenen erkenntnistheoretischen Annahmen werden später in Verbindung mit dem Problem der Widerspruchslosigkeit noch näher auseinandergesetzt werden (Kap. V, Art. 6—10). Der Klarheit wegen soll aber der Hauptinhalt dieser Annahmen im folgenden Satze schon hier antizipiert werden.

Daß dieselben Dinge verschieden und auch nicht verschieden sind, ist uns

Soll die Grundnorm unseres Denkens nicht verletzt werden, so müssen wir annehmen, daß für irgendwelche Numeratoren x und y die eine der Relationen $x \prec y$, $y \prec x$ gesetzt und die andere ausgeschlossen werde. Ferner muß die Menge Z der Numeratoren durch Setzung dieser Relationen geordnet sein. Mit andern Worten: Der (im Sinne von Art. 6 d. K.) konstruierte Denkbereich $O(Z)$ muß der Involution

$$[x \prec y] \text{ inv. } Q[(y \prec z) \text{ inv. } (x \prec z)]$$

genügen. Die so geschaffene Ordnung soll als natürliche Ordnung bezeichnet werden.

8. Von einem gewissen Standpunkte aus, der mit G. Hessenberg[1] sehr charakteristisch als „naiver Standpunkt“ bezeichnet werden kann, erscheinen diese Erörterungen gerade einem mathematisch geschulten Bewußtsein, das sich eben an diese Anschauungen schon gewöhnt hat, als ziemlich überflüssig. Die Unhaltbarkeit dieses Standpunktes ist längst erkannt worden und man nennt infolgedessen solche Annahmen Postulate oder Axiome, womit eigentlich nur gesagt wird, daß wir uns um ihre Herkunft nicht weiter kümmern wollen. Für uns sind sie Denknormen auf Grund ihres Zusammenhanges mit der Grundnorm unseres Denkens.[2]

Durch die Erörterungen des Art. 7 dürfen wir aber die am Schlusse dieses Artikels festgesetzte Annahme durchaus nicht als „bewiesen“ betrachten. Wohl aber dürfen wir sagen, daß solche Annahmen keines Beweises bedürfen. Nicht als ob sie sich schon durch einfache Aussage als unabweisbare Tatsachen aufdrängten, wie etwa: „A ist von B verschieden“. Sie sind aber für unser Denken notwendig, um die Grundnorm unseres Denkens nicht zu verletzen, was nach allgemeinem Übereinkommen unstatthaft wäre und abgelehnt werden muß. Beweis im engeren Sinne des Wortes ist die logische Deduktion. Der „Augenschein“, (demonstratio ad oculos) — sei er eine unmittelbare

wohl undenkbar. Daß wir aber niemals vor die Forderung gestellt werden, diese „undenkbare“ Anschauung zu erleben, ist und bleibt ein metaphysisches Dogma, das wir als solches annehmen und in dem wir die „Natur“ unseres Denkvermögens in eine von uns und unserem Denken unabhängige „widerspruchslose Wirklichkeit“ (Außenwelt) projizieren.

[1] Grundbegriffe der Mengenlehre, Göttingen 1906 (Abhandl. der Friesschen Schule, Bd. I, Heft 4.) Wir werden noch öfter Gelegenheit haben, dieses für die Klärung unseres logisch-mengentheoretischen Denkens sehr wertvolle Buch zu zitieren.

[2] Ich unterscheide Erfahrungspostulate (siehe z. B. Art. 2 d. K.), Denknormen und Axiome (siehe Kap. VI, Art. 2).

Erfahrung oder erst durch eine ausführliche Klarlegung der Verhältnisse erreicht — ist kein Beweis im engeren Sinne des Wortes; unsere Behauptungen sind in diesem Falle nicht bewiesen, sondern „zur Evidenz gebracht", wie wir uns, um diese Fälle genau zu sondern, ausdrücken wollen.

Ein Drittes ist die Berufung auf die Grundnorm unseres Denkens, und die damit zusammenhängende Annahme von Denknormen. Daß diese sich wesentlich von den sog. logischen Prinzipien unterscheidet, wird später zu zeigen sein, wenn wir den Inhalt und die Tragweite dieser untersuchen. Dabei wird insbesondere das Prinzip des ausgeschlossenen Dritten und das Prinzip des Widerspruchs in Frage kommen, die aber, wie wir sehen werden, eine ganz andere Bedeutung haben, als die Berufung auf die Grundnorm unseres Denkens.

Äquivalenz. Endliche Mengen und Denkprozesse.

9. Es kann vorkommen, daß die Elemente der Mengen M und N durch eine bestimmte Festsetzung einander umkehrbar eindeutig zugeordnet sind.

Dieser kurze Ausdruck soll ausführlich folgendes besagen:

Jedes Element x der Menge M soll (durch die „Zuordnung von M zu N") ein und nur ein Element x' der Menge N „bestimmen"; und ebenso jedes Element u' der Menge N (durch die „Zuordnung von N zu M") ein und nur ein Element u der Menge M bestimmen. Und zwar sollen die Zuordnungen von M zu N und N zu M so beschaffen sein, daß, wenn das Element x der Menge M das Element x' der Menge N bestimmt, das Element x' der Menge N wieder das Element x der Menge M bestimmt; wie auch umgekehrt, wenn das Element x' der Menge N das Element x der Menge M bestimmt, das Element x der Menge M auch das Element x' der Menge N bestimmt.

So z. B. wenn M die Elemente 1, 2 und nur diese, N die Elemente 2, 3 und nur diese enthält, wird der Festsetzung entsprochen, wenn bei der Zuordnung von M zu N

1 die 2, und 2 die 3,

ferner bei der Zuordnung von N zu M

2 die 1, und 3 die 2

bestimmt.

Um auch ein ganz abstraktes Beispiel zu geben, sei U „die Menge aller Dinge", U' die Menge der f-Bilder aller Dinge[1]. Dann soll irgend

[1] Die Menge aller Dinge bedeutet uns nach dem bisherigen die Menge aller Erlebnisse und aller auf einem gewissen Standpunkte aus diesen erzeugten Dinge.

ein Element x von U bei der Zuordnung von U zu U' das $\mathfrak{f}$-Bild von x bestimmen; und umgekehrt irgend ein Element von U', das jetzt mit $\mathfrak{f}y$ bezeichnet werden kann (jedes Element von U' ist eben ein $\mathfrak{f}$-Bild), soll das Element y von U bestimmen. Die Anschauung zeigt unmittelbar, daß durch diese Festsetzung die Elemente der Mengen U und U' einander umkehrbar eindeutig zugeordnet sind.

Daß die jetzt beschriebenen Mengen „möglich" sind, ist schon nach den bisherigen Erfahrungen zumindest fraglich; aber offenbar beziehen sich diese Festsetzungen, wie immer sie auch getroffen seien, in Wirklichkeit niemals auf die „Mengen", d. h. auf ihre Erzeugung, sondern immer nur auf die Dinge, die als „gegeben" bei der Erzeugung der Menge auftreten sollen und die wir von den nicht gegebenen Dingen und unter sich als unterscheidbar voraussetzen. Insbesondere haben diese Festsetzungen gar nichts mit der Frage zu tun, ob ich „alle Dinge" oder „die $\mathfrak{f}$-Bilder aller Dinge" in der Tat logisch widerspruchsfrei zur Erzeugung einer Menge verwenden kann.[1]

---

[1] Nur das muß entschieden sein, ob irgend ein Ding $\mathfrak{f}$-Bild eines Dinges ist oder nicht. Bei Dedekind, a.a.O., S. 17, käme es ebenso nur darauf an, ob ein Ding ein solches Erlebnis ist wie dieses:

„Das Ding s kann Gegenstand meines Denkens sein"

oder nicht. Es wird demnach bei Dedekind nicht erhärtet, daß es „unendliche Systeme" d. h. unendliche Mengen gibt, sondern nur, daß Dinge in solcher Weise als „gegeben" definiert werden können, daß wir den entsprechenden Denkbereich $[G]$ im Dedekindschen Sinne als „unendlich" bezeichnen müssen. Dabei ist aber der Denkbereich $[G]$ durchaus kein „Ding", wenn wir auch der Bequemlichkeit wegen im Sprachgebrauche „Denkbereich" als Hauptwort benutzen. Offenbar würde sich diese Ausdrucksweise — allerdings mit argen Weitläufigkeiten — vermeiden lassen.

Weitere Einwendungen lassen sich gegen den von Dedekind geschaffenen Begriff der „kleinsten Kette" erheben. Wohl läßt sich eine einwandfreie Erzeugung beschreiben, aber die Anschauungen, die bei Dedekind zu diesem Begriffe führen, sind gar keine Anschauungen, nicht nur des in ihnen enthaltenen unprädikativen Elementes wegen, sondern vor allem, weil sie die „kleinste Kette" nicht bestimmen, sondern, was bei diesen Untersuchungen als verworrener, unklarer Ausdruck noch nicht statthaft ist, nur „ihre Existenz erweisen". Später werden wir eben genau fixieren, was der Ausdruck „logische Existenz" bedeuten soll. Sehr richtig hat auch Hessenberg, a.a.O., in seiner Darstellung der Dedekindschen Theorie an diese Stelle ein „Axiom" gesetzt.

Ich benutze endlich noch diese Gelegenheit, meine Stellung der klassischen Dedekindschen Schrift gegenüber zu präzisieren. Dedekind setzt durchweg die deduktive Logik als definitiv errichtetes Gebäude schon voraus. Das bietet für unser geklärtes Denken nicht mehr die genügende Sicherheit. Was aus gewissen Anschauungen sich ergibt (folgt) und was sich durch logische Deduktion ergibt (folgt), muß reinlich gesondert werden. Insbesondere muß die Annahme, daß das logische Denken niemals zu einem Widerspruche führen kann, genauer untersucht und viel tiefer begründet werden; mit andern Worten, die „deductio ad absurdum" erfordert eine neu zu schaffende Theorie. Sonst gelangen wir dazu, wie bei Zermelo (Untersuchungen über die Grundlagen der Mengenlehre, Math. Ann. Bd. 65, S. 261) gewisse Axiome als („wahrscheinlich") widerspruchs-

Trotzdem benutzen wir den in der Mengenlehre eingebürgerten und tatsächlich bequemeren Sprachgebrauch, nach dem, wenn die Elemente der Mengen M und N durch eine bestimmte Festsetzung einander umkehrbar eindeutig zugeordnet werden, die Mengen M und N äquivalent sind, wofür wir auch sagen, daß M dem N oder N dem M äquivalent ist, in abgekürzter Schreibweise

$$M \sim N \quad \text{oder} \quad N \sim M,$$

wo selbstverständlich die ein für allemal getroffene Festsetzung (Zuordnung) der Kürze wegen nicht ausgesprochen wird, aber hinzugedacht werden muß. Sollten verschiedene solche Zuordnungen zugleich betrachtet werden, so wird dies nicht mehr angehen, und die betreffende Zuordnung muß ausdrücklich angegeben sein; zwischen M und N sind eben verschiedene „Äquivalenzbeziehungen" möglich.

Die Anschauung lehrt, daß jede Menge sich selbst äquivalent ist, indem wir eben jedes Element sich selbst zuordnen.

Wenn die Elemente der Menge M auf Grund der „G-Eigenschaft", diejenigen der Menge N auf Grund der „H-Eigenschaft" als „gegeben" betrachtet werden, können wir ebensogut sogar genauer sagen, daß die Denkbereiche $[G]$ und $[H]$ äquivalent sind; und die umkehrbar eindeutige Zuordnung wieder auf die Dinge selbst, oder auch auf die Erlebnisse, die $[G]$ bez. $[H]$ angehören, beziehen; womit wir die Berufung auf die Mengen M und N ganz vermeiden.

Die zu Grunde liegende Festsetzung wird auch als (umkehrbar eindeutige, ähnliche, genaue) Abbildung von M auf N, oder $[G]$

---

frei zu erklären und dann auf Grund aufgedeckter Widersprüche gewisse Sätze als falsch oder richtig zu bezeichnen, während doch der Widerspruch ebensogut daraus entstehen kann, daß die „Axiome" eben nicht widerspruchsfrei sind.

Daß es ein exaktes Denken gibt, das der Logik „vorausgeht", zeigt die Darstellung dieses Kapitels; daß dieses Denken eine Voraussetzung des logischen Denkens ist, scheint mir auch klar. Ding und Zuordnung, Klassenbegriff oder genauer Mengen- und Eigenschaftsbegriff sind Schöpfungen unseres Geistes, die in jedes logische Denken eingehen. Wenn wir sie noch nicht benutzen, können wir auch nicht logisch denken.

Nur für den Zählbegriff mag dies vielleicht bestritten werden, wenn eben Mathematik als reine Logik aufgefaßt wird. Ich möchte durch dieses Buch eben zeigen, daß es viel richtiger ist, umgekehrt zu sagen, daß die deduktive Logik auch schon Mathematik ist. Sie wird es nicht erst in dem Augenblick, wo wir die Widerspruchslosigkeit des logischen Denkens genauer untersuchen, sie wird es schon früher, wenn wir der Aufgabe der deduktiven Logik entsprechend, das sog. logische Denken formalisieren und auf dieser Grundlage die logische Deduktion selbst genau fassen oder beschreiben. Dabei ist dem Wesen der Sache nach, wie sich zeigen wird, der Zählbegriff unerläßlich. Dies hat für einen bestimmten Fall wohl zuerst Hilbert erkannt und ausgesprochen: „Der Beweis selbst" ist „als ein mathematisches Gebilde, nämlich als eine endliche Menge zu betrachten, deren Elemente durch Aussagen verbunden sind". (Verh. des III. Mathematiker-Kongresses in Heidelberg, Leipzig, 1905, S. 185).

auf $[H]$, ebenso von N auf M oder $[H]$ auf $[G]$ bezeichnet. Wenn M oder N alle Dinge enthält, so wird aus der „Abbildung“ der früher behandelte „Bildprozeß“.

10. Von einem bestimmten Numerator k ausgehend, sollen als „gegeben“ betrachtet werden der Numerator k, sowie alle Numeratoren x, für die $x \prec k$ ist, d.h. diejenigen, deren Erzeugung ein Teilerlebnis der Erzeugung von k ist. Die Menge dieser Numeratoren soll mit Z_k bezeichnet werden. Jedes Z_k soll auch eine geschlossene Numeratorenmenge heißen.

Die Anschauung lehrt, daß 1 ein Element dieser Menge, und daß, wenn x ein anderes Element von Z_k, $1 \prec x$ ist. Wir drücken dies kurz so aus, daß 1 das „erste“ Element der Menge Z_k ist.

Die Anschauung zeigt ferner, daß k ein Element dieser Menge, und wenn x ein anderes Element von Z_k, $x \prec k$ ist. Wir drücken dies kurz so aus, daß k das „letzte“ Element der Menge Z_k ist.

Die Anschauung (darunter immer die Anschauung von der Erzeugung des Numerators k verstanden) zeigt ferner: Jedes von 1 verschiedene Element der Menge Z_k wird als $\mathfrak{f}$-Bild eines bestimmten Numerators erzeugt, der auch Element von Z_k ist. In diesem Sinne sagen wir, daß x das dem Elemente $\mathfrak{f}x$ unmittelbar vorangehende, $\mathfrak{f}x$ das dem Elemente x unmittelbar folgende Element von Z_k ist.

Diese Anschauung mag für den Augenblick mit „x, dann $\mathfrak{f}x$“ beschrieben sein.

Für 1 gibt es kein unmittelbar vorangehendes Element; für k kein unmittelbar folgendes Element ($\mathfrak{f}k$ ist nicht „gegeben“).

Wir können weiter jetzt einen Denkbereich $[Z_k]$ folgendermaßen definieren: Ist x ein von k verschiedenes Element der Menge Z_k, und nur in diesem Falle, soll das Erlebnis „x, dann $\mathfrak{f}x$“ (und nur diese Erlebnisse) dem Denkbereiche angehören.

Die Erzeugung von k „wird durch diesen Denkbereich exakt beschrieben“. Die Erzeugung von k ist ein Erlebnis in $[Z_k]$. Ist nämlich l das dem k unmittelbar vorangehende Element, so gehört das Erlebnis „l, dann k“ (die Erzeugung von k) dem Denkbereiche an. Ebenso ist die Erzeugung irgend eines von 1 verschiedenen Elementes von Z_k ein dem Denkbereiche angehörendes Erlebnis. Die uns bei der Erzeugung von k interessierenden Teilerlebnisse sind hier „gesondert“, allenfalls mitauftretende assoziierte Erlebnisse formell ausgeschieden. Während wir früher auf Grund des aufgestellten Erfahrungspostulates nur die Anschauung der Erzeugung von k (so zu sagen in ihrer Totalität) behaupteten, beschreibt jener Denkbereich Erlebnisse, die als „einzelne Schritte in der Erzeugung von k" bezeichnet werden und unter denen sich auch das entscheidende „l, dann k" vorfindet. Auch diese „Schritte" sind geordnet, nämlich durch die Festsetzung, daß dann und nur dann, wenn $x \prec y$ ist, (x, dann $\mathfrak{f}x$) $\prec$ (y, dann $\mathfrak{f}y$) sein soll. Jeder Schritt (mit Ausnahme des letzten) bestimmt den darauffolgenden. „l, dann k" ist der letzte Schritt; und „1, dann $\mathfrak{f}\,1$" der erste.

Dabei kann das „dann" räumlich oder zeitlich interpretiert werden; dies muß aber durchaus nicht geschehen, wie das Denken an Z_2 oder Z_3 unmittelbar lehrt. Bei andern k hängt das eben von der Vervollkommnung unseres Anschauungsvermögens ab.

Die Anschaubarkeit des ursprünglich gegebenen Erzeugungsprozesses von k sagt in andern Worten, daß, wenn wir die einzelnen Schritte durchweg ausführen, wir auch zu „l, dann k" gelangen, d. h. auch k erzeugen. (Daß wir sie „in der Reihenfolge ihrer Ordnung" ausführen können, ist davon wesentlich verschieden.)

Von einer Menge, die einer Z_k-Menge äquivalent ist, sagen wir kurz, daß sie „endlich" ist, genauer, daß die Elemente der Menge „in endlicher Anzahl" vorhanden sind.

Demnach sind vor allem die Z_k-Mengen durchweg endlich.

Die ausführliche Behandlung der endlichen Mengen soll Art. 9., Kap. VII folgen.

11. Es kann vorkommen, daß ein (vollständig beschriebener) Denkbereich und eine Z_k-Menge äquivalent sind. Genauer ausgesprochen, daß die Erlebnisse, die dem Denkbereiche angehören, und die Elemente der Z_k-Menge einander umkehrbar eindeutig zugeordnet sind. (So ist das z. B. für den Denkbereich, dem die verschiedenen Erlebnisse A und B — und nur diese — angehören, und die Z_2-Menge der Fall, wenn wir annehmen, daß A die 1, B die 2 bestimmt und umgekehrt.)

Ist dann x irgend ein Element von Z_k, so kann man das dem x zugeordnete, dem Denkbereich angehörende Erlebnis mit e_x bezeichnen und ferner die Festsetzung treffen, daß dann und nur dann, wenn $x \prec y$, immer auch $e_x \prec e_y$ gesetzt werde. Die Anschauung lehrt, daß durch diese Festsetzung auch die dem Denkbereiche angehörenden Erlebnisse geordnet sind.

Wir wollen nun weiter festsetzen, daß mit der Vorstellung der 1 und mit der Vorstellung der Erzeugung irgendeines der anderen

Elemente von Z_k immer auch die Vorstellung des dem Denkbereiche angehörenden, zugeordneten Erlebnisses in unser Bewußtsein trete (wie wenn dieses Erlebnis ein „Teilerlebnis" jener Erzeugung wäre) Die Anschauung lehrt, daß für die Erlebnisse A und B einerseits, für die Elemente von Z_2 andrerseits dieser Forderung genügt werden kann. Ebenso für Z_3 oder Z_4. Die Behauptung, dass für irgend einen Numerator bei entsprechender Vervollkommnung unseres Anschauungsvermögens dieser Forderung genügt wird, ist Erfahrungspostulat, als solches eines „Beweises" weder fähig, noch bedürftig (siehe Art. 2 d. K.)

Diese „möglichen" Anschauungen beschreiben wir von jetzt ab so, daß (mit den Numeratoren der Menge Z_k) auch die Erlebnisse, die dem Denkbereiche angehören, „erzeugt" werden, d. h. dem Schritte „x, dann $\mathfrak{f}x$" entsprechend bei dieser Erzeugung „e_x, dann $e_{\mathfrak{f}x}$" geschieht, und endlich also auch diese Erzeugung in geordneten Schritten erfolgt.

Nach allen diesen Festsetzungen ist in unserem Bewußtsein aus jenem der Z_k-Menge äquivalenten Denkbereiche die Vorstellung eines endlichen Denkprozesses entstanden, wie wir eben kurz sagen wollen, um alles dies nicht bei jeder Gelegenheit wiederholen zu müssen. Diesen Denkprozeß als „endlichen" Denkprozeß zu bezeichnen ist eigentlich überflüssig, da wir uns einen „unendlichen" Denkprozeß niemals vorzustellen brauchen und seiner (eventuell in Gestalt eines neuen Erfahrungspostulates) auch gar nicht bedürfen.[1] Der endliche Denkprozeß ist offenbar ein Erlebnis, wenn wir eben jenes Anschauungspostulat „angenommen" haben.

12. Ein solcher endlicher Denkprozeß, der für das logisch-mathemathische Denken von grundlegender Bedeutung ist, wird insbesondere durch folgende Abmachungen beschrieben:

Eine G-Eigenschaft (im Sinne von Kap. II, Art. 13) sei beschrieben durch die Festsetzung, daß 1 die G-Eigenschaft besitzt, und durch die Involution, daß, wenn ein Numerator x die G-Eigenschaft besitzt, auch der Numerator $\mathfrak{f}x$ die G-Eigenschaft besitzen soll.

In dem der Menge Z_k äquivalenten Denkbereiche $[I_k]$ sei nun e_1 das Erlebnis, daß 1 die G-Eigenschaft besitzt, und das einem Numerator $\mathfrak{f}x$, wo $x \prec k$ ist, zugeordnete Erlebnis $e_{\mathfrak{f}x}$ sei folgendes:

---

[1] Für den Satz von der vollständigen Induktion scheint dies nach vielverbreiteten Ansichten doch vielleicht notwendig oder wenigstens wünschenswert. Es wird sich aber zeigen (s. Kap. VI, Art. 10 u. 11), daß auch für diesen Satz die oben auseinandergesetzten Grundanschauungen genügen.

„Daß x die G-Eigenschaft besitzt, involviert, daß auch $\mathfrak{f}x$ die G-Eigenschaft besitzt". (Ob diese Erlebnisse der Anschauung entstammen oder aber willkürliche Abmachungen sind, ist dabei ganz gleichgültig.)[1]

Wir wollen jetzt einen Bildprozeß, den $\mathfrak{g}$-Prozeß, durch folgende Beschreibung einführen: „Für irgend ein Ding x sei $\mathfrak{g}x$ ein Ding, das $\mathfrak{f}$-Bild von x ist und die G-Eigenschaft besitzt". Offenbar beschreibt man damit einen Denkbereich, dem die Erlebnisse, daß „ein Ding $\mathfrak{f}$-Bild von x ist (heißt)", und daß „dieses Ding die G-Eigenschaft besitzt" — und nur diese angehören. Es ist dann — wieder in freier Schöpfung unseres Geistes — $\mathfrak{g}x$ das diesem Denkbereiche adjungierte (durch diesen Denkbereich definierte) neue Ding. Wir können aber auch sagen, daß $\mathfrak{g}x$ aus $\mathfrak{f}x$ „durch Hinzufügung der G-Eigenschaft" erzeugt wird.

Wir können weiter die Synthesis der Anschauungen, wie sie für den $\mathfrak{f}$-Prozeß in Art. 1 und 2 gegeben wurde, Wort für Wort auch an dem $\mathfrak{g}$-Prozeß ausführen, und auch der Einführung der „Numeratoren" (Art. 7) entsprechend jetzt „die G-Eigenschaft besitzende Numeratoren" einführen. Die 1 „ist" jetzt ein Numerator, der die G-Eigenschaft besitzt; ebenso sind $\mathfrak{g}\,1$, $\mathfrak{g}\,\mathfrak{g}\,1$ Numeratoren, die die G-Eigenschaft besitzen und ähnlich. (Genauer, um das „und ähnlich" nicht zu gebrauchen: $\mathfrak{g}x$ ist ein $\mathfrak{f}x$, das die G-Eigenschaft besitzt.)

Durch den $\mathfrak{g}$-Prozeß in seiner Anwendung auf „den die G-Eigenschaft besitzenden Numerator 1" werden „die G-Eigenschaft besitzenden Numeratoren" und nur diese eingeführt, wofür wir auch sagen können, daß die so definierten Dinge die aus den ursprünglichen Numeratoren „durch Hinzufügung der G-Eigenschaft" definierten (erzeugten) Dinge sind. Der gegebenen Anweisung nach ist es evident, daß die laut dieser Anweisung erzeugten Dinge „Numeratoren sind, die die G-Eigenschaft besitzen". Ich setze nun statt dieser Anwei-

[1] Bei dem geschlossenen $\mathfrak{f}$-Prozeß, durch den der Anweisung Art. 1 d. Kap. entsprechend der Numerator k erzeugt wird, zeigt die Anschauung, daß, wenn wir die einzelnen Schritte durchweg ausführen (siehe Art. 10 d. Kap.), wir auch k erzeugen. Der Beschreibung des Denkprozesses entsprechend, wird aber jetzt die Anschauung des Erlebnisses e_x mit jenem Schritte verbunden, der die Erzeugung von x enthält. Dies gibt als Teilerlebnisse des Denkprozesses: „1 besitzt die G-Eigenschaft", und weiter für jedes $\mathfrak{f}x$, wo $x < k$ ist: „Mit x besitzt auch $\mathfrak{f}x$ die G-Eigenschaft".

Würde man die G-Eigenschaft des x so interpretieren, daß die Erzeugung von x ein „einzelner Schritt" in der Erzeugung von k ist (d. h. die „Vorstellung" des ersten Elementes, oder die Erzeugung von x aus dem unmittelbar vorhergehenden Elemente ein solcher Schritt ist), so wäre man geradezu zu dem Denkbereiche $[Z_k]$ zurückgekehrt.

sung die folgende: „Es sollen die ursprünglichen Numeratoren erzeugt werden; es soll aber der „1“ die G-Eigenschaft hinzugefügt werden, und wenn einem Numerator die G-Eigenschaft hinzugefügt wurde, dann werde auch dem aus diesem durch den $\mathfrak{f}$-Prozeß erzeugten Numerator die G-Eigenschaft hinzugefügt.“ Offenbar (und dies ist als Anschauung neu) ist das dieselbe Anweisung. Das einemal wird jeder ursprüngliche Numerator erzeugt und jedem die G-Eigenschaft hinzugefügt, das anderemal aber jedem aus der „1“ erzeugten Numerator, d. h. wieder jedem Numerator, die G-Eigenschaft hinzugefügt.

Endlich wird nach diesen Anschauungen an dem Denkbereich $[I_k]$ nichts geändert, wenn wir statt der „involutorischen“ Beschreibung die definitive aber von jener nicht verschiedene setzen, nach der „1 die G-Eigenschaft besitzt“ und, auch „wenn $x \prec k$ ist, $\mathfrak{f}x$ die G-Eigenschaft besitzt“.

Damit ist folgendes zur Evidenz gebracht:

Das Erlebnis: „Der Numerator k besitzt die G-Eigenschaft“ ist Teilerlebnis des endlichen Denkprozesses, daß 1 die G-Eigenschaft besitzt, und mit jedem Numerator x, für den $x \prec k$ ist, auch $\mathfrak{f}x$ die G-Eigenschaft besitzt.

Es ist dies nichts anderes, als der sog. „Satz der vollständigen Induktion für endliche Mengen“, der — wie man unmittelbar sieht — (nach Art. 4) auch folgendermaßen in uns gewohnterer Gestalt ausgesprochen werden[1] und nach unseren Entwicklungen als allgemein gültiges Anschauungsgesetz bezeichnet werden kann.

Sobald „1 besitzt die G-Eigenschaft“ und „mit jedem Numerator x, für den $x \prec k$ ist, besitzt auch $\mathfrak{f}x$ die G-Eigenschaft“ unabweisbare Tatsachen sind, ist auch „k besitzt die G-Eigenschaft“ eine unabweisbare Tatsache.

Die Ausführungen, die zu dem Satze führen, sind nicht gerade kurz, konnten aber nicht anders gegeben werden, weil es uns darauf ankam, in dieser Ausführlichkeit zu zeigen, daß nur „evidente“ Anschauungen aufgezeigt werden und keine „logische Beweisführung“ eintritt. Wenn das Ganze einer solchen doch so sehr ähnlich erscheint, ist dies nur der Fall, weil wir in „logische Beweisführungen“ meist auch evidente Anschauungen zu verweben pflegen und andrerseits

[1] Daß der Satz nur für endliche Mengen ausgesprochen wird, geschieht, weil wir uns auf endliche Denkprozesse beschränken. Wollten wir hier den ‚allgemeinen“ Satz der vollständigen Induktion aussprechen, so wäre ein neues Anschauungspostulat notwendig in bezug auf Denkbereiche, die nicht „endliche Denkprozesse“ sind. Es wird sich später zeigen, daß das überflüssig ist.

auch die „logische Deduktion" sich als eine spezielle Art der Anschauung erweist.[1]

---

[1] Der Satz der vollständigen Induktion für endliche Mengen ist in der Tat ein synthetisches Urteil, das uns ohne Logik evident wird. So viel ich weiß, ist das für den Fall, daß, wie hier, k ein bestimmter durch die Anschauung gegebener Numerator ist, auch niemals bestritten worden. Auf den heftigen Streit, der für den entsprechenden „allgemeinen" Satz in den letzten Jahren entbrannte, wird später (Kap. VI, Art. 10) zurückzukommen sein.

Mit dem Gesagten stünde es prinzipiell nicht in Widerspruch, daß die betreffenden Sätze auch durch logische Deduktion hergeleitet werden können. Welche Herleitung methödisch entsprechender sein soll, ist bis zu einem gewissen Grade Geschmacksache. Man kann die unmittelbare Anschauung bevorzugen, weil sie ja doch „überzeugender" wirkt, man kann aber auch die logische Deduktion für methodisch richtiger ansehen, weil dann der irreduziblen Elemente unseres wissenschaftlichen Denkens „weniger" sind. Keinesfalls kann jedoch die Herleitung des Satzes der vollständigen Induktion, wie sie Zermelo (Sur les ensembles finis et le principe de l'induction complète, Acta Math. Bd. 32, S. 185) angegeben hat, trotz ihrer genialen Grundidee als prinzipiell genügend angenommen werden. Sie benutzt offenbar neben der Dedekindschen Grundidee der kleinsten Kette die „deductio ad absurdum". (Die „kleinste Kette" M_0 wäre dann keine kleinste Kette, a. a. O., Art. 3). Das ist aber nur dann gestattet, wenn wir uns von der Widerspruchslosigkeit der zugrunde gelegten Festsetzungen überzeugt haben, so wie Hilbert dies in seinen „Grundlagen der Geometrie" durch Berufung auf die als widerspruchslos vorausgesetzte Arithmetik tut und in der Geometrie auch mit gutem Grunde tun kann. Hier wäre Ähnliches auch für endliche Mengen nur so möglich, daß für jedes bestimmte k Berufung auf eine bestimmte, dem Z_k äquivalente Menge stattfindet. Diese Anschauung liefert aber schon unmittelbar den Satz selbst, und der Beweis gäbe nichts Neues, höchstens eine sehr bemerkenswerte, aber unnatürliche Umstellung in der Reihenfolge unserer Anschauungen. Für nicht-endliche Mengen kann nur die „Anschauung" der Dedekindschen kleinsten Kette Abhilfe schaffen, die aber den Satz schon unmittelbar (ohne deductio ad absurdum) ergibt (auch bei Dedekind). Die Aufstellung und Lösung dieses Problems der Widerspruchslosigkeit — auch für das Gebiet der reinen Logik selbst — gibt mir ein Recht, in gutem Glauben von einer neuen Grundlegung unseres logischen und mathematischen Denkens zu sprechen. Dabei stellt sich aber die Tatsache heraus, daß die vollständige Induktion für endliche Mengen vor der logischen Deduktion in unserem Besitzstand eingetreten sein muß; die Widerspruchslosigkeit der reinen Logik kann eben nur so als unabweisbare Tatsache erschaut werden, wenn die vollständige Induktion für endliche Mengen schon als unabweisbare Tatsache erkannt und festgesetzt ist.

Viertes Kapitel.

Die logischen Grundbegriffe und ihre Formalisierung.

Vorbemerkung.

1. Es ist eine unabweisbare Tatsache, daß ein bestimmtes Erlebnis, dessen Name A sei, und ein bestimmtes Erlebnis, dessen Name B sei, miteinander verknüpft werden können. Ebenso ist es eine unabweisbare Tatsache, daß diese Verknüpfungen in verschiedenen Weisen festgesetzt werden können. Es ist z. B. „A nom. B", und auch „B nom. A" eine solche Verknüpfung, und „A nom. B" verschieden von „B nom. A".

Neben vielen anderen Verknüpfungen, die wir an unseren Denkvorgängen beobachten, läuft fortwährend eine bestimmte Verknüpfung, die in dem sprachlichen Ausdruck unserer Gedanken zutage tritt. In dieser können wohl verschiedene Namen die Vorstellung desselben Erlebnisses erzeugen, aber verschiedene Vorstellungen oder Erlebnisse dürfen nie an denselben Namen erinnern. Nur wenn diese Festsetzungen eingehalten werden, ist die Sprache unzweideutig, genau, d. h. fähig, unsere Gedanken abzubilden, auszudrücken. Die in der Sprache benutzten Namen sind in erster Reihe artikulierte Laute, die Sprache selbst eine Lautsprache; erst wenn wir Gesichtseindrücke als Zeichen dieser Laute benutzen, entsteht die Schriftsprache, die sodann in ihrer Vervollkommnung als (wissenschaftliche) Zeichensprache den methodischen Anforderungen des Denkens genügt.

Es wird fortwährend Gegenstand unserer peinlichsten Sorgfalt sein müssen, daß auch beim Anwachsen des Materials an Tatsachen, die benutzte Sprache diesen Anforderungen genüge.

Isologie.

2. Neben den Nominationen ist bisher insbesondere von einer Art der Verknüpfung die Rede gewesen, die für das logische Denken geradezu fundamental ist. Es handelt sich um die Erlebnisse, die wir in den folgenden (sprachlichen) Sätzen ausdrücken:

„Das Erlebnis A ist verschieden von dem Erlebnisse B.“

„Das Erlebnis A ist nicht verschieden von dem Erlebnisse B.“[1] Jeder der beiden angeführten sprachlichen Sätze hat für mich einen bestimmten Sinn, den ich denken kann, und ist demgemäß der sprachliche Name eines bestimmten Erlebnisses, das als solches noch „diesseits von wahr oder falsch“ liegt. Ob die in dem Erlebnisse gedachte Tatsache unabweisbar oder vielleicht unannehmbar ist, daran denke ich jetzt gar nicht. Die angeführten Erlebnisse — und das ist für den Augenblick das Wesentliche — verknüpfen in bestimmter Weise das Erlebnis A und das Erlebnis B. Um für diese bestimmte Verknüpfung einen bestimmten Namen zu erhalten, sagen wir: „Sie verknüpfen durch die Anschauungsbegriffe verschieden bzw. nicht-verschieden.“

Wir erleben diese bestimmten Verknüpfungen, und jene Sätze sind nichts anderes als Namen für das Erlebnis der betreffenden Verknüpfung. Dabei kann es aber allerdings noch vorkommen, daß wir uns das genannte Erlebnis gar nicht „vorstellen“ können. Anders steht es aber mit den in den folgenden Sätzen genannten Erlebnissen:

α) Das Erlebnis A ist nicht verschieden von dem Erlebnisse A.

β) Das Erlebnis: „Das Erlebnis A ist nicht verschieden von dem Erlebnisse B“ ist nicht verschieden von dem Erlebnisse: „Das Erlebnis B ist nicht verschieden von dem Erlebnisse A.“

Was wir uns bei diesen Sätzen vorstellen, sind unabweisbare Tatsachen, die vor und nach allem Grübeln gleich unabweisbar sind. Auch wenn A und B Namen verschiedener Erlebnisse sind, das in β) beschriebene Erlebnis also gar nicht vorgestellt (erlebt) werden kann, ist das, was wir in beiden Fällen fordern und als „unmöglich“ verwerfen, doch „nicht verschieden“.

Wir wollen nun den sprachlichen Ausdruck unserer Sätze kürzen; statt „Erlebnis A“ kurz A sagen, statt „ist nicht verschieden von“ die Silbe *id.* (idem) schreiben. Dann würde aus α) und β) jetzt:

$$A \text{ id. } A; \qquad (\alpha')$$

$$A \text{ id. } B \text{ id. } B \text{ id. } A. \qquad (\beta')$$

Da zeigen sich aber in (β') eine ganze Reihe von Übelständen. Vor allem, wie ähnlich bei mathematischen Symbolen, ist die Sprache,

[1] Die Ausdrucksweise „Das Erlebnis A“ usw. ist in Kap. I, Art. 5 festgelegt worden. Die zur Verwendung gelangenden Namen müssen, wie soeben ausgeführt wurde, eine genaue Sprechweise ermöglichen. Dabei mag — um Mißverständnissen vorzubeugen — nochmals betont werden, daß A und B auch Namen desselben Erlebnisses sein können.

weil das Zeichen für „ist nicht verschieden von“ auch in den verknüpften Erlebnissen vorkommt, ungenau geworden. Wie dem Parenthesen abhelfen, braucht wohl bei diesen ohnehin schon langgezogenen Betrachtungen nicht besonders auseinandergesetzt zu werden. Wir schreiben also statt (β'):

$$(A \text{ id. } B) \text{ id. } (B \text{ id. } A). \qquad (\beta'')$$

Aber auch das wäre ungenau; wir könnten ja lesen, müssen es sogar, daß „A id. B“ nicht verschieden von „B id. A“ ist. Das wäre aber offenbar eine unannehmbare Tatsache, denn die Namen „A id. B“ und „B id. A“ sind verschieden. Daß es sich um die Erlebnisse handelt, deren Namen A und B sind, muß in den Namen *id.* hineingelegt werden, und dann ist die Verknüpfung eine andere geworden. Statt „ist nicht verschieden von“ wäre zu setzen: „ist der Name eines Erlebnisses, das nicht verschieden ist von dem Erlebnisse, dessen Name . . .“

Um nicht in ermüdende und überflüssige Wiederholungen zu verfallen, soll aber sogleich an den hier fixierten Anschauungen eine weitere Änderung vorgenommen werden, die übrigens, wenn wir uns nicht erst von den Fesseln mancher Traditionen befreien müßten, von Anfang an einen naturgemäßen Ausgangspunkt gegeben hätte. Weder wollen noch können wir hier eigentlich von der absoluten Nichtverschiedenheit, von der „Identität“ ausgehen, deren Abstraktion keinesfalls durch unmittelbare Anschauung geboten wird. Die Erlebnisse, die wir betrachten, geben eigentlich nur die Eigenschaft: „In bestimmten, ein für allemal festgesetzten Beziehungen nicht verschieden sein.“ In den meisten Ausdrücken, wie z. B. wenn ich von „derselben Ansicht“, „demselben Buche“ u. dgl. spreche, ist dies der Fall. Und erst dann gelange ich zu dem abstrakten Begriffe der Identität, wenn ich unter jenen bestimmten Beziehungen „jede“ Beziehung verstehen will. Und dabei ist es sogar sehr fraglich, ob und wann dies überhaupt angeht. Wir werden aber auch diesen dunklen „philosophischen Fall“ einschließen, wenn wir statt der Identität nur von einer Isologie sprechen, und Dinge als isolog bezeichnen, wenn sie in bestimmten, ein für allemal festgesetzten Beziehungen nicht verschieden sind.

Wir haben es statt mit α) und β) jetzt mit den folgenden unabweisbaren Tatsachen zu tun:

a) Das Erlebnis A ist isolog dem Erlebnis A.

b) Das Erlebnis „Das Erlebnis A ist isolog dem Erlebnisse B“ ist isolog dem Erlebnisse „Das Erlebnis B ist isolog dem Erlebnisse A“.

Wenn endlich $\stackrel{\smile}{=}$ als Zeichen der Isologie eingeführt wird, und auch für die „Namen“ A und B Zeichen wie x und y gesetzt werden, erhält man statt a) und b)

$$x \stackrel{\smile}{=} x\,, \tag{I a}$$

$$[x \stackrel{\smile}{=} y] \stackrel{\smile}{=} [y \stackrel{\smile}{=} x]\,. \tag{I b}$$

Eine letzte Erweiterung entspricht endlich der Möglichkeit, daß x oder y Zeichen von Dingen sind, die keine Erlebnisse sind. In diesem Falle soll $x \stackrel{\smile}{=} y$ ein Zeichen dafür sein, daß die Erzeugungen der mit x und y bezeichneten Dinge in jenen bestimmten, ein für allemal festgesetzten Beziehungen nicht verschieden sind. Die Dinge, mit denen wir es in der synthetischen Logik zu tun haben, sind Erlebnisse oder als aus Erlebnissen erzeugt gedacht. Demgemäß können wir ein für allemal festsetzen, daß wo es sich in der reinen Logik um Dinge handelt, die nicht Erlebnisse sind, immer für das Ding das Erlebnis der Erzeugung jenes Dinges zu setzen ist.

Die Zeichenaggregate (Ia) und (Ib) sollen, und zwar nur als solche, die logischen Grundformen (Ia) und (Ib) genannt werden. Wie sie gelesen und interpretiert werden, ist klar. Setzt man statt der Zeichen die entsprechenden Namen, so liest man (sprachliche) Sätze, die logischen Grundsätze (I'a) und (I'b); die durch diese Sätze in uns erzeugten Erlebnisse sind die logischen Grundgesetze (I''a) und (I''b).

Was hier geschehen, kann, wenn es auch hier etwas verfrüht ist, mit Husserl als Formalisierung des Begriffes „nicht verschieden“ bezeichnet werden[1]; wir werden von nun ab — wenigstens vorläufig — nur die logischen Grundformen (I a) und (I b), nicht aber die entsprechenden Sätze und Gesetze behandeln, und dadurch eine Methode gewinnen, die den vollen Anschauungsbegriff eliminiert und nur die eben in die Formen gelegte Bedeutung benutzt.[2] Ich umgehe geflissentlich den Ausdruck „Axiomatisierung“,

[1] Der logische Grundsatz (I'a) ist ein „Name“ des logischen Grundgesetzes (I''a); und $x \stackrel{\smile}{=} x$, die logische Grundform (Ia) ein Name dieses Namens, ein Zeichen. So weit scheint die Behauptung des Textes, daß eine „Formalisierung“ stattgefunden, durchaus nicht gerechtfertigt. Bei (Ia) und (I'a) denken wir uns hier noch dasselbe. Die Formalisierung wird hier eigentlich nur vorbereitet. Durchgeführt wird sie erst im nächsten Kapitel, wenn an diesem Zeichen gewisse Anschauungen konstatiert werden, und durch geeignete Maßnahmen die in diesen Anschauungen enthaltenen Eigenschaften dieser Zeichen, und nur diese, zum Gegenstande der Betrachtung gemacht werden.

Dieselbe Bemerkung bezieht sich auch auf die Formalisierung der übrigen Grundbegriffe.

[2] Unsere Festsetzung sagt aber durchaus nicht, daß wir der Isologie niemals andere Eigenschaften beilegen, als die durch die Formen (Ia) und (Ib) oder die

denn der volle Anschauungsbegriff kann nicht durch Axiomatisierung erschöpft werden; wohl könnte man aber von formellen Axiomen für das Zeichen $\doteqdot$ sprechen, was aber auch verfrüht wäre, da es ja hier noch keinen Sinn hätte, von Richtigkeit, Wahrheit u. dgl. zu sprechen.

Ein anderer Punkt muß aber noch stark betont werden. Jene unabweisbaren Tatsachen, deren Formalisierung in (Ia) und (Ib) vorgenommen wurde, waren so beschaffen, daß A und B Namen ganz beliebiger Erlebnisse sein konnten. Dementsprechend können x und y Zeichen irgend welcher Namen sein. Es sind — wie wir das kurz andeuten wollen — x und y Stellenzeichen, Stellenhälter für bestimmte (Ding-)Zeichen.

Logische Konjunktion und Disjunktion.

8. Den Bedürfnissen entsprechend, die bei der Beschreibung unserer Denkvorgänge sich geltend machen, geschieht die Formalisierung der Anschauungsbegriffe „und" und „oder" in ganz anderer Weise als für den Anschauungsbegriff „nicht verschieden". Es steht dies damit in engster Beziehung, daß „A und B", sowie „A oder B" keine sprachlichen Sätze sind, d. h. überhaupt nicht die Vorstellung des Erlebnisses einer Verknüpfung erzeugen. Das Erlebnis oder Ding „A und B" ist verschieden von dem Erlebnisse: „A ist in der durch das Wort „und" bestimmten Weise verknüpft mit B". Soll ich mir „A und B" vorstellen, so muß ich offenbar das andere Erlebnis mir schon vorgestellt haben. Auch das ist eine der Anschauung entnommene Verknüpfung verschiedener Erlebnisse, die aber jetzt nicht näher untersucht werden soll. Im übrigen ist die Formalisierung dieser logischen Grundbegriffe so einfach, daß die entstehenden logischen Formen unmittelbar hingeschrieben werden können, wenn wir nur noch die Zeichen festsetzen, die dabei gebraucht werden sollen.

---

entsprechenden Grundgesetze ausgedrückten. Dies kann geschehen, und geschieht auch, aber nicht durch eine in unseren Ausdruck hineingelegte „selbstverständliche" Bedeutung, sondern durch neue Formen, und diesen entsprechend in unser Bewußtsein aufgenommene neue Gesetze. (So z. B. noch in diesem Kapitel mit Hilfe der in Art. 8 ausgeführten Betrachtungen).

Man bemerke noch, daß die Isologie nicht die einzige Relation ist, die Formen wie (Ia) und (Ib) ergibt. Das wird z. B. noch in diesem Kapitel (Art. 7) für die „Äquipollenz" der Fall sein. So kann z. B. bei Zahlen von ihrer „Gleichheit" oder auch von ihrer „Kongruenz mod. p" die Rede sein.

Wo das der Fall ist, können wir von verschiedenen „Arten" der Isologie sprechen, was aber auch darauf hinauskommt, daß wir den verschiedenen Relationen auch verschiedene Namen beilegen.

Es sei das dem „und" entsprechende Zeichen: $\breve{\times}$ (logisch mal), das dem „oder" entsprechende: $\breve{+}$ (logisch plus). Die Namen von $\breve{\times}$ und $\breve{+}$ seien „Zeichen der Konjunktion bzw. Disjunktion".

Aus den einfachsten Tatsachen, die sich beim Gebrauch der Worte „und" und „oder" ergeben, gelangen wir zu den logischen Formen:

$$[x \mathbin{\breve{+}} y] \stackrel{\smile}{=} [y \mathbin{\breve{+}} x] \tag{IIa}$$

$$[x \mathbin{\breve{+}} (y \mathbin{\breve{+}} z)] \stackrel{\smile}{=} [(x \mathbin{\breve{+}} y) \mathbin{\breve{+}} z] \tag{IIb}$$

$$[x \mathbin{\breve{\times}} y] \stackrel{\smile}{=} [y \mathbin{\breve{\times}} x] \tag{IIc}$$

$$[x \mathbin{\breve{\times}} (y \mathbin{\breve{\times}} z)] \stackrel{\smile}{=} [(x \mathbin{\breve{\times}} y) \mathbin{\breve{\times}} z] \tag{IId}$$

$$[(x \mathbin{\breve{+}} y) \mathbin{\breve{\times}} z] \stackrel{\smile}{=} [(x \mathbin{\breve{\times}} z) \mathbin{\breve{+}} (y \mathbin{\breve{\times}} z)]. \tag{IIe}$$

Diesen logischen Formen entsprechen wieder logische Grundsätze und logische Grundgesetze; und die letzteren sind Erlebnisse, die unabweisbare Tatsachen sind. So wird — ein Beispiel genügt wohl — aus (II e), wenn *A*, *B*, *C* Namen bestimmter Dinge sind:

„*A* oder *B*" und C ist nicht verschieden von: „*A* und *C*" oder „*B* und *C*".

Auch hier geben die durch Formalisierung entstandenen Zeichen $\breve{+}$ und $\breve{\times}$ weniger als die Anschauungsbegriffe „und" und „oder".[1]

Die merkwürdige, wenn auch nur äußerliche Ähnlichkeit mit dem kommutativen, assoziativen und distributiven Gesetzen der Zahlen führt dazu, die den Zeichen $+$ und $\times$ nachgebildeten Zeichen $\breve{+}$ und $\breve{\times}$ zu benutzen. Wenigstens im Drucke wäre es aber nicht angezeigt, geradezu nur jene zu gebrauchen: weil es auch notwendig sein wird, beide zugleich zu verwenden. Dabei ist es aber unumgänglich, für „und" das Multiplikations-, für „oder" das Additionszeichen

---

[1] (IIe) wird als distributives Gesetz bezeichnet.

Es muß noch besonders darauf hingewiesen werden, daß die dem sog. „zweiten distributiven Gesetze" entsprechende Form

$$[(x \mathbin{\breve{\times}} y) \mathbin{\breve{+}} z] \stackrel{\smile}{=} [(x \mathbin{\breve{+}} z) \mathbin{\breve{\times}} (y \mathbin{\breve{+}} z)] \tag{F}$$

nicht unter jene logischen Formen aufgenommen ist. Offenbar wird die Aufnahme oder Nicht-Aufnahme einer Form mit einem (eventuell schwankenden) Sprachgebrauche zusammenhängen. Auch in diesem Falle. „*A* oder *B*" hat in der Tat im gewöhnlichen Leben zwei verschiedene Bedeutungen. Man versteht darunter manchmal: „Entweder nur *A* oder nur *B*", in anderen Fällen aber: „Entweder nur *A* oder nur *B* oder auch *A* und *B*". Dieser Unterschied kommt bei den Formen (IIa—e) nicht zur Geltung, wohl aber bei der jetzt hingeschriebenen Form, die bei der ersten Fixierung des Sinnes von „oder" durchaus keiner unabweisbaren Tatsache entspricht. (Siehe die Fußnote zu Art. 16, Kap. V.) Bei der Formalisierung gehen auch hier gewisse Eigenschaften der Anschauungsbegriffe verloren. Zwischen den zweifelhaften Fällen des Sprachgebrauchs wird aber nicht entschieden; sie werden — wie wir sehen werden — vom Gebrauche ausgeschlossen.

zu verwenden, wenn wir die Analogie aufrechterhalten wollen; weil eben die in der letzten Fußnote erwähnte Form (*F*) nicht vorhanden ist. (Im sog. Klassen- und Aussage-Kalkül steht die Sache, wegen des Auftretens der Form (*F*), anders.)

4. Es sei nochmals auf die logische Form (II c) zurückgegriffen. Ihre Interpretation kann an einem einfachen Beispiel erläutert werden. „Ich traf Peter und Paul" ist der Bedeutung nach nicht verschieden von: „Ich traf Paul und Peter". Es ist wenigstens klar, daß wir von den beiden Redewendungen in den meisten Fällen ohne Bedenken die eine ebenso gut wie die andere gebrauchen werden. Wollte ich aber in der Verknüpfung „Peter und Paul" zwischen Peter und Paul einen Unterschied machen, so würde ich eine andere Redewendung gebrauchen. Z. B. wenn ich auf die Frage: „Trafst du Peter?" so antworte: „Ich traf nicht bloß Peter, sondern auch Paul". Diese Gleichberechtigung von „Peter" und „Paul" in der Verknüpfung „Peter und Paul" wird in das Zeichen $\breve{\times}$ erst durch (II c) hineingelegt.

Wie nun, wenn es sich um das Zeichen $x \breve{\times} x$ bzw. um das Erlebnis „*A* und *A*" handelt? Ich darf dann, wenn ich nicht von der in „und" erkannten Anschauung abweichen soll, durchaus nicht „*A* und nochmals *A*" denken. Denn „nochmals *A*", das wiederholte Erlebnis *A* wäre ja schon verschieden von dem einfachen „*A*". „Ich denke *A* und *A*" ist nicht verschieden von „Ich denke *A* und ich denke *A*"; es ist eben, wenn der Begriff der Stellung und Wiederholung eliminiert wird, nicht verschieden von „Ich denke *A*". Das soll keine „Begründung" sein und ist auch keine. Es ist nur eine Beschreibung des Tatbestandes, wie wir uns „*A* und *A*" denken oder noch genauer, wie wir uns „*A* und *A*" denken wollen.

Dieselbe Beschreibung könnte beinahe von Wort zu Wort für die Vorstellung „*A* oder *A*" wiederholt werden.

Diesen Tatsachen entsprechend bilden wir noch die logischen Formen:

$$[x \breve{\times} x] \doteqdot x \tag{IIf}$$

$$[x \mathbin{\breve{+}} x] \doteqdot x\,. \tag{IIg}$$

Die entsprechenden logischen Grundgesetze sind dann jene Erlebnisse, die wir in der vorhergehenden Beschreibung der Anschauung von „und" und „oder" für den Sprachgebrauch fixiert haben.

In diesen Formen hat offenbar die Analogie von $\breve{+}$ und $\breve{\times}$ mit $+$ und $\times$ aufgehört.

Implikation.

5. Der Verknüpfungsbegriff, der bei den Denkvorgängen des Folgerns und Schließens in die Anschauung tritt, wird wohl am schärfsten durch das Bindewort „also“ charakterisiert. „A, also B“. Oder in grammatikalisch vollständiger Satzform: „A hat B zur Folge“. Man nennt A die Hypothese, B die These. Ich führe einige Beispiele an:

„Die Schwalben kommen, also wird es Frühling.“ — „A gilt, und wenn A gilt, gilt auch B; also gilt B.“ „Alle Menschen sind sterblich, also ist auch Sokrates sterblich.“ — „Aus A folgt B, und aus B folgt C; also folgt aus A auch C.“

Wie man sieht, sind das der Schullogik nach sehr verschiedene Aussagen. Die Beispiele repräsentieren der Reihe nach das hypothetische Urteil, den hypothetischen Schluß, den kategorischen und den hypothetischen Syllogismus.

Den Inhalt von „also“ betreffend, wird es nicht überflüssig sein, zu bemerken, daß „A, also B“ nichts mit der Frage zu tun hat, ob A, bzw. B unabweisbare Tatsachen sind. Dies ist nur Name des folgenden Erlebnisses[1]: Die Annahme, daß A eine unabweisbare Tatsache ist, zwingt mich zu der weiteren Annahme, daß B auch ein unabweisbares Erlebnis ist. (Man vergleicht dazu am besten vielleicht das scholastische Schulbeispiel: „Baculus in angulo, ergo pluit“.)

Auch hier soll in logischen Formen die Formalisierung des Verknüpfungsbegriffes „also“ geschehen. Als Zeichen wählen wir $\subset$, das wir Zeichen der Implikation nennen wollen. Wie bei der Isologie, wird auch hier $x \subset y$ das Erlebnis der Verknüpfung selbst darstellen.

Die folgenden logischen Grundformen sind wohl kaum der Erläuterung bedürftig:

$$x \subset x \qquad \text{(IIIa)}$$

$$[x \check{\times} y] \subset x; \quad [x \check{\times} y] \subset y \qquad \text{(IIIb)}$$

$$x \subset [x \mp y]; \quad y \subset [x \mp y] \qquad \text{(IIIc)}$$

(„Die Kugel ist rot, und der Würfel schwarz; also ist die Kugel rot. — Die Kugel ist rot; also ist die Kugel rot oder der Würfel schwarz.“.)

Wir haben weiter die logische Grundform:

$$[x \check{\times} (x \subset y)] \subset y \qquad \text{(IIId)}$$

[1] Dabei ist die Annahme, daß A eine unabweisbare Tatsache ist, genau im Sinne von Kap. III, Art. 4 zu verstehen.

die geradezu den logischen „Schluß“, das hypothetische Urteil formalisiert. Aus dieser lesen wir unmittelbar folgenden logischen Grundsatz (bzw. folgendes logische Grundgesetz) ab: „Es seien x und y Eigennamen irgendwelcher Erlebnisse. Sobald x eine unabweisbare Tatsache, und mit x auch y eine unabweisbare Tatsache ist, sind wir gezwungen, auch y als unabweisbare Tatsache anzuerkennen“.

Wir haben weiter die (syllogistischen) logischen Grundformen:

$$[(x \subset y) \breve{\times} (y \subset z)] \subset [x \subset z] \qquad \text{(III e)}$$

$$[(x \subset y) \breve{\times} (z \subset u)] \subset [(x \breve{\times} z) \subset (y \breve{\times} u)] \qquad \text{(III f)}$$

$$[(x \subset y) \breve{\times} (z \subset u)] \subset [(x \bar{+} z) \subset (y \bar{+} u)] \qquad \text{(III g)}$$

Hier erhalten wir z. B. aus (III e) geradezu den hypothetischen Syllogismus: „Wenn mit x auch y, und mit y auch z unabweisbare Tatsache ist, so ist mit x auch z eine unabweisbare Tatsache“. Die (III f) und (III g) entsprechenden Grundsätze lauten, wenn x, y, z und u wieder als Eigennamen beliebiger Erlebnisse aufgefaßt werden: „Wenn x das y und z das u zur Folge hat, so hat auch x und z das y und u zur Folge.“ Ferner: „Wenn x das y und z das u zur Folge hat, so hat x oder z das y oder u zur Folge.“

Diese beiden Formen des syllogistischen Denkens werden merkwürdigerweise in der Schullogik nirgends hervorgehoben. Sie werden, wie das unvermeidlich ist, als „selbstverständlich“ benutzt, aber nicht als unmittelbar der Anschauung entnommen hingestellt, wie dies z. B. für den Syllogismus geschieht. Daß sie mit diesem gleichwertig sind und von diesem unabhängige, irreduzible Bestandteile unseres Denkinhaltes sind, hat erst die „Algebra der Logik“ aufgedeckt.[1]

Dieselbe Bemerkung bezieht sich auf die beiden weiteren logischen Formen, die der Anschauung von durch „und“ und „also“ verknüpften Erlebnissen entstammen. Es sind dies

$$[x \subset (y \subset z)] \subset [(x \breve{\times} y) \subset z] \qquad \text{(III h)}$$

$$[(x \breve{\times} y) \subset z] \subset [x \subset (y \subset z)]. \qquad \text{(III i)}$$

[1] S. u. a. das in jeder Beziehung empfehlenswerte schöne Buch von L. Couturat (L'algèbre de la logique, Paris 1905). Dabei möchte ich aber schon hier bemerken, daß ich die Theorie des Verknüpfungsbegriffs „also“, wie sie auch bei Couturat im Anschlusse an Boole und Schröder entwickelt wird, obwohl sie formal völlig einwandsfrei ist, nicht annehmen kann. Sie eignet sich nicht für den hier verfolgten Zweck einer genauen Beschreibung unserer Denkvorgänge. Wie dies später ausführlicher auseinandergesetzt wird, liegt dies daran, daß das „Wahr“ der Algebra der Logik nicht „wahr in einem bestimmten Denkbereich“, sondern „absolut wahr“ bedeuten soll.

Die entsprechenden logischen Grundgesetze, die man als Gesetze des Transferierens bezeichnet, lauten[1]: x hat zur Folge, daß y das z zur Folge hat; also hat „x und y" das z zur Folge. Und dessen „Umkehrung". „x und y" hat das z zur Folge; also hat x zur Folge, daß y das z zur Folge hat.

Da volle Anschauung nur dann vorhanden ist, wenn an die Stelle der Erlebnißnamen x, y, z die tatsächlichen (sprachlichen) Namen wirklicher Erlebnisse gesetzt werden, mag auch ein solches „Beispiel" angeführt werden.

x bedeute: „In dieser Urne ist jede Kugel rot und jeder Würfel schwarz."

y bedeute: „Diese Kugel befindet sich in dieser Urne."

z bedeute: „Diese Kugel ist rot."

Endlich ist noch

$$[x \overset{\smile}{=} y] \subset [x \subset y] \quad \text{und} \quad [x \overset{\smile}{=} y] \subset [y \subset x] \qquad \text{(III j)}$$

unter die logischen Grundformen aufzunehmen.

Sie besagt, daß, wenn x und y (in bestimmter Beziehung nicht verschieden, das heißt) isolog sind, mit x immer auch y und umgekehrt mit y immer auch x als unabweisbare Tatsache anzunehmen ist. Dies ist evident, wenn „isolog" einfach „nicht verschieden" bedeutet. In jedem andern Falle beschränkt dieses Grundgesetz die Anwendung des Ausdrucks „isolog" oder des Ausdrucks „folgt". Wenn wir Dinge als in bestimmter Beziehung nicht verschieden betrachten, so sehn wir eben von gewissen Eigenschaften ab, und es kann, wenn dies geschieht, „x, also y" seine Evidenz verlieren. In solchen Fällen wird es unstatthaft scheinen, von Isologie zu sprechen, und wir können übereinkommen, dann überhaupt nicht mehr von Isologie zu sprechen, sondern für die Relation zwischen x und y einen andern Namen und ein anderes Zeichen zu gebrauchen. Ebenso können wir aber auch den Sinn, Namen und Zeichen der Implikation ändern, indem wir für die so erhaltene Relation zwischen x und y eben annehmen, daß dieser gemäß nicht „x, also y" gilt; sondern statt dessen, daß es ein mit x isologes Ding gibt (eben y), aus dem y „folgt".

Beide Annahmen sind statthaft; sie führen aber über den Denkbereich der reinen Logik hinaus und sollen jetzt nicht weiter verfolgt werden. Offenbar genügt es hier, festzusetzen, daß, wenn wir von überhaupt nicht verschiedenen Dingen zu in bestimmter Beziehung

[1] Man kann und darf diese logischen Formen nicht mit dem hypothetischen Syllogismus verwechseln. Offenbar folgt hier aus x durchaus nicht y.

nicht verschiedenen Dingen übergehen, diese Beziehungen solche sind, daß die Evidenz des „Folgerns" nicht verloren geht. Wäre dies auch niemals der Fall, so bliebe für unsere Betrachtungen noch immer der Fall erhalten, wo „isolog" eben „nicht verschieden" bedeutet.

6. Sobald der Verknüpfungsbegriff „also", so wie es eben geschehen, als „Implikation" in den logischen Grundformen (III a—j) formalisiert ist, und wir es eben in der Folge nur mit diesen zu tun haben, ist die den entsprechenden logischen Grundgesetzen anhaftende erkenntnistheoretische Anschauung, auch wenn sie „richtig" ist, eliminiert; es werden nur jene Elemente dieser Anschauung benutzt, die in den Grundformen zum Ausdruck gelangen. Daß aber dieses wirklich angeschaute Bild unsres logischen Denkens durchweg ein genaues ist, d. h. daß die aus diesen Formen erzeugten („transzendenten") Denkgesetze sich mit dem decken, was wir aus der Schullogik wissen, ist wohl nicht notwendig, aber „zweckmäßig". Unsere ganzen Betrachtungen sind doch darauf gerichtet, unser „logisches" Denken zu beschreiben, und verlören jeden „Nutzen", sobald zwischen beiden irgend welche Abweichungen sich zeigen würden!

Dies wird besonders erwähnt, weil eine oberflächliche Vergleichung leicht zu dem Irrtume führt, daß solche Abweichungen vorkommen können. Ich setze diese Fälle in einigen Zeilen weiter auseinander; um so mehr, als die „Interpretation" dieser Fälle auch an sich von Wichtigkeit ist. Wir haben festgesetzt, daß, sobald es sich nicht um Erlebnisse, sondern um „erzeugte" Dinge handelt, für die Dinge immer die Erzeugung der Dinge zu setzen ist. So wird, wenn x und y Zeichen erzeugter Dinge sind, die Interpretation von $x \subset [x \dotplus y]$ ergeben: „Wenn das Erlebnis der Erzeugung von x unabweisbare Tatsache ist, wird auch das Erlebnis der Erzeugung von x oder das Erlebnis der Erzeugung von y unabweisbare Tatsache sein". Wir würden n i c h t so interpretieren, wie es festgesetzt ist, wenn wir statt dessen folgenden Satz bzw. folgendes Gesetz feststellen wollten: „Wenn das Erlebnis der Erzeugung von x unabweisbare Tatsache ist, wird auch das Erlebnis der Erzeugung von ‚x oder y' eine unabweisbare Tatsache". Das wäre unserem Denken unerträglich, d. h. „falsch"; aber auch nicht die festgesetzte Interpretation.

Man überzeugt sich leicht, daß auch in diesen „komplizierteren", d. h. weniger gewohnten Fällen die Interpretation der Formen (III a—j) von unserem logischen Denken als richtig anerkannte Sätze liefert.

Äquipollenz.

7. Die Verknüpfung: „A, also B“ und „B, also A“ ist offenbar nichts Ursprüngliches, sondern durch die Verknüpfung von Erlebnissen entstanden, die selbst Verknüpfungen sind. Wir werden also in diesem Falle gewiß zu keinem neuen logischen Grundbegriffe geführt. Wenn wir in diesem Falle die Verknüpfung von A und B trotzdem durch ein neues Zeichen, das Zeichen der Äquipollenz ausdrücken, und entsprechend

$$x \, (\!=\!) \, y$$

schreiben, so wäre es prinzipiell am richtigsten, festzustellen, daß damit nur eine Abbreviatur gemeint ist, und wo wir $x \, (\!=\!) \, y$ sehen, dafür immer $(x \subset y) \check{\times} (y \subset x)$ zu setzen (eigentlich zu sehen) sei. Da aber damit gesagt ist, daß die diesen Zeichen entsprechenden Namen dasselbe Erlebnis bedeuten, können wir diese Festsetzung selbst in der logischen Form

$$[x \, (\!=\!) \, y] \stackrel{\smile}{=} [(x \subset y) \check{\times} (y \subset x)] \qquad \text{(IV)}$$

formalisieren, und diese geradezu als „Definition“ der Äquipollenz bezeichnen.

Die Einführung der Äquipollenz ist demnach prinzipiell ganz überflüssig; sie läßt aber für viele logische Denkvorgänge eine um soviel kürzere und doch ebenso klare Beschreibung zu, daß es schade wäre, auf dieses Mittel der Darstellung zu verzichten.

Die Formalisierung des Wahrheitsbegriffes.

8. Die Klippe des erkenntnistheoretischen Wahrheitsbegriffs zu umschiffen ist die schwierigste, aber auch fruchtbarste Aufgabe in der Formalisierung der logischen Grundbegriffe.

Um von ganz bestimmten Anschauungen auszugehen, sei A ein unabweisbares, B ein unannehmbares Erlebnis. Wir wollen nun eine Tafel mit einer $\mathfrak{v}$-Kolumne und einer $\mathfrak{v}'$-Kolumne bilden und A nur in die $\mathfrak{v}$-Kolumne, B nur in die $\mathfrak{v}'$-Kolumne aufnehmen (Ich kann und will den Gesichtseindruck dieser Tafel erzeugen).

I.

$\mathfrak{v}$	$\mathfrak{v}'$
A	B

Die Anschauung dieser Tafel erzeugt in mir die Vorstellung gewisser unabweisbarer Tatsachen:

A steht in der $\mathfrak{v}$-Kolumne, B steht in der $\mathfrak{v}'$-Kolumne.
Und ebenso die Vorstellung der unannehmbaren Tatsachen:
A steht in der $\mathfrak{v}'$-Kolumne, B steht in der $\mathfrak{v}$-Kolumne.
Für diese Erlebnisse führen wir als kurze, unmittelbar verständliche Zeichen die folgenden ein:

$$A \sim \mathfrak{v}\,, \quad B \sim \mathfrak{v}'$$
$$A \sim \mathfrak{v}'\,, \quad B \sim \mathfrak{v}\,.$$

Wir erweitern unsere Tafel durch Aufnahme dieser neuen unabweisbaren bzw. unannehmbaren Tatsachen:

II.

$\mathfrak{v}$	$\mathfrak{v}'$
A	B
$A \sim \mathfrak{v}$	$A \sim \mathfrak{v}'$
$B \sim \mathfrak{v}'$	$B \sim \mathfrak{v}$

und wiederholen dies, was wohl ohne nochmalige Erläuterung geschehen kann:

III.

$\mathfrak{v}$	$\mathfrak{v}'$
A	B
$A \sim \mathfrak{v}$	$A \sim \mathfrak{v}'$
$B \sim \mathfrak{v}'$	$B \sim \mathfrak{v}$
$(A \sim \mathfrak{v}) \sim \mathfrak{v}$	$(A \sim \mathfrak{v}') \sim \mathfrak{v}$
$(B \sim \mathfrak{v}') \sim \mathfrak{v}$	$(B \sim \mathfrak{v}) \sim \mathfrak{v}$
$(A \sim \mathfrak{v}') \sim \mathfrak{v}'$	$(A \sim \mathfrak{v}) \sim \mathfrak{v}'$
$(B \sim \mathfrak{v}) \sim \mathfrak{v}'$	$(B \sim \mathfrak{v}') \sim \mathfrak{v}'$

Wir könnten nun ebensogut eine Tafel IV konstruieren, und die dabei hinzugekommenen Aussagen wären auch n e u; denn sie beziehen sich auf der Tafel III entnommene n e u e Anschauungen. Das bisherige genügt aber, wenn wir unserem Zwecke entsprechend die zu $A \sim \mathfrak{v}$ und $B \sim \mathfrak{v}'$ bisher hinzugekommenen Aussagen nur als neue Namen dieser Aussagen selbst benützen wollen.

Wenn x das Zeichen eines bisherigen Erlebnisses, $\mathfrak{v}$ und $\mathfrak{v}'$ die bisher benützten „W e r t z e i c h e n" und die Verknüpfung von x mit $\mathfrak{v}$ oder $\mathfrak{v}'$ durch $\sim$ bezeichnet wird, ergeben sich für diese Namengebung die folgenden logischen Formen:

$$[(x \sim \mathfrak{v}) \sim \mathfrak{v}] \overset{\smile}{=} [x \sim \mathfrak{v}] \qquad \text{(Va)}$$

$$[(x \sim \mathfrak{v}) \sim \mathfrak{v}'] \overset{\smile}{=} [x \sim \mathfrak{v}'] \qquad \text{(Vb)}$$

$$[(x \sim \mathfrak{v}') \sim \mathfrak{v}] \overset{\smile}{=} [x \sim \mathfrak{v}'] \qquad \text{(Vc)}$$

$$[(x \sim \mathfrak{v}') \sim \mathfrak{v}'] \overset{\smile}{=} [x \sim \mathfrak{v}] \qquad \text{(Vd)}$$

Diese gehen ebenso wie früher in logische Grundsätze und logische Grundgesetze über. Was diese bedeuten sollen, wird genau erst später (Art. 10) fixiert werden. Vorläufig wollen wir statt „in der $\mathfrak{v}$- bzw. $\mathfrak{v}'$-Kolumne stehen" nicht, wie wir dies in strenger Observanz tun müßten, „den $\mathfrak{v}$-Wert bzw. den $\mathfrak{v}'$-Wert besitzen" sagen, sondern die Prädikate „in unserer Wertetafel wahr" und „in unserer Wertetafel falsch" benützen. „Es ist i. u. W. falsch, daß x i. u. W. wahr ist" sagt dasselbe wie: „x ist i. u. W. falsch" usw.[1] Dabei mag noch besonders betont werden, daß in diesen logischen Formen x, wie es sein muß, das Zeichen eines ganz beliebigen Erlebnisses sein kann. *Die Beschränkung auf in die Tafel aufgenommene unabweisbare oder unannehmbare Erlebnisse ist ganz weggefallen.* Was in den Formen (Va—d) auf beiden Seiten des Zeichens $\overset{\smile}{=}$ steht, erzeugt in uns die Vorstellung *desselben* Erlebnisses, auch wenn dieses Erlebnis, weil der durch x bezeichnete Namen in unserer Tafel nicht vorhanden ist, überhaupt nicht zustande kommen kann. Es kann eben Erlebnisse geben, die „in unsrer Wertetafel" weder wahr noch falsch sind.

9. Die Wertetafel, deren Konstruktion in Art. 8 erläutert wurde, kann erweitert werden, vor allem in der Weise, daß nicht bloß das unabweisbare Erlebnis A und das unannehmbare Erlebnis B, sondern davon verschiedene, C, D usw., in die Tafel aufgenommen werden. Diese Erweiterung bietet aber für unsere jetzige Absicht nichts Neues. Wir wollen und können aber nun festsetzen, *daß mit den Erlebnissen E und F auch die Erlebnisse $E \times F$ und $E + F$ in die Tafel aufgenommen werden sollen.* Der diesen Erlebnissen zuzuschreibende Wert ($\mathfrak{v}$ oder $\mathfrak{v}'$) wird wohl rein formal bestimmt; aber

[1] Daß mit dem Erlebnis „A ist wahr" eine „unendliche" Progression von Wahrheits-Erlebnissen entsteht (Es ist wahr, daß A wahr ist usw.), ist eine in der Schullogik und Erkenntnistheorie vielfach untersuchte Tatsache. Die so entstehenden Erlebnisse A', A'' usw., haben gewiß verschiedenen Inhalt. Aber diese Inhalte als voneinander unabhängig anzusehen, wäre ein Irrtum. Der erste Satz sagt am meisten. Er „enthält" die folgenden. Die Vorstellung von „A ist wahr" fordert zu ihrer Erzeugung durchaus nicht, daß auch „Es ist wahr, daß A wahr ist" vorgestellt werde usw. In interessanter Weise hat Lewis Carroll (What the Tortoise said to Achilles, Mind, N. S. Vol. IV. 1895, S. 278) dieses „logische Paradoxon" formuliert.

die Regel, die Anweisung, wie das zu geschehen hat, wird dadurch gegeben sein, daß wir den Inhalt der folgenden Betrachtungen formalisieren wollen:

E ist ein entweder unabweisbares oder unannehmbares Erlebnis. Ebenso F. „E und F" („die Kugel ist schwarz und der Würfel ist weiß") ist unannehmbar, sobald auch nur E unannehmbar, ebenso, wenn auch nur F unannehmbar; aber unabweisbar, wenn E sowohl wie F unabweisbar ist. „E oder F" ist unabweisbar, sobald auch nur E unabweisbar, ebenso wenn auch nur F unabweisbar; aber unannehmbar, wenn E sowohl wie F unannehmbar ist.

Dementsprechend bilden wir die logischen Grundformen:

$$[(x \mathbin{\breve{\times}} y) \sim \mathfrak{v}\,] \stackrel{\smile}{\equiv} [(x \sim \mathfrak{v}\,) \mathbin{\breve{\times}} (y \sim \mathfrak{v}\,)] \qquad \text{(V e)}$$
$$[(x \mathbin{\breve{\times}} y) \sim \mathfrak{v}'] \stackrel{\smile}{\equiv} [(x \sim \mathfrak{v}') \mathbin{\breve{+}} (y \sim \mathfrak{v}')] \qquad \text{(V f)}$$
$$[(x \mathbin{\breve{+}} y) \sim \mathfrak{v}\,] \stackrel{\smile}{\equiv} [(x \sim \mathfrak{v}\,) \mathbin{\breve{+}} (y \sim \mathfrak{v}\,)] \qquad \text{(V g)}$$
$$[(x \mathbin{\breve{+}} y) \sim \mathfrak{v}'] \stackrel{\smile}{\equiv} [(x \sim \mathfrak{v}') \mathbin{\breve{\times}} (y \sim \mathfrak{v}')] \qquad \text{(V h)}$$

und überzeugen uns durch die Anschauung, daß der Übergang zu den entsprechenden logischen Grundsätzen und Grundgesetzen so geschieht, wie es unser Wunsch war.

Dabei ist die Bemerkung, daß in diesen Grundformen x sowie y Zeichen beliebiger Erlebnisse sein können, vom Ende des Art. 8 zu wiederholen.

Zur Einübung wird es angezeigt sein, die entsprechenden Grundgesetze auch auszusprechen. So wird z. B. aus (Vh): „Das mit $x \mathbin{\breve{+}} y$ bezeichnete Erlebnis ist i. u. W. falsch" ist der Bedeutung nach nicht verschieden von: „Das durch x bezeichnete Erlebnis ist i. u. W. falsch, und das durch y bezeichnete Erlebnis ist i. u. W. falsch".

Noch eine prinzipielle Bemerkung. Daß mit E und F auch $E \mathbin{\breve{+}} F$ und $E \mathbin{\breve{\times}} F$ in die Tafel aufgenommen werde, war eine willkürliche, aber von nun ab festzuhaltende Festsetzung, die damit zur unabweisbaren Tatsache geworden ist. Ebenso willkürlich, aber von nun ab unveränderlich sind die Formen (V e—h) und die mit diesen verbundene Anweisung, in welche Kolumne $E \mathbin{\breve{+}} F$ bzw. $E \mathbin{\breve{\times}} F$ aufzunehmen ist. Bei unsrer analytischen Vorbereitung hat unstreitig die logische Funktion des Schließens eine Rolle gespielt. Die Synthesis der Formen ist so geschehen, daß sie für gewisse Zwecke brauchbar sei. Aber das beachten wir nicht weiter. Sie sind so gewählt, das ist ein für allemal geschehen, und ihre Interpretation liefert „richtige" logische Gesetze.

Sollten nun nicht auch solche Festsetzungen angebracht sein, nach denen, wenn das Erlebnis $E \mathbin{\breve{\times}} F$

oder auch $E \mp F$ in die Tafel aufgenommen ist, auch E bzw. F nach bestimmten Regeln in die Tafel aufgenommen werden sollen? Da es sich nur um eine analytische Vorbereitung handelt, darf ich aufrichtig sein und brauche die Anwendung des „Schließens" auch formell nicht zu eliminieren. Daß eine solche Festsetzung in gewissen Fällen gar keine Beschreibung der logischen Denkvorgänge liefern kann, ist leicht einzusehen. Wäre z. B. $(x \breve{\times} y) \sim \mathfrak{v}'$, so wüßten wir nach (Vf) nur, daß x in der $\mathfrak{v}'$-Kolumne steht, oder y in der $\mathfrak{v}'$-Kolumne steht. Eine Festsetzung würde also etwas enthalten, was gar nicht aus $x \breve{\times} y \sim \mathfrak{v}'$ „folgt". Aber auch dort, wo eine solche Festsetzung möglich ist, wäre sie hier noch nicht am Platze. Das durch $(x \times y) \sim \mathfrak{v}$ bezeichnete Erlebnis ist nach (Ve) nicht verschieden von dem Erlebnisse, das durch $(x \sim \mathfrak{v}) \breve{\times} (y \sim \mathfrak{v})$ bezeichnet wird. Daß aber dann auch $x \sim \mathfrak{v}$ für sich in die Tafel aufgenommen werden soll, ist eine logische „Deduktion" und könnte durch eine Implikation ausgedrückt werden. Dies soll nicht geschehen; nicht so sehr wegen des subtilen Unterschiedes, der zwischen der angezogenen Tatsache einerseits und dem so erhaltenen logischen Gesetze anderseits besteht, sondern vor allem, weil diese selbständigen Festsetzungen überflüssig sind. Die Formalisierung der logischen Deduktion wird diese Lücke in natürlicher Weise ausfüllen.

10. Wenn auch grundsätzlich auf diesen Blättern ausschließlich mit den exakten Wissenschaften entlehnten Methoden ausgeführte Beobachtungen gewisser Denkvorgänge vorgetragen werden sollen, ist es doch, um die gröbsten Mißverständnisse zu vermeiden, wohl angezeigt, auf den Wahrheitsbegriff einen Augenblick näher einzugehen.

Wenn ich erkläre, daß ich A für wahr halte, so konstatiere ich damit nur einen gewissen Zustand meines Bewußtseins, ein Gefühl, das die Vorstellung von A in meinem Bewußtsein begleitet; und zwar ist die Verknüpfung der Vorstellung mit diesem „Wahrheitsgefühle" wieder von dem Gefühle der Notwendigkeit begleitet. Ich „muß" A für wahr halten. Ich habe A in bestimmter Weise gewertet, dem A den Wahrheitswert zugeschrieben.[1] Darin ist, dem benützten Worte entsprechend, auch die Metapher einer Billigung enthalten; aber durchaus noch nicht, daß ich A billige, „weil" A wahr ist.

Diese Wertung des A bezieht sich aber offenbar auf einen ganz bestimmten Bewußtseinszustand. Ohne auf das metaphysische Pro-

[1] Siehe die tiefgehende Darstellung von Windelband: „Präludien" (Tübingen, II. Aufl., 1903) S. 30 ff.

blem einzugehen, ob aus der Vorstellung eines Erlebnisses das Erleben selbst wirklich ausgeschaltet werden kann, wird wohl eines zugestanden werden. In meiner Behauptung „A ist wahr" ist mein voller Bewußtseinsinhalt in geheimnisvoller Weise mitenthalten. A ist für mich wahr. Wie dies zu verstehen ist, kann ein einfaches Beispiel zeigen.

Ich weiß, daß Peter mit einem bestimmten Zuge nach Wien reiste. Ich befrage das Kursbuch usw. Unter bestimmten Umständen wird dann die Aussage: „Peter trifft morgen früh sechs Uhr in Wien ein" für mich wahr sein, wenn ich nämlich an gewisse mögliche Hindernisse gar nicht denke. In dem Augenblicke aber, wo ich die Tatsache, daß die Züge sich manchmal verspäten, in meinen Bewußtseinsinhalt aufgenommen habe, hat jener Satz aufgehört, für mich wahr zu sein; ohne aber deshalb — im gewöhnlichen Sinne des Wortes — falsch geworden zu sein.

Oder in einem „wissenschaftlichen" Beispiele. Ein Bewußtsein, in dem das Parallelenaxiom als unabweisbare Tatsache festgehalten ist, hält den Satz, daß die Winkelsumme jedes Dreiecks $2R$ ist, für wahr; ein Bewußtsein, das diese Tatsache nicht kennt (weder als unabweisbar, noch als unannehmbar), hält den Satz nicht für „wahr".

An die Stelle des „absolut-wahren" darf aber nicht das grobempirische „wahr für mich" gesetzt werden. Ich muß den Bewußtseinszustand, auf den sich das „wahr für mich" bezieht, genau beschreiben können und gelange dann zu dem Wahrheitswerte, der Gegenstand der logischen Beobachtung ist.

Das methodische Hilfsmittel dieser Beschreibung ist die Einführung eines bestimmten Denkbereichs im Sinne von Kap. II, Art. 1, mit der weiteren Festsetzung, daß die Erlebnisse, die dem Denkbereiche angehören — und nur diese — als unabweisbare Tatsachen gelten sollen. Diese Festsetzung selbst wird nach unsern Abmachungen als Involution zur Beschreibung des Denkbereichs beitragen. Sollte das Erlebnis X dem Denkbereiche angehören, so soll auch das Erlebnis, daß X eine unabweisbare Tatsache ist, dem Denkbereiche angehören. Oder, indem wir die eben konstruierte Tafel der unabweisbaren Tatsachen benützen: X involviert, daß X den $\mathfrak{v}$-Wert (oder Wahrheitswert) besitzt oder auch, daß X „in unserem Denkbereiche wahr" ist. Mit Benützung der eingeführten Bezeichnungsweise:

$$X \text{ inv. } [X \frown \mathfrak{v}].$$

Für ein Erlebnis Z, das dem Denkbereiche nicht angehört,

kann es vorkommen, daß das Erlebnis „*Z* ist eine unannehmbare Tatsache" dem Denkbereiche angehört. Dieses Erlebnis bezeichnen wir durch

$$Z \sim \mathfrak{v}',$$

d. h. *Z* besitzt den $\mathfrak{v}'$-Wert (oder Falschheitswert) oder auch *Z* ist „in unserem Denkbereiche falsch".

Es kann aber auch dieses Erlebnis $Z \sim \mathfrak{v}'$ dem Denkbereiche nicht angehören; dann wird eben von *Z* nichts behauptet, weder daß es wahr, noch daß es falsch ist. Das Erlebnis ist aus unserem Bewußtsein ausgeschaltet und darf in diesem Sinne, soweit wir uns auf jenen bestimmten Bewußtseinszustand, auf den Denkbereich beziehen, ebenso wenig als wahr wie als falsch angenommen werden.[1] Es „ist" überhaupt nicht, wie das Parallelenaxiom in dem früher angezogenen Beispiele.

Schon diese erste Sonderung zeigt, daß „*Z* gehört dem Denkbereiche nicht an" und daß „*Z* ist eine unannehmbare Tatsache, ist ein dem Denkbereiche angehörendes Erlebnis" sehr verschiedene Erlebnisse sind, deren Verwechslung zu schweren Irrtümern führen kann und auch geführt hat.

Den so konstruierten Denkbereich wollen wir nun auch Wahrheitsbereich nennen; wobei selbstverständlich wie früher die Überzeugung gewonnen werden muß, daß er die Grundnorm unsres Denkens nicht verletzt, d. h. nicht „unmöglich" ist. Das ist nicht der Fall,

[1] Ein Denkbereich, dem jedes Erlebnis als unabweisbare oder unannehmbare Tatsache angehört, würde das „absolut Wahre" definieren. Ein solcher scheint mir „unmöglich". Aber ohne auf diese erkenntnistheoretische Frage hier näher einzugehen, ist es jedenfalls klar, daß, wenn dieser möglich ist, er in der obigen Beschreibung mitbehandelt wird. Jedenfalls ist der hier gegebene Wahrheitsbegriff viel präziser und gestattet eine exakte methodische Beschreibung. Ich halte es für den fundamentalen Fehler der Algebra der Logik, daß sie durchweg Wahrheits- und Falschheitswerte annimmt, was direkt zu Irrtümern führt (siehe Kap. V, Art. 11).

Ich möchte hier zugleich bemerken, daß die Formalisierung der reinen Logik, wie sie hier begonnen und im nächsten Kapitel durchgeführt wird, durchaus nichts mit der Algebra der Logik zu tun hat, trotz der äußeren Ähnlichkeit in der Benutzung von „Formeln". Die Algebra der Logik drückt unser logisches Denken in einer symbolischen und vielfach präziseren Fassung aus, die sich darum für verwickelte Fälle gut eignet und neue Resultate erreichen kann, ohne aber wirklich neue Denkmethoden zu liefern; und auch ohne uns vor den Irrtümern zu bewahren, die das logische Denken in seiner gewöhnlichen sprachlichen Gestalt begleiten oder wenigstens begleiten können.

Die Theorie der logischen Formen ist ein neues, von der Schullogik völlig unabhängiges Anschauungsgebiet, das sich sodann als genaues Bild der Gesetze des logischen Denkens erweist, genau so, wie die Differentialgleichungen der Mechanik ein genaues Bild gewisser Bewegungen liefern. Eben dadurch ist sie imstande, wesentlich neue Resultate zu liefern, wie sich dies insbesondere für die Probleme der Widerspruchslosigkeit ergeben wird.

wenn die Erlebnisse $X \sim \mathfrak{v}$ und $X \sim \mathfrak{v}'$ beide dem Denkbereiche angehören. Es sind dies verschiedene Erlebnisse, die beide dem Denkbereiche angehören können. In diesem Falle würde bei Konstruierung der Tafel (Art. 8 d. K.) X in die $\mathfrak{v}$-Kolumne und auch in die $\mathfrak{v}'$-Kolumne gehören, X als unannehmbare und unabweisbare Tatsache gesetzt werden müssen. Dies soll ausgeschlossen werden. Es ist dies eine Denknorm, die mit der Grundnorm unsres Denkens erkenntnistheoretisch wohl genau zusammenhängt[1], aber für uns formell von dieser unabhängig ist. Es ist dies die Denknorm der Widerspruchlosigkeit. Ein Wahrheitsbereich, der diese Norm verletzt, wird für uns „unmöglich", d. h. er soll ausgeschlossen werden.

Dadurch entsteht das Problem, für einen Wahrheitsbereich zu entscheiden, ob er der Denknorm der Widerspruchlosigkeit entspricht, in welchem Falle wir den Wahrheitsbereich als exakten oder widerspruchlosen Wahrheitsbereich bezeichnen wollen.

11. Damit ist die Formalisierung des Wahrheitsbegriffs für unser logisches Denken in präziser Form geschehen, und insbesondere auch genau festgestellt, wie die Interpretation der Formen wieder zu logischen Grundsätzen und Grundgesetzen führt.

Insofern wir ausschließlich die durch die logischen Grundformen (Va—h) gegebene Anschauung benützen, denken wir „formal", ohne von der vollen Anschauung des Wahrheitsbegriffes, auch in der jetzt entwickelten genaueren Fassung, Gebrauch zu machen. Bei der Interpretation in den entsprechenden Sätzen ist für $x \sim \mathfrak{v}$ bzw. $x \sim \mathfrak{v}'$ zu setzen: „x ist in unserem Wahrheitsbereiche wahr bzw. falsch" und in den entsprechenden Grundgesetzen $x \sim \mathfrak{v}$ bzw. $x \sim \mathfrak{v}'$ ebenso zu „verstehen".

Auch hier ist, sobald es sich um Dinge handelt, die nicht Erlebnisse sind, immer für das Ding das Erlebnis der Erzeugung des Dinges zu setzen. „Der Pegasus ist wahr" oder „die α-Menge aller Dinge ist wahr bzw. falsch" sind dann allerdings sehr ungewohnte Ausdrücke; sie sagen aber nur, daß die Vorstellung des Pegasus oder jener α-Menge „erzeugt" wurde, und daß diese Erzeugung in unser Denken als unabweisbare oder unannehmbare Tatsache eingeht.

[1] Dieser Zusammenhang würde z. B. durch ein neu einzuführendes Anschauungsgesetz geschaffen: „Jede unabweisbare Tatsache ist von jeder unannehmbaren Tatsache verschieden". Offenbar kann aber auch dieses Anschauungsgesetz sich nur auf einen bestimmten Bewußtseinszustand beziehen. Eine Tatsache kann das eine Mal als unabweisbar, das andere Mal als unannehmbar „erscheinen". So in dem allerdings ganz rohen Beispiele: „Die Erde bewegt sich".

Offenbar ist dies der genaue Sinn der gebräuchlichen Aussagen, in denen wir jenen Dingen, dem Pegasus oder auch der α-Menge aller Dinge, „logische Existenz" zuschreiben, oder aber diese logische Existenz leugnen.[1] Wir benützen dann, wieder in genauem Anschlusse an gewohnte Anschauungen, den Ausdruck „logische Existenz" auch bei Erlebnissen, die dem betrachteten Wahrheitsbereiche angehören, wenn das Erlebnis in dem gebrauchten Sinne „wahr" ist.

Dabei setzen wir aber immer schon voraus, daß der definierte Wahrheitsbereich widerspruchlos ist, d. h. der Denknorm der Widerspruchlosigkeit genügt.[2]

Zeichen und Formen.

12. In unseren bisherigen Betrachtungen wurde eine Reihe von „Zeichen", insbesondere die logischen Grundformen eingeführt. Diese sind für uns bis jetzt einfach Gesichtseindrücke, Aggregate von Buchstaben und anderen Schriftsymbolen, die, voneinander verschieden, eben als Zeichen für die verschiedenen logischen Grundgesetze dienen können und sollen. Bei den ferneren Entwicklungen werden immer mehr und mehr solche Zeichen einzuführen sein. Um einerseits einen guten Überblick zu erhalten, und um anderseits das Wesentliche vom Unwesentlichen sondern zu können, wobei schließlich der Gesichtseindruck der Zeichen ganz ausgeschaltet wird, werden diesen zu benützenden Zeichen wieder Namen beigelegt. (Die Zeichen sind augenblicklich für uns noch Gesichtseindrücke, d. h. Erlebnisse.) In strenger Observanz müßten und könnten wir zuerst die in diesem Buche auftretenden Zeichen hinschreiben und bei jedem einzelnen bemerken, welche Namen wir ihnen beilegen wollen. Wenn dieRedewendungen, was wir uns der Übersichtlichkeit und Bequemlichkeit wegen erlauben, auch den Eindruck einer Einteilung, Klassifikation machen, wird es dem Leser nicht schwer fallen, einzusehen, daß jedes solche

---

[1] Offenbar sind beide Fälle verschieden davon, daß jenes Erzeugungserlebnis ganz ausgeschaltet ist, und unserem Wahrheitsbereiche weder als unabweisbare, noch als unannehmbare Tatsache, d. h. überhaupt nicht angehört. Die Erzeugung tritt dann nicht in unser Bewußtsein; wir haben mit ihr überhaupt nichts zu tun.

[2] Es mag sogleich bemerkt werden, daß „die Widerspruchlosigkeit", mit der wir es zu tun haben, noch einer erst später einzuführenden Forderung genügen muß. Wir fühlen uns erst durch die „logische Widerspruchlosigkeit" befriedigt, wenn nämlich die Erlebnisse des Wahrheitsbereichs auch „durch logische Deduktion" keinen Widerspruch ergeben. Einen solchen Denkbereich werden wir als widerspruchlosen (exakten) logischen Wahrheitsbereich bezeichnen.

Moment — allerdings in außerordentlich weitschweifiger Weise — vermieden werden könnte.

Damit erhalten aber diese Zeichen eine ganz neue fundamentale Bedeutung. Wir erhalten in bezug auf die einzelnen Zeichen endliche Denkbereiche, und zwar sind die dem Denkbereiche angehörenden Erlebnisse die Festsetzungen, mit denen dem betreffenden Zeichen gewisse Namen beigelegt werden. Indem wir uns auf diesen Denkbereich beschränken, wird jede andere Eigenschaft des Zeichens ausgeschaltet, und der Denkbereich definiert, erzeugt — wie in den ähnlichen Fällen des II. Kapitels — ein neues, adjungiertes Ding. In dieser wesentlich neuen Bedeutung werden unsere Zeichen eigentlich erst jetzt eingeführt und sollen vorläufig Zeichenformen (später nur Formen) genannt werden.[1]

„Einfache Zeichenformen“ sollen die folgenden genannt werden:

a) die Stellenzeichen oder leeren Dingzeichen, von denen nur festgesetzt ist, daß sie Eigennamen irgend eines Dinges sind, wo die Bestimmung, welches Ding ein solches Stellenzeichen bezeichnet, wenn einmal getroffen, aufrecht erhalten wird, aber sonst beliebig ist und bei verschiedenen Denkvorgängen auch verschieden sein kann. Offenbar kommt es nur darauf an, die verschiedenen Stellenzeichen auch als verschieden zu erkennen. Und nur dieses wird bezweckt, wenn wir weiter abmachen, daß in erster Reihe die Buchstaben x, y, z und ähnliche als Stellenzeichen zu verwenden sind.

b) die vollen Dingzeichen (kurz auch Dingzeichen), die Eigennamen irgendeines ein für allemal bestimmten Dinges sind. Für diese werden wir in erster Reihe die Buchstaben a, b, c und ähnliche verwenden.

Ein volles Dingzeichen ist z. B. das Buchstabenaggregat: „Die Sonne scheint“ als Zeichen für den Namen des entsprechenden Erlebnisses. Dieses Beispiel soll zugleich darauf hinweisen, daß der Ausdruck „einfach“ nicht gerade die Einfachheit des betreffenden Schriftsymbols bedeuten soll; obwohl natürlicherweise die Wahl des Wortes mit der in der Praxis gesuchten möglichsten Einfachheit des Zeichens zusammenhängt.

Die leeren und vollen Dingzeichen entsprechen den Variabeln und Konstanten der Mathematik.

---

[1] Warum wir zuerst „Zeichenformen“ und später „Formen“ sagen müssen, wird in Art. 16 klargestellt werden.

13. Um die Beschreibung der „zusammengesetzten" Zeichenformen leichter verständlich zu machen, wird es bei ihrer Ungewohntheit angezeigt sein ein Beispiel vorauszuschicken. Wir wollen als solches das Zeichen

$$x \stackrel{\smile}{=} y$$

betrachten; mit Rücksicht auf das Vorkommen von $\stackrel{\smile}{=}$ wollen wir dieses Zeichen Isologie nennen („Hauptname") und ihm weiter die Namen beilegen „als ersten Teil x enthaltend" und auch „als zweiten Teil y enthaltend" („Teilnamen"). Es klingt sonderbar, daß wir hier nicht von Eigenschaften, sondern von Nominationen sprechen. Es ist dies aber gerade sprachlich sehr wichtig, denn wir wollen eben den Gesichtseindruck des $x \stackrel{\smile}{=} y$ ganz ausschalten, und statt dessen geradezu ein Ding definieren, das die Namen „Isologie", „als ersten Teil x enthaltend", „als zweiten Teil y enthaltend" führt, und durch diese Erlebnisse vollständig definiert ist. Es wird offenbar sehr bequem sein, auch jetzt von der Zeichenform $x \stackrel{\smile}{=} y$ zu sprechen, d. h. $x \stackrel{\smile}{=} y$ als Zeichen dieser Zeichenform zu benützen; wir dürfen und sollen aber auch bei dieser saloppen Ausdrucksweise uns nur das durch jenen Denkbereich definierte, erzeugte Ding vorstellen. Wir könnten genau genommen für dieses Ding irgend ein Zeichen, z. B. $u \subset v$ benützen, was aber offenbar sehr unzweckmäßig wäre, während bei der Benützung von $x \stackrel{\smile}{=} y$ sich die bei der Bildung des Zeichens benützten Anschauungen ergeben, die für uns aber nur — allerdings als solche sehr wichtige — mnemotechnische Behelfe sind.

Wir können nun im weiteren kurz verfahren:

„Zusammengesetzte Zeichenformen" sollen die folgenden genannt werden.

a) die Relationalformen, wie

die Isologie (Hauptname), als ersten Teil x, als zweiten Teil y enthaltend (Teilnamen) ($x \stackrel{\smile}{=} y$),

die Implikation (Hauptname), als ersten Teil x, als zweiten Teil y enthaltend (Teilnamen) ($x \subset y$),

die Äquipollenz (Hauptname) als ersten Teil x, als zweiten Teil y enthaltend (Teilnamen) ($x \mathrel{(\!=\!)} y$).

die Formen der Mengenrelationen (Hauptname) als ersten Teil x, als zweiten Teil y enthaltend (Teilnamen) (x elem.$_a$ y, x elem.$_\beta$ y, u. a.),

die Ordnungsrelationen (Hauptname), als ersten Teil x, als zweiten Teil y enthaltend (Teilnamen) $x \prec y$ oder $x < y$, oder auch $x \prec_a y$ usw.), zu denen nach

Bedarf $x\,\text{rel.}_\alpha\,y$, $x\,\text{rel.}_\beta\,y$ und andere hinzugefügt werden können.

b) Die Komplexformen:

die logische Summe (Hauptname), als ersten Teil x, als zweiten Teil y enthaltend (Teilnamen) $(x \dotplus y)$,

das logische Produkt (Hauptname), als ersten Teil x, als zweiten Teil y enthaltend (Teilnamen) $(x \breve{\times} y)$.

c) die $\mathfrak{f}$-Bildform (Hauptname), als Hauptteil x enthaltend (Teilnamen) $(\mathfrak{f}x)$, der nach Bedarf $\mathfrak{g}x$, $\mathfrak{f}_1 x$ und ähnliche hinzugefügt werden.

d) Die G-Qualitätsformen (Hauptname), als Hauptteil x enthaltend (Teilname) $(x\,\text{qual.}\,G)$, der wieder „x qual. H" und ähnliche hinzugefügt werden können. Diese sind von den Relationsformen wohl zu unterscheiden; hier ist G kein Ding, und die Interpretation von „x qual. G" lautet, wie früher festgesetzt wurde: „Das Ding, dessen Eigenname x ist, besitzt die G-Eigenschaft".

e) Die Valenzformen (Wertungen) (Hauptname), als Hauptteil x enthaltend (Teilname) ($x \sim \mathfrak{v}$ und $x \sim \mathfrak{v}'$), denen nach Bedarf ähnliche, wie $x \sim \mathfrak{w}$, $x \sim \mathfrak{w}'$ hinzugefügt werden ($\mathfrak{v}$-Valenz, $\mathfrak{v}'$-Valenz usw.).

Man bemerke, daß die schon früher festgesetzte Interpretation dieser Zeichen für a), d) und e) „Aussagen" ergibt, aber ohne jede Rücksicht auf ihre „Richtigkeit" oder „Wahrheit". Das ist auch bei e) der Fall, wo die Interpretation „Urteile", genauer Wahrheitswerturteile ergibt, die aber durchaus nicht „richtig sein", d. h. unabweisbaren Tatsachen entsprechen müssen.

Statt den Teilnamen einer Zeichenform (als ersten Teil, zweiten Teil oder Hauptteil z enthaltend) anzugeben, sagen wir auch der bequemeren Satzbildung wegen: „z ist der erste Teil, zweite Teil oder Hauptteil der betreffenden Zeichenform".

Die bisher eingeführten Zeichenformen sollen primäre Zeichenformen heißen (die einfach oder zusammengesetzt sein können usw.).

14. Wir wollen und können weitere zusammengesetzte Zeichenformen einführen, d. h. „erzeugen". Wie dies geschieht, wird der Klarheit wegen wieder zuerst an einem Beispiel erläutert.

Es seien U und V irgendwelche schon festgesetzte Zeichenformen, d. h. U und V Zeichen dieser letzteren. Wir definieren dann einen Denkbereich bzw. das durch diesen Denkbereich erzeugte, ihm adjungierte Ding durch die Bestimmung der dem Denkbereiche angehörenden Erlebnisse. Solche seien, und zwar nur diese: Namen dieses

Dinges sind Isologie (Hauptname), den ersten Teil U enthaltend und den zweiten Teil V enthaltend (Teilnamen). Mnemotechnisch wird es sehr bequem sein, für dieses Ding das Zeichen $U \doteqdot V$ einzuführen; aber das Ding selbst hat mit diesem Gesichtseindrucke nichts zu tun. Wenn ich nun sage, daß die neu eingeführte Zeichenform aus der primären Isologie durch die Substitution von U für x und V für y entsteht, so darf ich diese unserer Gewohnheit entsprechende Ausdrucksweise beibehalten, und doch, wenn ich diesen Satz als Beschreibung jener Erzeugungsweise verstehe, dem erzeugten Dinge die angeführten Eigenschaften und nur diese beilegen. In diesem Sinne wird auch

$$S\begin{pmatrix} x, & y \\ U, & V \end{pmatrix}(x \doteqdot y)$$

ein bequemes Zeichen jenes Dinges sein, ebenso wie $U \doteqdot V$; trotzdem für das Ding selbst alle mit diesen Gesichtseindrücken assoziierten Vorstellungen bis auf die eingeführten Nominationen ausgeschaltet sind. Insbesondere wird so unabhängig von diesen assoziierten Vorstellungen der genaue Sinn jener „Substitution" genannten „Operation" beschrieben.[1]

Damit ist der genaue Sinn von Festsetzungen gegeben, die ähnlich für die anderen Fälle durchzuführen wohl überflüssig ist. Diese Festsetzungen geben das sog. Erzeugungsprinzip der Zeichenformen und lauten:

Wenn U und V irgendwelche Zeichenformen sind, soll das durch die Substitution von U für x, und V für y aus den primären Zeichenformen erzeugte Ding wieder eine Zeichenform sein (heißen).

Dabei haben wir verschiedene eigentlich zu sondernde Fälle hier schon zusammengezogen. Wie dies geschieht, ist für unsere (mathematische) Gewohnheit „selbstverständlich"; muß aber, der hier gewohnten Präzision wegen, doch genau festgesetzt werden.

So hat z. B. $\mathfrak{f}x$ keinen ersten und zweiten Teil, sondern nur den „Hauptteil" x. Für y jetzt V zu setzen, soll dann eben den Sinn haben, daß überhaupt nichts geändert wird; für x jetzt U zu setzen, heißt die Nomination „den Hauptteil U besitzend" festsetzen. Offen-

[1] Man bemerke noch, daß die nahe liegende Einführung von

$$\left[S\begin{pmatrix} x, & y \\ U, & V \end{pmatrix}(x \doteqdot y)\right] \doteqdot [U \doteqdot V]$$

durchaus nicht den vollen Sinn unserer Abmachungen geben würde, nach denen die eingeführten Zeichen dasselbe Ding bezeichnen sollen. Das hier links stehende Zeichen ist gar keine Zeichenform, nur Zeichen einer solchen.

bar wird das durch $S\binom{x}{U}$ auch ausgedrückt; dieses Operationszeichen hat aber auch für $x \cong y$ einen „selbstverständlichen" d. h. sich unmittelbar aufdrängenden, aber neu festzusetzenden Sinn: Statt „den ersten Teil x enthaltend" soll die Nomination „den ersten Teil U enthaltend" gesetzt werden; für die Nomination „den zweiten Teil y enthaltend" ist überhaupt nichts gesagt, sie soll demnach unverändert bleiben. So daß

$$S\binom{x}{U}(x \cong y)$$

ein Zeichen der Zeichenform $U \cong y$ wird, wo aber statt U die gegebene Zeichenform ausgeschrieben gedacht werden muß. Wäre z. B. $x \subset y$ diese Zeichenform, so hätte man

$$S\binom{x}{x \subset y}(x \cong y) \text{ als Zeichen für } (x \subset y) \cong y.$$

Die ganz ähnliche Einführung des Operationszeichens $S\binom{y}{V}$ braucht wohl nicht im einzelnen durchgeführt zu werden. Ebenso „selbstverständlich" im oben gebrauchten Sinne des Wortes ist die „Anwendung" dieser Operationszeichen auf die primären einfachen Zeichenformen. Aber es sind dies doch neue Festsetzungen, die als solche erwähnt werden müssen. Diesen gemäß sind z. B.

$$S\binom{x}{U}x, \quad S\binom{x}{U}y, \quad S\binom{x}{U}z$$

neue Zeichen für U, y, z; und ebenso

$$S\binom{x,\ y}{U,\ V}x, \quad S\binom{x,\ y}{U,\ V}y, \quad S\binom{x,\ y}{U,\ V}z$$

neue Zeichen für U, V, und z.

Endlich sind

$$S\binom{x}{x}, \quad S\binom{x,\ y}{x,\ y}$$

identische Substitutionen, die „nichts ändern".

Es muß noch betont werden, daß die „Bedeutung" der Operationszeichen

$$S\binom{x}{U}, \quad S\binom{x}{V}, \quad S\binom{x,\ y}{U,\ V}$$

nur für primäre Zeichenformen gegeben wurde.

15. Wir können nun auch die Anwendung einer „allgemeinen Substitution" auf eine beliebige Zeichenform genau definieren.

Es sei eine endliche Menge von Stellenzeichen gegeben, unter denen sich auch x und y befinden; den in der endlichen Menge enthaltenen Stellenzeichen sollen in eindeutiger Weise gewisse „gegebene“ Zeichenformen entsprechen. Wir können jetzt die dem Stellenzeichen z eindeutig zugeordnete Zeichenform mit U_z bezeichnen, und endlich festsetzen, daß jedes der gegebenen Stellenzeichen Eigenname der zugeordneten Zeichenform sein soll. Diese Festsetzung selbst bezeichnen wir mit:

$$S\begin{pmatrix} x, & y, & \ldots \\ U_x, & U_y, & \ldots \end{pmatrix},$$

wo die Punkte nichts ungenau Beschriebenes bedeuten, sondern den (besonders auszuführenden) Hinweis auf die gegebenen Stellenzeichen und die entsprechenden Zeichenformen geben.

Die gegebenen Stellenzeichen sollen in der ganzen Betrachtung unverändert bleiben; es sind eben jene Stellenzeichen, die überhaupt auftreten; dagegen können die zugeordneten Zeichenformen andere sein, so daß z. B. die Substitution

$$S\begin{pmatrix} x, & y, & \ldots \\ V_x, & V_y, & \ldots \end{pmatrix}$$

auftritt. Es kann natürlich auch V_x das Zeichen x bedeuten usf. Gegebene Substitutionen sind solche, wo die Stellenzeichen und die zugeordneten Zeichenformen unmittelbar in Anschauung treten. Z. B.

$$S\begin{pmatrix} x & , & y \\ x \doteqdot y, & & x \subset y \end{pmatrix}$$

und ähnliche.

In der Beschreibung des Denkbereichs, der die Zeichenform F definiert (erzeugt), ist x als Eigenname einer Zeichenform U_x aufzufassen (U_x für x zu „setzen“). Offenbar ist dadurch wieder ein Denkbereich bestimmt, wenn der ursprüngliche Denkbereich bestimmt ist; der so beschriebene Denkbereich definiert wieder ein durch ihn erzeugtes (adjungiertes) Ding, das als „durch die Anwendung der Substitution

$$S\begin{pmatrix} x, & y, & \ldots \\ U_x, & U_y, & \ldots \end{pmatrix}$$

auf F entstanden“, kurz als

$$S\begin{pmatrix} x, & y, & \ldots \\ U_x, & U_y, & \ldots \end{pmatrix} F$$

bezeichnet wird. Ein Ding, das durch Anwendung einer bestimmten Substitution auf eine Zeichenform entstanden ist (erzeugt wird), soll abermals eine Zeichenform sein (heißen).

Sind F, U_x, ... V_x, ... gegebene Zeichenformen, so entsteht durch die Anwendung von

$$S\begin{pmatrix} x, & y, & \dots \\ V_x, & V_y, & \dots \end{pmatrix} \quad \text{auf} \quad S\begin{pmatrix} x, & y, & \dots \\ U_x, & U_y, & \dots \end{pmatrix} F$$

wieder eine Zeichenform, die unmittelbar mit

$$S\begin{pmatrix} x, & y, & \dots \\ V_x, & V_y, & \dots \end{pmatrix} \left(S\begin{pmatrix} x, & y, & \dots \\ U_x, & U_y, & \dots \end{pmatrix} F \right) \tag{1}$$

bezeichnet werden kann. Der Festsetzung nach ist in der Beschreibung von F jedes der gegebenen Stellenzeichen als Eigenname der zugeordneten Zeichenform U zu verstehen; und dabei zu der Beschreibung dieser Zeichenformen wieder jedes Stellenzeichen als Eigennamen der zugeordneten Zeichenform V zu verstehen. (Offenbar wäre es genauer, in F und $S\begin{pmatrix} x, & y, & \dots \\ U_x, & U_y, & \dots \end{pmatrix}$ statt der Stellenzeichen x, y,... andere, z. B. x', y',... zu verwenden und von der Anwendung der Substitution $S\begin{pmatrix} x', & y', & \dots \\ V_x, & V_y, & \dots \end{pmatrix}$ zu sprechen. De facto wird hierdurch nichts geändert; denn die Zeichen x, y,... dienen ja nur dazu, voneinander verschiedene Dinge zu bezeichnen, von denen nur das festgesetzt ist, daß sie Eigennamen irgendwelcher Dinge sein sollen. Jene kürzere Ausdrucksweise ist nicht ganz genau, wird aber wohl kaum zu Mißverständnissen Anlaß bieten können.) Die Anschauung lehrt, daß das durch (1) bestimmte Ding nicht verschieden ist von

$$S\begin{pmatrix} x, & y, & \dots \\ S\begin{pmatrix} x, & y, & \dots \\ V_x, & V_y, & \dots \end{pmatrix} U_x, & S\begin{pmatrix} x, & y, & \dots \\ V_x, & V_y, & \dots \end{pmatrix} U_y, & \dots \end{pmatrix} F. \tag{2}$$

Die hierin gegebene Festsetzung ist eben von der früher gegebenen nicht verschieden.

Statt also aus F durch die Substitution $S\begin{pmatrix} x, & y, & \dots \\ U_x, & U_y, & \dots \end{pmatrix}$ eine Zeichenform zu erzeugen, und nachher auf diese Zeichenform wieder die Substitution $S\begin{pmatrix} x, & y, & \dots \\ V_x, & V_y, & \dots \end{pmatrix}$ anzuwenden, kann man auch die so erzeugte Zeichenform direkt durch eine bestimmte Substitution, wie in (2), erhalten.

16. Das hier gebrauchte „nachher" ist nicht ganz einwandfrei; die Einführung des zeitlichen Moments jedenfalls überflüssig. Statt dessen führen wir die folgende exakte Beschreibung des „wiederholten" Erzeugungsprozesses ein:

Ein endlicher Denkprozeß kann und soll durch folgende Festsetzungen beschrieben sein: Es sei e_1 das

Erlebnis, daß die in Art. 12 und 13. beschriebenen primären Zeichenformen eben Zeichenformen sind. Es sei ferner e_t das folgende Erlebnis: Durch die Substitution $S\begin{pmatrix} x, & y, & \ldots \\ U_x, & U_y, & \ldots \end{pmatrix}$ wird aus einer gegebenen Zeichenform F ein Ding erzeugt, das auch Zeichenform (F_t) genannt wird, und es sind dabei U_x, $U_y, \ldots$ sowie F primäre Zeichenformen oder solche, deren Erzeugung Teilerlebnisse solcher e_r sind, für die $e_r \prec e_t$ ist.

Ist insbesondere dieser endliche Denkprozeß der Z_k-Menge äquivalent, so soll die in dem Erlebnisse e_k erzeugte Zeichenform F_k als „durch den gegebenen endlichen Denkprozeß erzeugt" bezeichnet werden. Offenbar können auch die primären Zeichenformen, selbst die einfachen (durch identische Substitutionen), in dieser Weise erzeugt werden.

Jede durch einen solchen endlichen Denkprozeß erzeugte Zeichenform soll Form genannt werden; wobei wir die primären einfachen Zeichenformen als uneigentliche Formen von den übrigen eigentlichen Formen unterscheiden wollen.[1]

Als Beispiele dienen die schon erwähnten, oder das kompliziertere:

$$[(x \subset z) \mathbin{\breve{+}} (y \subset z)] \subset [(x \mathbin{\breve{\times}} y) \subset z],$$

wo die verschiedenen Klammern den Gang der Erzeugung angeben. Genauer:

e_1) $S\begin{pmatrix} x\ , & y \\ x \subset z, & y \subset z \end{pmatrix}$ ergibt aus $x \mathbin{\breve{+}} y$ die Zeichenform $(x \subset z) \mathbin{\breve{+}} (y \subset z)$,

e_2) $S\begin{pmatrix} x & , y \\ x \mathbin{\breve{\times}} y, & z \end{pmatrix}$ ergibt aus $x \subset y$ die Zeichenform $(x \mathbin{\breve{\times}} y) \subset z$.

e_3) $S\begin{pmatrix} x & , & y \\ (x \subset z) \mathbin{\breve{+}} (y \subset z), & & x \mathbin{\breve{\times}} y \subset z \end{pmatrix}$ ergibt aus $x \subset y$ unter Berufung auf e_1 und e_2 die obige Zeichenform, die demnach durch diesen Denkprozeß (e_1, e_2, e_3) erzeugt wurde.

Jede Form ist ihrer oben gegebenen Beschreibung nach Zeichen eines Erlebnisses; und umgekehrt wird ein Erlebnis durch

[1] Wir könnten auch Zeichenformen bilden, die nicht Formen sind, z. B. logische Summen mit „unendlich vielen Summanden"; diese sollen dann eben nicht Formen, sondern „unendliche Aggregate" genannt werden. Von solchen wird aber in diesem Buche kein Gebrauch gemacht werden.

Es wird auch jetzt klar, daß um die durch einen endlichen Denkprozeß erzeugten Formen von anderen ähnlichen Gebilden unterschieden, präzis definieren zu können, wir die ursprünglich eingeführten primären Formen anfangs „Zeichenformen" nennen mußten. Nur so konnte die endgültig eingeführte Nomination als „Formen" scharf gefaßt werden.

Einführung der das Erlebnis bezeichnenden Form formalisiert. Der entsprechende sprachliche Satz ist eine formale Aussage. Aus der formalen Aussage wird durch die „Interpretation" der Form die „volle Aussage".

17. Wir wollen weiter festsetzen, daß die eingeführten Zeichenformen bei ihrer Interpretation durchweg Zeichen von Erlebnissen sein sollen. Insofern dies nach dem bisherigen nicht der Fall wäre, und die Zeichenform nicht als Zeichen eines Erlebnisses, sondern als Zeichen eines adjungierten, neu erzeugten, d. h. durch einen bestimmten Denkbereich definierten Dinges eingeführt wurde, soll das Zeichenform genannte Ding eben Zeichen des als „Erzeugung jenes bestimmten Dinges" beschriebenen Erlebnisses sein. Dies ist um so eher gestattet, da ja z. B. $x \mp y$, wenn es auch in der Schrift beibehalten wird, gar nicht mehr das frühere Zeichen, sondern jetzt jenes Ding ist, dessen Hauptname „logische Summe", und dessen Teilnamen „als ersten Teil x enthaltend", „als zweiten Teil y enthaltend" sind. So wird also x als Erzeugung, d. h. Vorstellung „irgend eines Dinges, dessen Eigenname vorläufig mit x bezeichnet ist", zu interpretieren sein; ähnlich $x \mp y$ als Erzeugung, d. h. Vorstellung von „x oder y", wo auch für x und y jene Namen zu setzen sind. So wird z. B. $\mathfrak{f}x$ Zeichen des Erlebnisses sein, daß aus x durch den $\mathfrak{f}$-Prozeß ein neues Ding definiert wird.

In den „Zeichenformen" ist gegenüber den früheren Zeichen eben alles — und nur das — ausgeschaltet, was in die Interpretation nicht eingeht.

Die vollständige Induktion für endliche Mengen zeigt, daß für jede Form eine solche „sinngemäße" Interpretation sich darbietet. In jenem endlichen Denkprozeß kann der Annahme nach F, sowie U_x, $U_y, \ldots$ „sinngemäß" interpretiert werden, und dies ändert sich der unmittelbaren Anschauung nach nicht, wenn für die Vorstellung „irgendeines Dinges", die Vorstellung der Erzeugung gewisser Dinge (d. h. für x eben U_x), gesetzt wird.

So wird z. B.

$$[x \mathrel{\breve{=}} y] \subset [\mathfrak{f}x \mathrel{\breve{=}} \mathfrak{f}y]$$

interpretiert: Wenn irgendwelche Dinge (deren Eigennamen für x und y zu setzen sind) isolog (in bestimmter Beziehung nicht verschieden) sind, so sind die durch den $\mathfrak{f}$-Prozeß geschehenden Erzeugungen neuer Dinge aus jenen (die an x und y ausgeführten $\mathfrak{f}$-Prozesse) auch isolog (in jener bestimmten Beziehung nicht verschieden).

FÜNFTES KAPITEL.

Theorie der logischen Formen.

(Der Denkbereich der reinen Logik.)

Die logischen Formen.

1. Im vierten Kapitel wurde eine Reihe von Zeichen eingeführt, die wir „logische Grundformen“ nannten, und von denen wir uns jetzt unmittelbar überzeugen konnten, daß sie im Sinne der soeben gegebenen Entwicklungen „Formen“ sind.

Der Übersicht wegen soll die vollständige Tafel der logischen Grundformen hier zusammengestellt werden.

I.

$$x \doteqdot x \tag{a}$$

$$[x \doteqdot y] \doteqdot [y \doteqdot x] \tag{b}$$

II.

$$[x \mp y] \doteqdot [y \mp x] \tag{a}$$

$$[x \mp (y \mp z)] \doteqdot [(x \mp y) \mp z] \tag{b}$$

$$[x \check{\times} y] \doteqdot [y \check{\times} x] \tag{c}$$

$$[x \check{\times} (y \check{\times} z)] \doteqdot [(x \check{\times} y) \check{\times} z] \tag{d}$$

$$[(x \mp y) \check{\times} z] \doteqdot [(x \check{\times} z) \mp (y \check{\times} z)] \tag{e}$$

$$[x \check{\times} x] \doteqdot x \tag{f}$$

$$[x \mp x] \doteqdot x \tag{g}$$

III.

$$x \subset x \tag{a}$$

$$[x \check{\times} y] \subset x; \quad [x \check{\times} y] \subset y \tag{b}$$

$$x \subset [x \mp y]; \quad y \subset [x \mp y] \tag{c}$$

$$[x \check{\times} (x \subset y)] \subset y \tag{d}$$

$$[(x \subset y) \check{\times} (y \subset z)] \subset [x \subset z] \tag{e}$$

$$[(x \subset y) \breve{\times} (z \subset u)] \subset [(x \breve{\times} z) \subset (y \breve{\times} u)] \qquad \text{(f)}$$
$$[(x \subset y) \breve{\times} (z \subset u)] \subset [(x \bar{+} z) \subset (y \bar{+} u)] \qquad \text{(g)}$$
$$[x \subset (y \subset z)] \subset [(x \breve{\times} y) \subset z] \qquad \text{(h)}$$
$$[(x \breve{\times} y) \subset z] \subset [x \subset (y \subset z)] \qquad \text{(i)}$$
$$[x \stackrel{\smile}{=} y] \subset [x \subset y]; \quad [x \stackrel{\smile}{=} y] \subset [y \subset x] \qquad \text{(j)}$$

IV.

$$[x \Leftrightarrow y] \stackrel{\smile}{=} [(x \subset y) \breve{\times} (y \subset x)]$$

V.

$$[(x \mathbin{-\!\!-} \mathfrak{v}) \mathbin{-\!\!-} \mathfrak{v}] \stackrel{\smile}{=} [x \mathbin{-\!\!-} \mathfrak{v}] \qquad \text{(a)}$$
$$[(x \mathbin{-\!\!-} \mathfrak{v}) \mathbin{-\!\!-} \mathfrak{v}'] \stackrel{\smile}{=} [x \mathbin{-\!\!-} \mathfrak{v}'] \qquad \text{(b)}$$
$$[(x \mathbin{-\!\!-} \mathfrak{v}') \mathbin{-\!\!-} \mathfrak{v}] \stackrel{\smile}{=} [x \mathbin{-\!\!-} \mathfrak{v}'] \qquad \text{(c)}$$
$$[(x \mathbin{-\!\!-} \mathfrak{v}') \mathbin{-\!\!-} \mathfrak{v}'] \stackrel{\smile}{=} [x \mathbin{-\!\!-} \mathfrak{v}] \qquad \text{(d)}$$
$$[(x \breve{\times} y) \mathbin{-\!\!-} \mathfrak{v}] \stackrel{\smile}{=} [(x \mathbin{-\!\!-} \mathfrak{v}) \breve{\times} (y \mathbin{-\!\!-} \mathfrak{v})] \qquad \text{(e)}$$
$$[(x \breve{\times} y) \mathbin{-\!\!-} \mathfrak{v}'] \stackrel{\smile}{=} [(x \mathbin{-\!\!-} \mathfrak{v}') \bar{+} (y \mathbin{-\!\!-} \mathfrak{v}')] \qquad \text{(f)}$$
$$[(x \bar{+} y) \mathbin{-\!\!-} \mathfrak{v}) \stackrel{\smile}{=} [(x \mathbin{-\!\!-} \mathfrak{v}) \bar{+} (y \mathbin{-\!\!-} \mathfrak{v})] \qquad \text{(g)}$$
$$[(x \bar{+} y) \mathbin{-\!\!-} \mathfrak{v}'] \stackrel{\smile}{=} [(x \mathbin{-\!\!-} \mathfrak{v}') \breve{\times} (y \mathbin{-\!\!-} \mathfrak{v}')] \qquad \text{(h)}$$

In diesen logischen Grundformen sind die logischen Grundgesetze „formalisiert". Diese Formalisierung ist eigentlich erst jetzt in endgültiger Weise erfolgt, nachdem die logischen Grundformen, die anfangs nur Zeichenaggregate waren, jetzt im Sinne der soeben abgeschlossenen Entwicklungen als „Formen" betrachtet werden.

Die Interpretation der aufgeführten logischen Grundformen liefert, wie schon besprochen, die logischen Grundsätze und logischen Grundgesetze, und damit — in den letzteren — Tatsachen, die wir als evident, d. h. als unabweisbar annehmen wollen. Ein volles Bild der Logik ergibt sich, wenn wir nun auch die logischen Prinzipe formalisieren. Im Anschluß an die Terminologie der Naturwissenschaften, insbesondere der Mechanik, soll „Prinzip" eine solche Regel genannt werden, mit deren Hilfe wir aus den gegebenen Formen weitere Formen ableiten, deren Interpretation wieder logische Gesetze ergibt, d. h. solche Tatsachen, die wir beim logischen Denken ebenfalls als evident oder unabweisbar anerkennen wollen. Daß hier eben die Spontaneität an Stelle des in der Logik behaupteten Zwanges tritt, ist ein hervorstechender Charakterzug der „exakten" Wissenschaft. Allerdings tritt im Zusammenhange damit das Problem der Widerspruchlosigkeit, eben als Problem, in den Vordergrund. Gerade in der Möglichkeit, dieses Problem nicht nur genau zu fassen, sondern auch zu lösen, finde ich die Berechtigung, hier von einer neuen und tieferen Grundlegung der Logik zu sprechen.

2. „Prinzipe der logischen Deduktion“ sind Anweisungen zur Erzeugung neuer logischer Formen, deren Interpretation eben neue logische Gesetze ergibt.

Um die logischen Formen genau beschreiben zu können, wollen wir wieder, genau so wie bei den Formen, eine Übergangsbezeichnung einführen. Es ist dies der Name „$\varDelta$-Form“.

Die logischen Grundformen I—V. sollen auch $\varDelta$-Formen genannt werden („$\varDelta$-Formen sein“).

Wir statuieren dann zuerst die Prinzipe (I) und (W).

(I) Wenn U, V, W beliebige, aber bestimmte Formen sind, soll

$$[U \doteqdot V] \subset \left[S\binom{x}{U} W \doteqdot S\binom{x}{V} W\right]$$

eine $\varDelta$-Form sein (Isologieprinzip).

Die Interpretation entspricht offenkundig dem allgemeinen Identitätsprinzip der Schullogik; während mit der logischen Grundform $x \doteqdot x$ eigentlich nur ausgesagt wird, daß nicht verschiedene Dinge immer auch isolog (d. h. in bestimmter Beziehung nicht verschieden) sind.

(W) Es sollen, wenn U eine beliebige aber bestimmte Form ist,

$$U \subset [U \multimap \mathfrak{v}] \quad \text{und} \quad [U \multimap \mathfrak{v}] \subset U$$

auch $\varDelta$-Formen sein (Wertungsprinzip)[1].

Hierzu kommen die eine besondere Stellung einnehmenden Festsetzungen (D) und (S):

(D) Mit U und $U \subset V$ soll immer auch V eine $\varDelta$-Form sein (Deduktions- oder Schlußprinzip). Das (D)-Prinzip ist eine „Involution“. Man sieht, daß es sich um die Beschreibung eines Denkbereichs handelt; die dem Denkbereiche angehörenden Erlebnisse sind diejenigen, in denen wir gewisse Dinge $\varDelta$-Formen

[1] Das (W)-Prinzip statuiert für die den $\varDelta$-Formen entsprechenden Sätze den Wahrheitscharakter. Dies bedeutet, wie schon hier bemerkt werden soll, folgendes: Mit dem Denkbereiche der Erlebnisse, daß gewisse Dinge $\varDelta$-Formen (später logische Formen) genannt werden, ist auch derjenige Denkbereich beschrieben, dem die durch Interpretation der logischen Formen erlangten Erlebnisse angehören. Und zwar wird durch das Wertungsprinzip, wenn auch schon das Schlußprinzip statuiert ist, aus diesem Denkbereiche ein Wahrheitsbereich (Kap. IV, Art. 10).

nennen. Wir können diese Erlebnisse symbolisieren, d. h. gekürzt schreiben, z. B.

$$[x \doteqdot x]\,\text{nom.}\,\Lambda\,.$$

Das (D)-Prinzip wird dann durch folgende Involution gegeben:

$$\left.\begin{array}{r} U\,\text{nom.}\,\Lambda \\ (U \subset V)\,\text{nom.}\,\Lambda \end{array}\right\}\text{inv.}\,[V\,\text{nom.}\,\Lambda]\,. \qquad (D)$$

Das Schlußprinzip (D) ist geradezu die logische Deduktion in ihrer einfachsten Gestalt. Es besagt, daß mit den Aussagen „U" und „U, also V", auch die der Aussage „V" entsprechende Form V unter die Λ-Formen aufzunehmen ist. Wegen

$$V\ \text{inv.}\ (V \sim \mathfrak{v})$$

erhält bei abermaliger Anwendung des Schlußprinzips auch diese Form V den Wahrheitscharakter.

Endlich statuieren wir folgendes Prinzip:

(S) Wenn U eine beliebige aber bestimmte Form, und W eine beliebige, aber bestimmte Λ-Form ist, soll auch $S\binom{x}{U}W$ eine Λ-Form sein (Substitutionsprinzip).

Auch dieses Prinzip ist eine „Involution" und kann als solche in der Gestalt

$$[W\,\text{nom.}\,\Lambda]\,\text{inv.}\left[S\binom{x}{U}W\ \text{nom.}\,\Lambda\right] \qquad (S)$$

symbolisiert werden.

In bezug auf die Interpretation sieht man unmittelbar, daß es sich um das „dictum de omni et nullo" handelt. Mit einer auf ein beliebiges (auf jedes) Ding bezogenen Aussage ergibt sich auch die auf ein bestimmtes einzelnes Ding bezogene entsprechende Aussage. Setzt man $V \sim \mathfrak{v}'$ an die Stelle von W, so ergibt sich

$$[(V \sim \mathfrak{v}')\,\text{nom.}\,\Lambda]\,\text{inv.}\left[S\binom{x}{U}(V \sim \mathfrak{v}')\text{nom.}\,\Lambda\right],$$

d. h.: Daraus, daß die V-Aussage für jedes Ding falsch (für kein Ding richtig) ist, ergibt sich auch, daß die entsprechende, auf U bezogene Aussage falsch ist.

Wir besitzen nun die Hilfsmittel, um den als logische Deduktion bezeichneten Denkprozeß endgiltig zu beschreiben:

Es sei eine endliche Menge von Formen gegeben, und zwar sei, wenn diese Menge der Z_l-Menge äquivalent ist und $r \prec l$ ist, U_r die dem Numerator r eindeutig zugeordnete Form, U_l die letzte Form dieser Menge. Es sei weiter e_1 das Erlebnis, daß eine Form Element dieser Menge und daß die in der Tafel logischer Grundformen unter I—V. aufgezählten Formen eben Δ-Formen sind. Es sei ferner e_t das folgende Erlebnis: Durch Anwendung eines der Prinzipien (*I*), (*W*), (*D*) oder (*S*) wird aus den Formen U, V, W bzw. den Δ-Formen $U \leftarrow \mathfrak{v}$ und $U \subset V$ eine Form (F_t) erzeugt, die auch Δ-Form genannt wird. Dabei soll die Tatsache, daß U, V, W Formen sind, ein Teilerlebnis von e_1; ferner die Tatsache, daß U, $U \leftarrow \mathfrak{v}$ oder $U \subset V$ schon Δ-Formen sind, Teilerlebnis von e_r bzw. von e_r und e_s sein, wo $e_r < e_t$, $e_s < e_t$ ist.

Ist insbesondere dieser endliche Denkprozeß der Z_k-Menge äquivalent, so soll die in dem Erlebnisse e_k erzeugte Δ-Form F_k als „durch den gegebenen endlichen Denkprozeß erzeugt" bezeichnet werden. Offenbar können auch die logischen Grundformen in dieser Weise erzeugt werden.

Jede durch einen solchen endlichen Denkprozeß erzeugte Δ-Form soll logische Form genannt werden; wobei die in unserer Tafel unter I—V. aufgeführten als logische Grundformen von den übrigen unterschieden werden.

Der beschriebene Denkprozeß selbst wird als logische Deduktion bezeichnet. Jenes Teilerlebnis der logischen Deduktion, das durch e_r bezeichnet wird, ist (für $1 < r$) ein „einzelner Schritt" dieser Deduktion.

Der Denkbereich der reinen Logik.

3. Jede logische Form ist in dem bisher gebrauchten Sinne des Wortes der Interpretation fähig; d. h. sie führt bei der festgesetzten Übersetzung in die gewöhnliche Sprache zu Sätzen, die einen bestimmten Sinn haben, d. h. Erlebnisse ausdrücken. Nur so ist es vorderhand zu verstehen, wenn wir sagen, daß die Interpretation jeder logischen Form einen logischen Satz bzw. ein logisches Gesetz ergibt. Nur die Möglichkeit, den Satz bzw. das Gesetz zu „verstehen", ist vorläufig damit gemeint, nicht die „Richtigkeit" des Satzes oder Gesetzes. Daß diese Interpretation tatsächlich geschehen kann, ist aus dem Umstande evident, daß eine „logische Form" ihrer Definition nach eben eine „Form" ist.

Durch die Beschreibung der logischen Formen wird offenbar ein Denkbereich beschrieben, dem als Erlebnisse die Tatsachen angehören, daß gewisse Formen logische Formen (forma logica, kurz F. L.) genannt werden; in abgekürzter Schreibweise z. B.

$$[x \doteqdot x] \text{ nom. F. L.}$$

Damit soll durchaus nicht gesagt sein, daß unsere Abmachungen den Denkbereich „vollständig“ beschreiben. Es kann der Fall sein, daß für gewisse Dinge, auch für gewisse Formen, es durch das bisherige gar nicht entschieden ist, „ob sie logische Formen sind oder nicht“. Dann ist der Denkbereich eben nicht vollständig beschrieben, was aber selbstverständlich kein Hindernis sein kann, wenn wir — den gegebenen Daten gemäß — jene Beschreibung des Denkbereichs weiter führen wollen und weiter führen können.[1]

Statt des Denkbereichs der F. L.-Nominationen werden wir in der Folge von dem Bereiche der logischen Formen sprechen, dem jene und nur jene Dinge „angehören“, die — den Erlebnissen jenes Denkbereiches entsprechend — logische Formen genannt werden. Die Interpretation der logischen Formen als logische Gesetze ergibt nun einen für unser Denken fundamentalen Denkbereich, dem die logische Gesetze genannten Erlebnisse und nur diese angehören. Es ist dies der Denkbereich der reinen Logik.

Der Denkbereich der reinen Logik ist dem in dessen Beschreibung aufgenommenen Wertungsprinzipe entsprechend ein Wahrheitsbereich (nach Kap. IV, Art. 10). Dadurch entsteht aber die weitere Frage, ob dieser Wahrheitsbereich der Denknorm der Widerspruchslosigkeit entspricht, ob er exakt (widerspruchslos) ist?

Man verwirre die so entstehende Fragestellung ja nicht mit der unabweisbaren Tatsache, daß wir der Natur unseres Denkens nach gezwungen sind, jedes durch Interpretation einer logischen Form entstandene logische Gesetz als unabweisbare Tatsache, als „richtig“ anzuerkennen.[2] Gerade diese Tatsache zwingt uns dazu, jenes Pro-

[1] Man ist sehr leicht geneigt, zu sagen: Für ein bestimmtes Ding gibt es eine Erzeugung, der zufolge es „logische Form“ genannt wird, oder es gibt keine solche; tertium non datur. Abgesehen davon, daß dies eine Anwendung des sog. Prinzips des ausgeschlossenen Dritten wäre, die ihrem Wesen nach hier überhaupt nicht gestattet werden kann (siehe hierüber später Art. 11), wäre uns damit gar nicht geholfen. Es könnte ja sein, daß für uns (für unsere Intelligenz) die Entscheidung doch überhaupt nicht erreichbar ist, so daß der Denkbereich „vollständig bestimmt“, aber doch nicht „vollständig beschreibbar“ wäre. (Man denke an die Analogie, nach der z. B. der große Fermatsche oder der Goldbachsche Satz wohl „richtig“, aber nicht „beweisbar“ wäre, was jedenfalls denkbar ist.)

[2] Dies ist für die Grundgesetze unmittelbar evident und ergibt sich auch für die übrigen mittels der vollständigen Induktion für endliche Mengen bei

blem der Widerspruchslosigkeit als fundamentales Problem der Erkenntnistheorie hinzustellen. Wäre L irgend eine logische Form, deren Interpretation als logisches Gesetz wir der Natur unseres Denkens gemäß als unabweisbare Tatsache annehmen müssen, was wir dem bisherigen entsprechend so ausdrücken, daß $L \frown \mathfrak{v}$ eine logische Form ist; und würde die logische Deduktion uns zwingen, auch in $L \frown \mathfrak{v}'$ eine logische Form zu erkennen, so hieße dies, daß die Interpretation von L als logisches Gesetz uns auch als unannehmbare Tatsache erscheint. Es wäre unabweisbar, daß dieselbe Interpretation von L (dasselbe Erlebnis) für uns unabweisbar und unannehmbar ist. Diese Verletzung der Denknorm der Widerspruchlosigkeit ist undenkbar, „unmöglich". Ein wenn auch nur einziger Fall, wo dies vorkommt, würde die Zuverlässigkeit unsres logischen Denkens nicht erschüttern, sondern geradezu vernichten. Demgegenüber beruhigt sich die Erkenntnistheorie von Aristoteles bis heute mit der mageren Bemerkung, daß das wohl auch nicht vorkommen wird.[1]

Dieser Glaube an die „Zuverlässigkeit" des logischen Denkens ist ein ganz anderer, wie z. B. der Glaube, daß die Sonne morgen aufgehen wird. Hier handelt es sich um eine Tatsache, die genauer formuliert, d. h. unter „gewissen Bedingungen" evident ist, oder wenn wir wollen, um ein Wahrscheinlichkeitsurteil. Nicht so bei der Behauptung, daß das logische Denken zu keinem Widerspruch führen kann. Das wird durch die Erfahrung, daß das logische Denken

---

Betrachtung des endlichen Denkprozesses, der die dem fraglichen Gesetze entsprechende logische Form erzeugt. Eine nähere Ausführung, die der Leser ohne jede Schwierigkeit überblicken kann, ist für unsere Zwecke kaum notwendig.

[1] So heißt es z. B. in der mustergültigen „Logik" von Sigwart (Tübingen) 1904, III. Aufl., I. Bd. S. 15: „Die Möglichkeit, die Kriterien und Regeln des notwendigen und allgemeingültigen Fortschritts im Denken aufzustellen, beruht auf der Fähigkeit, objektiv notwendiges Denken von nicht notwendigem zu unterscheiden, und diese Fähigkeit manifestiert sich in dem unmittelbaren Bewußtsein der Evidenz, welches notwendiges Denken begleitet. Die Erfahrung dieses Bewußtseins und der Glaube an seine Zuverlässigkeit ist ein Postulat, über welches nicht zurückgegangen werden kann."

Das ist der sehr präzis gefaßte Standpunkt der Erkenntnistheorie, gegen den nur eine Einwendung möglich ist. Woher wissen wir, daß über jenes Postulat nicht zurückgegangen werden kann? Wir können doch mit gutem Grunde nur soviel sagen, daß über jenes Postulat nicht zurückgegangen worden ist.

Der Ausdruck „Postulat" ist übrigens nicht treffend. Wir können eine Anschauung postulieren, d. h. das Erlebnis dieser Anschauung in einen Denkbereich aufnehmen; wir können auch eine Anschauung ausschließen, d. h. aus dem Denkbereiche ausschließen. Wir sind aber nicht imstande eine Eigenschaft des beschriebenen Denkbereiches als eine Anschauung zu postulieren oder auszuschließen, denn der Denkbereich ist schon definitives Objekt der Anschauung; das wäre aber der Sinn jenes Postulates. Einen Glauben können wir nicht fordern; wir „glauben" eben nur, daß jener Fall nicht vorkommt.

bisher zu keinem Widerspruch geführt hat, um nichts plausibler. Die Bedingungen des logischen Denkens mögen unveränderlich sein; aber die Möglichkeit, daß ein solcher Widerspruch irgendwie auftritt, insbesondere die Existenz auch nur eines solchen Falles hat mit der Wahrscheinlichkeit seines Auftretens gar nichts zu tun.

4. Der Glaube an die Zuverlässigkeit des logischen Denkens drückt sich in dem sog. Satze des Widerspruchs der Schullogik aus. Nach diesem ist es eine unannehmbare Tatsache, daß irgend ein Erlebnis unabweisbare und auch unannehmbare Tatsache sei. Man sieht sofort, daß dies eine Interpretation der Form

$$[(x \mathrel{-\!\!-} \mathfrak{v}) \breve{\times} (x \mathrel{-\!\!-} \mathfrak{v}')] \mathrel{-\!\!-} \mathfrak{v}'$$

ist, und ist geneigt, den Inhalt dieses Erlebnisses als „logisches Gesetz" in Anspruch zu nehmen. Das ist aber, wenn wir auch die Überzeugung von der Unfehlbarkeit des logischen Denkens festhalten, nicht richtig oder wenigstens nicht evident; wir wollen ja damit nur ausdrücken, daß für irgend ein x die Formen $x \mathrel{-\!\!-} \mathfrak{v}$ und $x \mathrel{-\!\!-} \mathfrak{v}'$ nicht beide logische Formen sind. Das ist eine an dem Denkbereiche der reinen Logik zur Anschauung gelangte, sei es auch unabweisbare Tatsache, die aber deshalb kein dem Denkbereiche angehörendes Erlebnis sein muß. Man darf aber nicht glauben, daß durch die Aufnahme des Satzes vom Widerspruche unter die logischen Grundgesetze das Problem der Widerspruchlosigkeit seiner Lösung näher gebracht wird. Die logische Deduktion kann und wird dann genau dieselben Widersprüche ergeben wie früher, zu denen noch neue treten. Wären eben $L \mathrel{-\!\!-} \mathfrak{v}$ und $L \mathrel{-\!\!-} \mathfrak{v}'$ logische Formen gewesen, so würde dieselbe logische Deduktion wieder diese (widersprechenden) Formen ergeben, aus denen sich auch

$$((L \mathrel{-\!\!-} \mathfrak{v}) \breve{\times} (L \mathrel{-\!\!-} \mathfrak{v}')) \mathrel{-\!\!-} \mathfrak{v}$$

als logische Form ergibt[1], im Widerspruche zum Satze des Widerspruchs selbst.

---

[1] Mit U und V ist auch $U \breve{\times} V$ eine logische Form.
Es ist nämlich

$$S\binom{x}{x \breve{\times} y}[x \subset x]$$

oder

$$[x \breve{\times} y] \subset [x \breve{\times} y]$$

eine logische Form; und ebenso

$$S\binom{z}{x \breve{\times} y}\,(\text{III i})$$

oder:

Hieran knüpft sich eine interessante Bemerkung: Durch die Substitution $S\begin{pmatrix} x, & y \\ x \frown \mathfrak{v}, & x \frown \mathfrak{v}' \end{pmatrix}$ wird aus (Vf) die logische Form:

$$[((x \frown \mathfrak{v}) \,\check{\times}\, (x \frown \mathfrak{v}')) \frown \mathfrak{v}'] \stackrel{\smile}{=} [((x \frown \mathfrak{v}) \frown \mathfrak{v}') \,\check{+}\, ((x \frown \mathfrak{v}') \frown \mathfrak{v}'))]$$

und bei unmittelbar zu sehender Anwendung des Isologieprinzips erhält man weiter die logische Form

$$[((x \frown \mathfrak{v}) \,\check{\times}\, (x \frown \mathfrak{v}')) \frown \mathfrak{v}'] \stackrel{\smile}{=} [(x \frown \mathfrak{v}') \,\check{+}\, (x \frown \mathfrak{v})]$$

und wegen (IIIj) endlich die Tatsache, daß aus dem Satze des Widerspruchs

$$[(x \frown \mathfrak{v}') \,\check{+}\, (x \frown \mathfrak{v})] \frown \mathfrak{v}$$

„folgt". Interpretiert: Es ist unabweisbar, daß irgend ein Erlebnis unabweisbar oder unannehmbar ist, der sog. Satz des ausgeschlossenen Dritten. Dieser ist ebenso wenig logisches Gesetz, wie der Satz des Widerspruchs und drückt auch nur eine hypothetische Eigenschaft des Denkbereichs der reinen Logik aus, wenn dieser nämlich ein widerspruchsloser Wahrheitsbereich ist. Dagegen ist es ein logisches Gesetz, daß der Satz des Widerspruchs den Satz des ausgeschlossenen Dritten zur Folge hat und umgekehrt. Die beiden Sätze sind äquipollent.

5. Das Problem der Widerspruchslosigkeit ist auch dann für unser logisch-mathematisches Denken von grundlegender Bedeutung, wenn wir auf dem Standpunkte des „Glaubens" verharren und jede Vertiefung dieser Überzeugung als überflüssig ablehnen. Denn nicht um den Denkbereich der reinen Logik allein handelt es sich. Sobald wir nach Erkenntnis suchen, sobald wir „wissenschaftlich" denken, treten neben den logischen Gesetzen noch andre Erlebnisse in unser Bewußtsein, Erlebnisse, denen wir besonderen Wert zuschreiben,

---

$$[(x \,\check{\times}\, y) \subset (x \,\check{\times}\, y)] \subset [x \subset (y \subset (x \,\check{\times}\, y))].$$

Dem Schlußprinzipe nach ist dies nun auch für

$$x \subset [y \subset (x \,\check{\times}\, y)]$$

der Fall. Durch die Substitution $S\begin{pmatrix} x, & y \\ U, & V \end{pmatrix}$ ergibt sich, daß

$$U \subset [V \subset (U \,\check{\times}\, V)]$$

eine logische Form ist. Der gemachten Festsetzung nach gilt dasselbe dem Schlußprinzipe gemäß auch für

$$V \subset (U \,\check{\times}\, V)$$

und die Wiederholung dieses Verfahrens zeigt endlich in der Tat, daß $U \,\check{\times}\, V$ eine logische Form ist.

die wir — im Sinne Hilberts — als „Axiome“ formalisieren. Der Denkbereich der reinen Logik erhält seine fundamentale Bedeutung nur dadurch, daß wir seine Erlebnisse in jeden Wahrheitsbereich aufnehmen müssen; aber der Satz des Widerspruchs kann nicht für jeden Wahrheitsbereich als neues Dogma angesehen werden. Das Beispiel der klassischen Untersuchungen von Hilbert über die Grundlagen der Geometrie zeigt zur Genüge Wert und Wichtigkeit des Problems für jedes Gebiet der Erkenntnis. Wenn auch die Antinomien der Mengenlehre als Fehlschlüsse ausgeschaltet werden können, bleibt doch die Frage immer offen, ob die Denkbereiche, die z. B. die Mengenbegriffe, die Menge aller Dinge und dergl. definieren, widerspruchslose logische Wahrheitsbereiche (Kap. IV, Art. 11) ergeben. Dem erzeugten Dinge sprechen wir nur in diesem Falle logische Existenz zu; es hätte eben sonst sich selbst widersprechende Eigenschaften. Ja, eine der interessantesten und merkwürdigsten Fragen der modernen Mathematik, die von heftigen Gegensätzen umwogte Frage des Zermeloschen Auswahlsprinzips, der wir in Kap. VI dieses Buches näher treten, ist eigentlich nur die Frage der Widerspruchslosigkeit eines gewissen Wahrheitsbereichs.

So ist es ein wichtiges erkenntnistheoretisches Bedürfnis, diesen Fragen zunächst für den einfachsten Fall näher zu treten; um so mehr, da die Methode sich dann leicht auf alle Wahrheitsbereiche ausdehnen läßt, die in unsrem mathematisch-logischen Denken bisher aufgetreten sind.

Eine Berufung auf die Grundnorm unseres Denkens mit Hinweis auf das Anschauungsgesetz, daß jede unabweisbare Tatsache von jeder unannehmbaren Tatsache verschieden ist, hat — abgesehen von erkenntnistheoretischen Bedenken — nicht den geringsten Wert. Was sie uns bieten könnte, ist nur der Entschluß, die Regeln der logischen Deduktion abzulehnen, falls wir irgendwie zu einem Widerspruche gelangen sollten. Was wir suchen, ist so ziemlich das Gegenteil: eine Rechtfertigung der Annahme, daß die Notwendigkeit, die Regeln der logischen Deduktion fallen zu lassen, niemals auftreten kann.

Dabei ist aber wohl zu bedenken, daß es einen kategorischen Imperativ für die Logik, ein primum scibile, für die Erkenntnistheorie nicht gibt. Es kann sich also nur darum handeln, die Betrachtung in ein beschränkteres Anschauungsgebiet zurückzudrängen, wo die Berufung auf die Evidenz der Widersprуchlosigkeit uns volle oder wenigstens größere Beruhigung gewährt. Wie das erreicht werden soll, setze ich hier kurz auseinander, und glaube durch diese vorläufige Erörterung des Wesens der Sache diese Reduktion des Problems der Widerspruchslosigkeit verständlicher zu gestalten.

Wir wollen in freier Wahl[1] gewisse Regeln aufstellen, nach denen gewisse Formen P-Formen, andere Q-Formen genannt werden. Und zwar wird der Augenschein lehren, daß diese Nominationen exklusiv sind, einander ausschließen. D. h.: die Regeln sind so beschaffen, daß eine Form, die diesen Regeln gemäß P-Form ist oder heißt, niemals auch Q-Form ist oder heißt und umgekehrt. Dabei wird es sich zeigen, und zwar unter ausschließlicher Anwendung der vollständigen Induktion für endliche Mengen, daß jede logische Form eine P-Form ist. Andrerseits wird der Augenschein lehren, daß denselben Regeln gemäß, sobald $L \frown \mathfrak{v}$ eine P-Form, $L \frown \mathfrak{v}'$ eine Q-Form ist. Wären demnach $L \frown \mathfrak{v}$ und $L \frown \mathfrak{v}'$ logische Formen, so müßte $L \frown \mathfrak{v}'$ eine P-Form und auch eine Q-Form sein. Dies würde dem Augenscheine widersprechen und ist „unmöglich“, im Sinne von Kap. I, Art. 6.

Dadurch wird die Berufung auf die „Evidenz“ auf ein viel beschränkteres Gebiet zurückgedrängt, genau so wie Hilbert die Widerspruchlosigkeit seiner „geometrischen Denkbereiche“ auf „arithmetische Denkbereiche“ zurückführt. Allerdings geschieht dies den logischen Zwecken dieser Untersuchungen entsprechend so, daß ein Widerspruch in diesem beschränkten Gebiete nicht nur formal ausgeschlossen, d. h. der Grundnorm unsres Denkens entsprechend als unmöglich erklärt wird; sondern so, daß unser Denken (bei der unmittelbaren Anschaulichkeit jener Regeln) tatsächlich gezwungen ist, jenen Widerspruch in der Anwendung der für die P- und Q-Formen geltenden Regeln — auch im transzendenten, dogmatischen Sinne des Wortes — als unmöglich zu erklären. Eine Berufung auf den Glauben an die Zuverlässigkeit unsres Denkens ist schließlich niemals zu vermeiden. Genauer ausgesprochen ist dies der Glauben an die Zuverlässigkeit unsrer auf die bisher beschriebenen Denkprozesse gerichteten inneren Anschauung. Daß dieselben Dinge verschieden und auch nicht verschieden sind, ist — wie wir bereits im Kap. III, Art. 7 bemerkt haben — uns wohl undenkbar; daß wir aber niemals vor die Forderung gestellt werden, diese „undenkbare“ Anschauung zu erleben, ist und bleibt ein metaphysisches Dogma, das wir als solches annehmen und

[1] Die „Zweckmäßigkeit“ dieser Wahl ist innerhalb unsrer Synthesis ein „glücklicher Zufall“.

in dem wir die „Natur" unsres Denkvermögens in eine von uns und unsrem Denken unabhängige „widerspruchslose Wirklichkeit" (Außenwelt) projizieren. Diese dogmatisch behauptete widerspruchslose Wirklichkeit ist die „logische Existenz", mit der wir es in den der Logik und Mathematik angehörenden Denkprozessen allein zu tun haben.

Den Übergang von der formalen zur transzendenten Bedeutung des Wortes „unmöglich" mit voller Beruhigung ausführen zu können, ist es, was wir eben erreichen wollen; die „Evidenz" dieses Überganges ist gleichbedeutend mit der „Evidenz" der fraglichen Widerspruchslosigkeit. Die Ausführung dieser Betrachtungen (in den Einzelheiten jener Regeln) kann erst zeigen, daß diese Evidenz wirklich erreicht ist. Selbstverständlich darf ich prinzipiell nicht von einem „Beweis" der Widersprchlosigkeit sprechen, da ja „logische Deduktion" nicht zur Anwendung gelangt und auch nicht zur Anwendung gelangen darf. Was tatsächlich geschieht, ist eine „demonstratio ad oculos" der Widerspruchslosigkeit, die aber — bei unserem beschränkten Erkenntnisvermögen — irgendwo, aber jedenfalls in einem möglichst beschränkten Anschauungsgebiete, jenen Übergang in der Interpretation des Wortes „unmöglich" erheischt. In diesem Sinne die Widerspruchslosigkeit des Denkbereichs der reinen Logik zur Evidenz zu bringen, ist unsre nächste Aufgabe.

Das Problem der Widerspruchslosigkeit im Denkbereiche der reinen Logik.

6. Wir beginnen mit der Aufstellung jener Regeln, nach denen gewisse Formen $\bar{P}$-Formen bzw. $\bar{Q}$-Formen genannt werden sollen. (Dies sind aber noch nicht die früher erwähnten P- und Q-Formen!)

I. Jedes Stellenzeichen soll eine $\bar{P}$-Form sein.

II. Mit X soll auch $X \frown \mathfrak{v}$ eine $\bar{P}$-Form sein und umgekehrt.

III. Wenn X eine $\bar{P}$-Form ist, soll $X \frown \mathfrak{v}'$ eine $\bar{Q}$-Form sein und umgekehrt.

IV. Wenn X eine $\bar{Q}$-Form ist, soll $X \frown \mathfrak{v}'$ eine $\bar{P}$-Form sein und umgekehrt.

V. Eine logische Summe $U \breve{+} V$ soll dann und nur dann eine $\bar{P}$-Form sein, wenn U oder V eine $\bar{P}$-Form ist.

VI. Eine logische Summe $U \breve{+} V$ soll dann und nur dann eine $\bar{Q}$-Form sein, wenn U und V $\bar{Q}$-Formen sind.

VII. Ein logisches Produkt $U \breve{\times} V$ soll dann und nur dann eine $\bar{P}$-Form sein, wenn U und V $\bar{P}$-Formen sind.

VIII. Ein logisches Produkt $U \breve{\times} V$ soll dann und nur dann eine $\bar{Q}$-Form sein, wenn U oder V eine $\bar{Q}$-Form ist.

IX. Eine Implikation $U \subset V$ soll dann und nur dann eine $\bar{P}$-Form sein, wenn U eine $\bar{Q}$-Form, oder V eine $\bar{P}$-Form, oder endlich U und V weder $\bar{P}$- noch $\bar{Q}$-Formen sind.

X. Eine Isologie $U \doteqdot V$ und auch eine Äquipollenz $U \,(=)\, V$ soll dann und nur dann eine $\bar{P}$-Form sein, wenn U und V $\bar{P}$-Formen, oder U und V $\bar{Q}$-Formen sind, oder endlich, wenn U und V weder $\bar{P}$- noch $\bar{Q}$-Formen sind.

Wir überzeugen uns unmittelbar durch die Anschauung, daß diese Regeln für gewisse Formen eine und nur eine der Nominationen (Eigenschaften) „eine $\bar{P}$-Form sein“, „eine $\bar{Q}$-Form sein“, „weder $\bar{P}$- noch $\bar{Q}$-Form sein“ festsetzen. So wird z. B. x auf Grund von I. eine $\bar{P}$-Form sein, während keine der übrigen Regeln eine Nomination ergibt; ebenso wird $x \subset y$ auf Grund von IX., oder $x \mp y$ auf Grund von V. eine $\bar{P}$-Form, ferner $x \backsim \mathfrak{v}'$ eine $\bar{Q}$-Form sein, während keine der übrigen Regeln eine Nomination ergibt. Für $\mathfrak{f}x$ oder $x \prec y$ gibt keine der Regeln eine Festsetzung; dementsprechend sagen wir, daß $\mathfrak{f}x$ oder $x \prec y$ „weder $\bar{P}$-Form noch $\bar{Q}$-Form ist“.

Kürzer gefaßt soll eine Zeichenform „einen bestimmten Charakter besitzen“, wenn durch (wiederholte) Anwendung jener Regeln sich für die Zeichenform eine und nur eine jener drei Nominationen ergibt.

Es wird bequem sein, statt des Ausdrucks „weder $\bar{P}$- noch $\bar{Q}$-Form sein“ kürzer von der betreffenden Form zu sagen, daß sie „$\bar{N}$-Form ist“. Wir werden demnach Formen mit $\bar{P}$-Charakter, $\bar{Q}$-Charakter und $\bar{N}$-Charakter unterscheiden.

Die Anschauung lehrt unmittelbar, daß unter den primären Zeichenformen die Stellenzeichen, ferner $x \doteqdot y$, $x \subset y$, $x \,(=)\, y$, $x \mp y$, $x \breve{\times} y$ und $x \backsim \mathfrak{v}$ und nur diese $\bar{P}$-Formen, ferner $x \backsim \mathfrak{v}'$ eine $\bar{Q}$-Form ist, während für jede andere primäre Zeichenform (Kap. IV, Art. 12—13) sich die Nomination $\bar{N}$-Form ergibt.

Die primären Zeichenformen besitzen demnach einen durchweg bestimmten Charakter.

Mit Zuhilfenahme der vollständigen Induktion für endliche Mengen lehrt uns die Anschauung:

a) Ist F irgend eine Form und sind V_x, V_y, ... Formen von bestimmtem Charakter, so hat mit F auch die Form $S\begin{pmatrix} x, & y, & \ldots \\ V_x, & V_y, & \ldots \end{pmatrix} F$ einen bestimmten Charakter.[1]

b) Wenn die Formen $V_x, V_y, \ldots, W_x, W_y, \ldots$ einen bestimmten Charakter besitzen, und $V_x \doteqdot W_x$, $V_y \doteqdot W_y, \ldots$ durchweg P-Formen sind, so besitzen mit F auch

$$S\begin{pmatrix} x, & y, & \ldots \\ V_x, & V_y, & \ldots \end{pmatrix} F \quad \text{und} \quad S\begin{pmatrix} x, & y, & \ldots \\ W_x, & W_y, & \ldots \end{pmatrix} F$$

einen bestimmten, und zwar denselben Charakter.

c) Jede Form hat einen bestimmten Charakter.

Dabei soll der Genauigkeit wegen hinzugefügt werden, daß „einen bestimmten Charakter besitzen" „einen durch die Regeln I—X. vollständig bestimmten Charakter besitzen" bedeutet, was aber eigentlich selbstverständlich ist. Wir haben ja überhaupt kein andres Mittel zur „Bestimmung" des Charakters, als jene unter I—X. festgesetzten Regeln.

Für die primären Zeichenformen ist das unter a), b), c) Gesagte ohne weiteres evident. Wir müssen uns also nur überzeugen, daß, wenn die in e_u erzeugte Form F_u, wo $u \prec t'$ ist, die in a), b) und c) postulierten Eigenschaften besitzt ($t \prec k$) und t' der unmittelbar auf t folgende Numerator ist, auch $F_{t'}$ diese Eigenschaften besitzt. Dabei ist $F_{t'}$ nichts andres als

$$S\begin{pmatrix} x, & y, & \ldots \\ U_x, & U_y, & \ldots \end{pmatrix} F_u,$$

wo F_u und $U_x, U_y, \ldots$ die aufgeführten Eigenschaften a), b) und c) schon besitzen.

Nach a) hat dann jedenfalls $F_{t'}$ einen bestimmten Charakter. Ferner ist

$$S\begin{pmatrix} x, & y, & \ldots \\ V_x, & V_y, & \ldots \end{pmatrix} F_{t'}$$

nichts andres als

$$S\begin{pmatrix} x, & & y, & & \ldots \\ S\begin{pmatrix} x, & y, & \ldots \\ V_x, & V_y, & \ldots \end{pmatrix} U_x, & & S\begin{pmatrix} x, & y, & \ldots \\ V_x, & V_y, & \ldots \end{pmatrix} U_y, & & \ldots \end{pmatrix} F_u \qquad (1)$$

und ebenso

$$S\begin{pmatrix} x, & y, & \ldots \\ W_x, & W_y, & \ldots \end{pmatrix} F_{t'}$$

[1] Es sei hier noch besonders betont, daß die Schreibweise $V_x, V_y, \ldots$, $W_x, W_y, \ldots$, insbesondere die „Punkte" durchaus keine vage oder unsichere Bedeutung besitzen, sondern nur Abkürzungen für gewisse Anschauungen sind, die schon früher (Kap. IV, Art. 15) genau beschrieben wurden. Dabei ist die endliche Menge von Stellenzeichen jetzt für die Formen $V_x, V_y, \ldots$ und $W_x, W_y, \ldots$ dieselbe.

nichts andres als

$$S\left(S\begin{pmatrix} x, & y, \ldots \\ W_x, & W_y, \ldots \end{pmatrix} U_x, \quad S\begin{pmatrix} x, & y, \ldots \\ W_x, & W_y, \ldots \end{pmatrix} U_y, \ldots \right) F_u. \qquad (2)$$

Wenn nun $V_x \doteqdot W_x$, $V_y \doteqdot W_y$ usf. durchweg den $\bar{P}$-Charakter besitzen, so haben wegen der für U_x, U_y, ... geltenden b)-Eigenschaft auch

$$S\begin{pmatrix} x, & y, \ldots \\ V_x, & V_y, \ldots \end{pmatrix} U_x \quad \text{und} \quad S\begin{pmatrix} x, & y, \ldots \\ W_x, & W_y, \ldots \end{pmatrix} U_x,$$

und so fort denselben bestimmten Charakter, und endlich wegen der für F_u geltenden b)-Eigenschaft auch (1) und (2); d. h.: unter den geltenden Annahmen hat auch $F_{t'}$ die a), b), c)-Eigenschaft; so der vollständigen Induktion gemäß auch F_k; womit unsre Behauptung eben für „jede Form"[1] zur Evidenz gebracht ist.

7. Es kann vorkommen, daß eine Form F nicht nur selbst $\bar{P}$-Form ($\bar{Q}$-Form), sondern bei Anwendung jeder Substitution $S\begin{pmatrix} x, & y, \ldots \\ U_x, & U_y, \ldots \end{pmatrix}$, wo U_x, U_y, ... beliebige Formen sind, eine $\bar{P}$-Form ($\bar{Q}$-Form) ergibt. Wir wollen dann F eine P-Form bzw. Q-Form nennen.

Die Anschauung lehrt, daß z. B. die Formen

$$x \doteqdot x \quad \text{oder} \quad x \subset (x \mp y)$$

P-Formen sind. Setzt man in $x \doteqdot x$ für x irgend eine Form U, so ergibt diese Substitution $U \doteqdot U$ eine Isologie, deren erster und zweiter Teil U ist, d. h. auch den $\bar{P}$-Charakter besitzt. Nach X. ist (Art. 6 d. K.) tatsächlich $U \doteqdot U$ eine $\bar{P}$-Form, also $x \doteqdot x$ eine P-Form.

Ebenso wird aus $x \subset (x \mp y)$, wenn man U für x und V für y setzt,

$$U \subset [U \mp V].$$

Wenn U eine $\bar{P}$-Form, ist nach V. auch $U \mp V$ eine $\bar{P}$-Form, und nach IX. auch $U \subset (U \mp V)$ eine $\bar{P}$-Form. Wenn U eine $\bar{Q}$-Form, wird wieder nach IX. diese Form auch eine $\bar{P}$-Form. Wenn endlich U weder $\bar{P}$-Form noch $\bar{Q}$-Form ist, so wird $U \mp V$ $\bar{P}$-Form, wenn V eine solche ist; und weder $\bar{P}$-, noch $\bar{Q}$-Form, wenn V nicht $\bar{P}$-Form ist. Nach IX. wird auch in diesem dritten Falle tatsäch-

[1] Jede Form entsteht der Definition nach durch den in Kap. IV, Art. 16 beschriebenen endlichen Denkprozeß.

lich $U \subset U \mp V$ eine $\bar{P}$-Form. Also ist auch $x \subset (x \mp y)$ eine P-Form.

Es entsteht demnach die Frage: Ist es für jede Form entscheidbar oder gar entschieden, ob sie P-Form, Q-Form oder eventuell keines der beiden ist? In dieser Allgemeinheit brauchen wir uns mit der Frage gar nicht zu beschäftigen. Der Augenschein lehrt, daß P-Formen sich nur unter den $\bar{P}$-Formen, und Q-Formen nur unter den $\bar{Q}$-Formen finden; womit die fundamentale Anschauung sich ergibt, daß jede P-Form von jeder Q-Form verschieden ist.

Dazu kommt ferner mit Hilfe der vollständigen Induktion für endliche Mengen die Erfahrung, daß jede logische Form eine P-Form ist. Um zu diesen Anschauungen zu gelangen, müssen wir uns vor allem überzeugen, daß die logischen Grundformen durchweg P-Formen sind. Es ist das ein recht langwieriges und mühsames Geschäft, aber durch Erschöpfung der auftretenden Fälle ebenso zu absolvieren, wie dies oben beispielsweise für die Formen (Ia) und (IIIc) schon geschehen.

Mit Rücksicht auf das Ungewohnte dieser Betrachtungen einerseits und auf die fundamentale Wichtigkeit dieser an den logischen Grundformen zu erfahrenden Anschauungen andrerseits, können wir es nicht dem Leser überlassen, sich von der Evidenz der Anschauung, daß jede logische Grundform P-Form ist, zu überzeugen, sondern wir müssen den ganzen endlichen Denkprozeß, in dem wir diese Anschauung erleben, ausführlich darlegen.

8. Wir betrachten zuerst jene logischen Grundformen, in denen das Stellenzeichen x und nur dieses (als Teilname) auftritt. Es sind dies[1] (Ia), (IIf), (IIg), (IIIa) sowie (Va) bis (Vd). In erster Reihe also:

$$x \stackrel{\vee}{=} x, \quad (x \breve{\times} x) \stackrel{\vee}{=} x, \quad (x \mp x) \stackrel{\vee}{=} x \text{ und } x \subset x.$$

Bei irgend einer Substitution wird an Stelle von x eine $\bar{P}$-Form, eine $\bar{Q}$-Form oder eine $\bar{N}$-Form gesetzt. Man sieht, daß bei dieser Substitution mit x nicht nur x selbst, sondern auch $x \breve{\times} x$ und $x \mp x$ nach V. bis VIII. eine $\bar{P}$-Form oder eine $\bar{Q}$-Form ist, während für den Fall, daß für x eine $\bar{N}$-Form gesetzt wird, keine der gegebenen Regeln zur Anwendung gelangt, also auch $x \breve{\times} x$ und $x \mp x$ $\bar{N}$-Formen sind. Nach X. sind also jene Grundformen (als Isologien) durchweg

[1] Die römischen Zahlen mit den Indices a, b, ... bezeichnen die logischen Grundformen (Art. 1, d. K.), diejenige ohne Index die Regeln des Art. 6, d. K. Daß bei der logischen Grundform (IV) kein Index vorhanden ist, wird wohl kein Mißverständnis hervorrufen.

P-Formen. Endlich ist nach IX., mag für x eine $\bar{P}$-, $\bar{Q}$- oder $\bar{N}$-Form gesetzt worden, $x \subset x$ immer eine $\bar{P}$-Form; und ebenso ist dies nach II., III., IV. und X. für (Va)—(Vd) der Fall.

Wir gehen nun zu jenen logischen Grundformen über, in denen die Stellenzeichen x, y und nur diese auftreten. Es sind dies: (Ib), (IIa), (IIc), (IIIb)—(IIId), (IIIj), (IV), (Ve) bis (Vh).

Bei irgend einer Substitution wird an Stelle von x eine $\bar{P}$-Form, eine $\bar{Q}$-Form oder eine $\bar{N}$-Form gesetzt, ebenso für y; die Anschauung lehrt, daß demnach immer nur einer der in folgender Tafel zusammengesetzten Fälle auftreten kann.

x	y	x	y	x	y
P	P	P	Q	P	N
Q	P	Q	Q	Q	N
N	P	N	Q	N	N

Setzt man nun für x eine $\left\{\begin{matrix}\bar{P}\text{-Form}\\ \bar{Q}\text{-Form}\\ \bar{N}\text{-Form}\end{matrix}\right\}$ und für y eine $\bar{P}$-Form, so wird $x \doteqdot y$ nach X. eine $\left\{\begin{matrix}\bar{P}\text{-Form}\\ \bar{N}\text{-Form}\\ \bar{N}\text{-Form}\end{matrix}\right\}$ und ebenso $y \doteqdot x$. Endlich also wird $[x \doteqdot y] \doteqdot [y \doteqdot x]$ in jedem dieser Fälle eine $\bar{P}$-Form. Ebenso betrachten wir die Fälle, wo für y eine $\bar{Q}$- oder $\bar{N}$-Form gesetzt wird, und die Anschauung zeigt unmittelbar, daß auch bei jeder dieser Substitutionen, also überhaupt bei jeder Substitution aus der betrachteten Form eine $\bar{P}$-Form wird.

Ähnliche Anschauungen sind weiter für jede der aufgezählten Grundformen zu „erleben". Es wäre aber doch wohl schon Papierverschwendung, dies für jede der Grundformen ausführlich zu beschreiben. Allerdings ist es sehr wünschenswert, daß der Leser dies nicht einfach als „wohl richtig" annimmt, sondern die Tatsache, daß jede dieser Grundformen P-Form ist, wirklich „erlebt". Die Evidenz dieser Anschauungen ist ja eben die ultima ratio dieser Betrachtungen.

Weiter haben wir Grundformen, in denen die Stellenzeichen x, y, z und nur diese auftreten. Es sind dies (IIb), (IId), (IIe), (IIIe), (IIIh) und (IIIi).

Es ist dann jeder der bei irgend einer Substitution für x und y auftretenden Fälle mit der Substitution einer $\bar{P}$-, $\bar{Q}$- oder $\bar{N}$-Form für z zusammenzustellen. Was dabei geschieht, gelangt in folgender Tafel[1] zur Anschauung:

x	y	z	x	y	z	x	y	z
P	P	P	P	P	Q	P	P	N
Q	P	P	Q	P	Q	Q	P	N
N	P	P	N	P	Q	N	P	N
P	Q	P	P	Q	Q	P	Q	N
Q	Q	P	Q	Q	Q	Q	Q	N
N	Q	P	N	Q	Q	N	Q	N
P	N	P	P	N	Q	P	N	N
Q	N	P	Q	N	Q	Q	N	N
N	N	P	N	N	Q	N	N	N

So überzeugen wir uns an der Hand dieser Tafel, daß die aufgeführten Grundformen in der Tat durchweg P-Formen sind. Abkürzungen des ganzen Verfahrens ergeben sich übrigens sehr leicht bei den einzelnen Grundformen.

So sehen wir für

$$[x \mp (y \mp z)] \mathrel{\hat{=}} [(x \mp y) \mp z] \tag{IIb}$$

daß, wenn auch nur für eines der Stellenzeichen x, y oder z eine $\bar{P}$-Form gesetzt wird, $x \mp (y \mp z)$ und $(x \mp y) \mp z$ beide $\bar{P}$-Formen sind und damit auch (IIb) eine $\bar{P}$-Form wird. Es werden also weiter nur noch jene Fälle zu betrachten sein, wo weder für x, noch für y, noch für z eine $\bar{P}$-Form gesetzt ist. (Es bleiben noch acht Fälle.)

Ähnliches gilt für

$$[x \breve{\times} (y \breve{\times} z)] \mathrel{\hat{=}} [(x \breve{\times} y) \breve{\times} z], \tag{IId}$$

wo nur P und Q die Rollen tauschen.

Für die Grundform

$$[(x \mp y) \breve{\times} z] \mathrel{\hat{=}} [(x \breve{\times} z) \mp (y \breve{\times} z)] \tag{IIe}$$

sieht man, daß, wenn für z eine $\bar{Q}$-Form gesetzt wird, welche Form immer auch an Stelle von x und y gelange, $(x \mp y) \breve{\times} z$ und $(x \breve{\times} z) \mp (y \breve{\times} z)$ beide $\bar{Q}$-Formen werden, womit es klargestellt ist,

---

[1] Es treten hier genau 27, sowie früher 3 bzw. 9 verschiedene Fälle auf. Offenbar hat diese Anschauung der Anzahl mit den Betrachtungen des Textes nichts zu tun. Wir hätten den „Anzahlbegriff" für endliche Mengen unabhängig von diesen logischen Betrachtungen schon einführen können. Das ist aber überflüssig. Der Übersichtlichkeit wegen benützen wir ihn jedoch in den Erläuterungen, die dadurch etwas kürzer werden.

daß (IIe) in diesen (neun) Fällen eine $\bar{P}$-Form wird. Ähnlich wenn x und z oder auch y und z $\bar{P}$-Formen werden (fünf Fälle). Ferner, wenn x und y Formen gleichen Charakters sind (vier neue Fälle). Die übrigen Fälle (es bleiben noch neun) werden am raschesten einzeln erledigt. Es werde z. B. für x eine $\bar{N}$-, für y eine $\bar{Q}$-, für z eine $\bar{P}$-Form gesetzt. Es wird dann $x \mp y$ eine $\bar{N}$- und $(x \mp y) \breve{\times} z$ eine $\bar{N}$-Form; ferner wird $x \breve{\times} z$ eine $\bar{N}$-, $y \breve{\times} z$ eine $\bar{Q}$-Form, und endlich $(x \breve{\times} z) \mp (y \breve{\times} z)$ eine $\bar{N}$-Form.

Bei der dem Syllogismus entsprechenden Grundform

$$[(x \subset y) \breve{\times} (y \subset z)] \subset [x \subset z] \qquad \text{(IIIe)}$$

sieht man, daß, wenn für x eine $\bar{Q}$- oder für z eine $\bar{P}$-Form gesetzt wird, auch $x \subset z$ und damit auch (IIIe) eine $\bar{P}$-Form wird (15 Fälle). Wenn für x eine $\bar{P}$- oder $\bar{N}$-Form, für z eine $\bar{Q}$- oder $\bar{N}$-Form gesetzt wird, wird $x \subset z$ eine $\bar{N}$-Form. (Eine Implikation ist niemals $\bar{Q}$-Form.) Dies gibt alle übrigen Fälle. Man überzeugt sich leicht, daß auch $(x \subset y) \breve{\times} (y \subset z)$ dann immer eine $\bar{N}$-Form wird.

Bei den Formen

$$[x \subset (y \subset z)] \subset [(x \breve{\times} y) \subset z] \qquad \text{(IIIh)}$$

$$[(x \breve{\times} y) \subset z] \subset [x \subset (y \subset z)] \qquad \text{(IIIi)}$$

werden sowohl $x \subset (y \subset z)$ wie $(x \breve{\times} y) \subset z$ beide $\bar{P}$-Formen, wenn y eine $\bar{Q}$- oder z eine $\bar{P}$-Form wird, oder auch, wenn y und z $\bar{N}$-Formen sind (18 Fälle). Wird aus x eine $\bar{Q}$-Form, so hat man für jene Formen wieder $\bar{P}$-Formen (drei Fälle). Es bleiben noch folgende Fälle: PPQ, NPQ, PNQ, NNQ, PPN, NPN, die der Reihe nach für $x \subset (y \subset z)$ und $(x \breve{\times} y) \subset z$ durchweg $\bar{N}$-Formen ergeben, womit es evident wird, daß die betrachteten zwei Grundformen P-Formen sind.

Es verbleiben endlich noch die Grundformen (IIIf) und (IIIg), in denen die Stellenzeichen x, y, z, u auftreten. Auch hier kann an Stelle des unmittelbaren (81 Fälle umfassenden) Verfahrens ein kürzeres treten.

Insbesondere bemerkt man bei

$$[(x \subset y) \breve{\times} (z \subset u)] \subset [(x \breve{\times} z) \subset (y \breve{\times} u)] \qquad \text{(IIIf)}$$

unmittelbar, daß, wenn man für x oder z eine $\bar{Q}$-Form setzt, $(x \breve{\times} z) \subset (y \breve{\times} u)$ und demnach auch (IIIf) nach IX. eine $\bar{P}$-Form wird. Es verbleiben demnach nur mehr die Fälle, wo weder x noch z eine $\bar{Q}$-Form wird, während für y und u beliebig $\bar{P}$-, $\bar{Q}$- oder $\bar{N}$-Formen gesetzt werden. Es ist demnach jeder der in der Tafel

x	z	x	z
P	P	N	P
P	N	N	N

aufgeführten Fälle mit jedem Falle zusammenzustellen, der sich in folgender Tafel findet:

y	u	y	u	y	u
P	P	Q	P	N	P
P	Q	Q	Q	N	Q
P	N	Q	N	N	N

Wird aber y oder u eine $\bar{Q}$-Form, so ist $(x \subset y) \breve{\times} (z \subset u)$ jetzt, wo eben x und z nicht $\bar{Q}$-Formen sind (und eine Implikation niemals $\bar{Q}$-Form sein kann), eine $\bar{N}$-Form, und ebenso $(x \breve{\times} z) \subset (y \breve{\times} u)$. In diesen Fällen ist demnach (IIIf) tatsächlich $\bar{P}$-Form. Und statt der zweiten Tafel ist nur noch die folgende

y	u	y	u
P	P	N	P
P	N	N	N

zu berücksichtigen; wo die verbleibenden (16) Fälle sehr leicht zu übersehen sind. Insbesondere die (4) Fälle, wo y und u $\bar{P}$-Formen werden, sind auf den ersten Blick als $\bar{P}$-Formen zu erkennen.

Die Grundform

$$[(x \subset y) \breve{\times} (z \subset u)] \subset [(x \bar{+} z) \subset (y \bar{+} u)] \qquad \text{(IIIg)}$$

erheischt ganz ähnliche Betrachtungen, die ausführlich darzulegen um so weniger notwendig ist, als sie sich aus den soeben hingeschriebenen sofort ergeben, wenn man x, z und Q mit y, u und P vertauscht.

9. Die vollständige Induktion für endliche Mengen bringt es endlich in der Tat zur Evidenz, daß, so wie jede logische Grundform, überhaupt j e d e l o g i s c h e F o r m P-F o r m i s t. Dabei haben wir auf die in Art. 2 gegebene Beschreibung des endlichen Denkprozesses zurückzugreifen, durch den überhaupt logische Formen erzeugt werden. Sei die so erzeugte Form F_k; wir überzeugen uns dann leicht, daß, wenn die logische Form F_t eine P-Form ist und t' der auf t folgende Numerator, immer auch $F_{t'}$ eine P-Form ist; womit eben der vollständigen Induktion entsprechend auch die Anschauung gewonnen ist, daß F_k eine P-Form ist.

Die Form $F_{t'}$ wird durch Anwendung eines der Prinzipe (I), (W), (D) oder (S) (Art. 2 d. K.) gewonnen. Diese verschiedenen Fälle sind gesondert zu betrachten.

(I) Bei Anwendung einer „beliebigen" Substitution

$$S\begin{pmatrix} x, & y, & \ldots \\ U_x, & U_y, & \ldots \end{pmatrix}$$

(d. h. einer solchen, wo U_x, U_y, ... irgendwelche bestimmte Formen sind) wird in der Implikation

$$[U \doteqdot V] \subset \left[S\binom{x}{U} W \doteqdot S\binom{x}{V} W\right] \tag{I}$$

der „erste Teil":

$$S\begin{pmatrix} x, & y, & \ldots \\ U_x, & U_y, & \ldots \end{pmatrix} U \doteqdot S\begin{pmatrix} x, & y, & \ldots \\ U_x, & U_y, & \ldots \end{pmatrix} V \tag{1}$$

und der „zweite Teil":

$$S\begin{pmatrix} x, & y, & \ldots \\ U_x, & U_y, & \ldots \end{pmatrix} S\binom{x}{U} W \doteqdot S\begin{pmatrix} x, & y, & \ldots \\ U_x, & U_y, & \ldots \end{pmatrix} S\binom{x}{V} W,$$

das heißt:

$$\begin{aligned} &S\begin{pmatrix} x, & y, \ldots \\ S\begin{pmatrix} x, & y, & \ldots \\ U_x, & U_y, & \ldots \end{pmatrix} U, & U_y, \ldots \end{pmatrix} W \doteqdot \\ &S\begin{pmatrix} x, & y, \ldots \\ S\begin{pmatrix} x, & y, & \ldots \\ U_x, & U_y, & \ldots \end{pmatrix} V, & U_y, \ldots \end{pmatrix} W. \end{aligned} \tag{2}$$

Es gibt keine Festsetzung, nach der eine Isologie $\bar{Q}$-Form wäre; d. h. eine Isologie ist $\bar{P}$-Form oder $\bar{N}$-Form, und zwar je nachdem, ob der erste und zweite Teil der Isologie denselben Charakter besitzen oder nicht. Hat nun der erste und zweite Teil von (1) denselben Charakter, so zeigen die in Art. 6 gegebenen Entwicklungen, daß der erste und zweite Teil von (2) gleichfalls denselben Charakter besitzen. Damit ist für diesen Fall gezeigt, daß der erste und zweite Teil von (I) denselben Charakter besitzen, oder daß (I) eine $\bar{P}$-Form ist.

Ist aber (1) eine $\bar{N}$-Form, so kann (2) eine $\bar{P}$- oder $\bar{N}$-Form sein. Mag aber welcher immer dieser Fälle eintreten, so ist doch (I) eine $\bar{P}$-Form, wovon wir uns eben überzeugen wollten.[1]

(W) Es ist unmittelbar evident, daß U und $U \frown \mathfrak{v}$ Formen sind, die denselben Charakter besitzen, was eben wieder den P-Charakter der in (W) gegebenen Implikationen sichert.

[1] Das übliche „qu. e. d." ist hier erst recht am Platze; das „demonstrandum" ist im engsten Sinne des Wortes das „Zeigen" einer Anschauung.

(*D*) Wenn U und $U \subset V$ $\bar{P}$-Formen sind, so ist damit für die Implikation $U \subset V$ gesagt, daß V eine $\bar{P}$-Form ist; U und $U \subset V$ sind aber den schon gewonnenen Anschauungen gemäß nach jeder Substitution $\bar{P}$-Formen, d. h. P-Formen; womit es evident wird, daß auch V eine P-Form ist (bei jeder Substitution eine $\bar{P}$-Form bleibt).

(*S*) Der schon gewonnenen Anschauung nach ist W eine P-Form; daß dies auch für $S\binom{x}{U} W$ der Fall ist, lehrt die einfache Bemerkung, daß die Anwendung einer „beliebigen" Substitution

$$S\begin{pmatrix} x, & y, & \ldots \\ U_x, & U_y, & \ldots \end{pmatrix} \text{ auf } S\binom{x}{U} W$$

die Form

$$S\begin{pmatrix} x, & y, \ldots \\ S\begin{pmatrix} x, & y, & \ldots \\ U_x, & U_y, & \ldots \end{pmatrix} U, & U_y, \ldots \end{pmatrix} W,$$

d. h. nach der an W schon gewonnenen Anschauung eine $\bar{P}$-Form gibt.

Damit ist aber die in Art. 5 beschriebene Anschauung tatsächlich erreicht. Es sei L irgend eine logische Form und mit dieser dem Prinzipe (*W*) entsprechend auch $L \multimap \mathfrak{v}$ eine logische Form; die Anschauung lehrt uns, wie wir soeben gesehen, daß $L \multimap \mathfrak{v}$ eine P-Form ist. Wäre nun $L \multimap \mathfrak{v}'$ den beschriebenen Anschauungen gemäß auch eine logische Form, so müßten wir die Anschauung gewonnen haben, daß L eine Q-Form ist. Jede P-Form ist von jeder Q-Form verschieden, und es wäre in unsrer Anschauung die Form L von sich selbst verschieden. Das ist unmöglich im normativen Sinne des Wortes; aber nach der an der erwähnten Stelle ausführlich dargelegten Annahme auch im dogmatischen, transzendenten Sinne des Wortes.

10. Daß für irgend eine Form L nicht $L \multimap \mathfrak{v}$ und $L \multimap \mathfrak{v}'$ beide logische Formen sein können, ist der Satz der Widerspruchlosigkeit in der Theorie der logischen Formen, oder auch im Denkbereiche der F. L.-Nominationen, oder endlich im Denkbereiche der reinen Logik.

Für den Denkbereich der reinen Logik ist damit gesagt, daß „in diesem Denkbereiche" irgend ein Erlebnis nicht „wahr" und auch „falsch" sein kann. Man kann ja L als volles Dingzeichen betrachten, das Zeichen irgend eines bestimmten Erlebnisses ist. Mit anderen Worten: Ein Erlebnis, das in diesen Denkbereich als unabweisbare Tatsache aufgenommen ist, wird durch kein Erlebnis des Denkbereichs als unannehmbare Tatsache hingestellt. Aber auch nicht als „weder unabweisbare noch unannehmbare Tatsache". Die Anschauung zeigt, daß der Denkbereich der F. L.-Nominationen durch Aufweisung der logischen Grundformen, der logischen Erzeugungsprinzipe, und durch die Beschreibung der endlichen Denkprozesse, die zu (eventuell neuen) F. L.-Nominationen führen, bestimmt wird; dieselbe Anschauung zeigt, daß so eben wieder nur F. L.-Nominationen erzeugt werden und somit der Denkbereich der Grundnorm unsres Denkens entspricht. Daß „$\bar{L}$ nom. F. L." dem Denkbereiche nicht angehört, ist ein Erlebnis, das bei der Anschauung des Denkbereichs auftreten kann, aber der Beschreibung des Denkbereichs, d. h. der Anschauung nach nicht ein Erlebnis, das dem Denkbereiche angehört. Daß „$\bar{L}$ nom. F. L." dem Denkbereiche nicht angehört, sagt nicht mehr und nicht weniger, als daß $\bar{L}$ sich unter den „logische Formen" genannten Dingen nicht vorfindet. Daß $\bar{L}$ trotzdem sich unter den logischen Formen findet, sagt wieder, daß $\bar{L}$ von sich selbst verschieden ist.[1]

Es sei beim Abschluß dieser Betrachtungen nochmals betont, daß es sich durchweg um reine Anschauungsprozesse handelt, zu denen sich am Ende das Anschauungspostulat gesellt, demzufolge es „unmöglich" ist, daß ein Ding von sich selbst verschieden ist.

Die Erzeugung irgend einer Form ist unmittelbar ein Erlebnis (objektiviert ein „Gegenstand") unsrer inneren Anschauung, die durch die für die Formen benützten Schriftzeichen wohl in kräftiger Weise unterstützt wird, aber von diesem Hilfsmittel „bei entsprechender Vervollkommnung" des Anschauungsvermögens[2] ganz unabhängig ist. Die Anschauung unterrichtet uns weiter, ob eine — und dann nur eine — der Regeln I—X. auf die Form anwendbar ist und „demgemäß" die Form $\bar{P}$-, $\bar{Q}$- oder $\bar{N}$-Form genannt wird. Und es ist wieder direkte Anschauung, in der wir erkennen, daß jede logische Form P-Form ist. Über die direkte Anschauung geht dabei nur das „demgemäß" in der Fassung des vorstehenden Satzes hinaus. Dieses „demgemäß" fordert, daß den Regeln I—X. entsprechend eine und nur eine der Nominationen $\bar{P}$-Form, $\bar{Q}$-Form, $\bar{N}$-Form gesetzt werde. Eine solche Festsetzung, bei der gewissen Dingen derselbe Name zuzuordnen ist, ist eine Urfunktion unsres Denkens, und unumgängliche Voraussetzung des „logischen" Denkens.[3]

---

[1] Daß ich für irgendein $\bar{L}$ nicht weiß, und vielleicht überhaupt nicht entscheiden kann, ob es sich unter den logischen Formen findet, oder nicht findet, ist davon verschieden, und kann nicht ab ovo zurückgewiesen werden.

[2] Die entsprechenden Ausführungen sind denen in Kap. III, Art. 2 analog und sollen hier nicht wiederholt werden.

[3] Man könnte auch in der sprachlichen Ausdrucksweise dieser Auffassung in höherem Maße dadurch gerecht werden, daß die Regeln I—X. anders formuliert

So ist es — um ein bei den Untersuchungen über die Natur des Zahlbegriffs vielfach angewendetes Bild zu benützen — in der Tat nur ein gewissen willkürlichen Festsetzungen entsprechendes, spielartiges Setzen von Marken, das an die Stelle des logischen Denkens tritt; aber durchaus nicht so, daß dieses Spiel das logische Denken „ist"; wohl aber wird durch dieses „Spiel" das Problem der Widerspruchlosigkeit geradezu auf dieses einfachere, niedrigere Anschauungsgebiet übertragen und damit reduziert.

Es sei noch bemerkt, daß die Sprache, die mit und im logischen Denken entstanden ist, sich unwillkürlich und beinahe ausnahmslos in logischen Analogien bewegt. So wird selbst der logisch und mathematisch geschulte Leser auf den ersten Blick durch die Behauptung überrascht sein, daß die ganze Reihe dieser Betrachtungen ohne Benutzung der logischen Deduktion durchgeführt ist. Bei unsrer logischen Gewöhnung, oder eigentlich Verwöhnung ist, um dies zu konstatieren, volle Aufmerksamkeit notwendig. So sagen und denken wir: „U ist eine $\bar{P}$-Form; „also" ist auch $U \dotplus V$ eine $\bar{P}$-Form". Wir benützen ganz ruhig die Ausdrucksweise des logischen Schlusses; während doch nur von willkürlichen Regeln, nicht aber von „unabweisbaren Tatsachen" die Rede ist. Bei der Beschreibung des Denkbereichs der $\bar{P}$-Nominationen „involviert" das eine Erlebnis das andere; was aber, wie wir schon zu Beginn des zweiten Kapitels auseinandergesetzt haben, ein vom logischen Schließen ganz verschiedener, vor allem viel einfacherer Denkakt ist.

Der Satz des ausgeschlossenen Dritten und die Schullogik.

11. Der Satz des Widerspruchs wurde in diesen Betrachtungen nicht unter die logischen Grundsätze aufgenommen. Wohl aber ergibt er sich als an dem Denkbereiche der reinen Logik erfahrenes Anschauungsgesetz. Trotzdem könnte der eingeführten genauen Terminologie entsprechend dieser Satz auch ein „logischer Satz" sein, was übrigens, wie schon bemerkt wurde, die eben durchgeführten Betrachtungen nicht überflüssig macht, ja nicht einmal vereinfacht. Es wird leicht zu sehen sein, daß die hier für den Satz des Widerspruchs gegebenen Entwicklungen den Forderungen einer präzisen Erkenntnistheorie entsprechen. Es hat sich schon gezeigt, daß der Satz des Wider-

werden. Man könnte z. B. statt X. sagen: „Eine Isologie heißt eine $\bar{P}$-Form, sei Name des Erlebnisses, daß der erste und zweite Teil der Isologie Formen gleichen Charakters sind". Ich glaube aber, daß das Ungewohnte dieser Ausdrucksweise unser Denken eher verwirren als erleichtern würde.

spruchs und der Satz des ausgeschlossenen Dritten durch logische Deduktion (mit Hilfe des Schlußprinzips) aus einander „folgen", d. h. daß die entsprechenden Formen äquipollent sind. Für die aufgeworfene Frage genügt es demnach, die dem Satze des ausgeschlossenen Dritten entsprechende Form

$$[x \frown \mathfrak{v}] \mp [x \frown \mathfrak{v}']$$

zu untersuchen. Dabei zeigt es sich unmittelbar, daß diese Form keine P-Form ist, d. h. unter den logischen Formen sich gewiß nicht findet. Bei der Substitution einer $\bar{N}$-Form N für x wird aus jener Form eben, da $N \frown \mathfrak{v}$ und $N \frown \mathfrak{v}'$ wieder $\bar{N}$-Formen sind, auch eine $\bar{N}$-Form. Damit ist aber die aufgeworfene Frage durchaus nicht erledigt. Die Einführung der P- und Q-Nominationen ist eben nur eine Methode, die uns für den Denkbereich der reinen Logik gute Dienste leistet und insbesondere das Problem der Widerspruchlosigkeit in der ausgeführten Weise erledigt. Wenn wir aber jetzt den Satz des ausgeschlossenen Dritten unter die logischen Grundsätze, und dementsprechend die Form $(x \frown \mathfrak{v}) \mp (x \frown \mathfrak{v}')$ unter die logischen Grundformen aufnehmen und dann dieselben logischen Erzeugungsprinzipe wie früher statuieren, erhalten wir eben einen anderen Formenbereich, und in der Interpretation: einen anderen Denkbereich, den wir der Kürze wegen als „Denkbereich der Schullogik" bezeichnen wollen. Die frühere Bemerkung, daß der Satz des ausgeschlossenen Dritten keine P-Form liefert, zeigt nur, daß jene Methode der P- und Q-Nominationen jetzt nicht zum Ziele führt; zeigt aber nicht, daß der Denkbereich der Schullogik für die Beschreibung „notwendigen Denkens" unbrauchbar ist.

Um eine Beschreibung „notwendigen" Denkens zu erhalten, muß aber die Interpretation der logischen Formen Sätze ergeben, die wir als evident anerkennen. Um in diese Ausdrucksweise nicht mehr als unbedingt erforderlich hineinzulegen, wollen wir wieder sagen, daß die logischen Formen V-Formen sein müssen. Für diese V-Nominationen verlangen wir aber beim „notwendigen" Denken noch weitere Eigenschaften.

Den unabweisbaren Tatsachen sind unannehmbare Tatsachen und entsprechend den V-Formen W-Formen gegenüberzustellen; während der Denkbereich ein Wahrheitsbereich werden soll. Wir werden dem gerecht, wenn wir bestimmen, daß mit X auch $X \frown \mathfrak{v}$ eine V-Form sein soll und umgekehrt; und weiter: wenn X eine V-Form ist, soll $X \frown \mathfrak{v}'$ eine W-Form sein und umgekehrt. Sowie: Wenn X eine W-Form ist, soll $X \frown \mathfrak{v}'$ eine V-Form sein und umgekehrt. Wir fordern schließlich eine solche Beschaffenheit des „Wahrheitsbegriffs", daß „A oder B ist wahr" nur dann als „notwendig" erkannt wird, wenn zum mindesten A wahr ist oder B wahr ist; was in unsre Ausdrucksweise übersetzt folgende Regel ergibt: Die logische Summe $U \dotplus V$ ist dann und nur dann eine V-Form, wenn U oder V eine V-Form ist. Es müssen endlich die logischen Erzeugungsprinzipe gelten.

Soll nun dem Satze des ausgeschlossenen Dritten entsprechend

$$[x \frown \mathfrak{v}] \dotplus [x \frown \mathfrak{v}']$$

eine logische Grundform sein, so müssen wir fordern, daß diese Grundform selbst sowie die aus ihr bei irgend einer Substitution entstehenden Formen V-Formen seien. Ist aber X irgend ein Erlebnis, so wäre damit gesagt, daß $X \frown \mathfrak{v}$ oder $X \frown \mathfrak{v}'$ jedenfalls V-Form ist. Jedes Erlebnis wäre „wahr" oder „falsch"; genauer ausgedrückt: jedes Erlebnis wäre als unabweisbare oder als unannehmbare Tatsache in den Denkbereich aufzunehmen. Der Denkbereich der Schullogik müßte der sog. absolute Wahrheitsbereich sein, dem jedes Erlebnis als unabweisbare oder unannehmbare Tatsache angehört. Ist aber in diesem Falle A irgend ein Erlebnis, so müßte auch das Erlebnis, daß von den Erlebnissen $A \frown \mathfrak{v}$ und $A \frown \mathfrak{v}'$ eines und nur eines dem Denkbereiche angehört, wieder dem Denkbereiche angehören. Diese „imprädikative" Bestimmung deutet auf eine Schranke unsres Denkens. Offenbar ist ein solcher Denkbereich nach Kap. II, Art. 1 (im normativen Sinne des Wortes) unmöglich. Die Beschreibung eines Denkbereichs geht davon aus, daß jedes Erlebnis „gegeben" oder „nicht gegeben" ist; die Synthesis des Denkbereichs statuiert, daß die gegebenen Erlebnisse und nur diese dem Denkbereiche angehören. Das Erlebnis E' (oder E''), daß das Erlebnis E dem Denkbereiche angehört (oder nicht angehört), wäre nichts andres, als das Erlebnis, daß E gegeben (oder nicht gegeben) ist und daß diese Eigenschaft auch jedem andren gegebenen (oder nicht gegebenen) Erlebnisse zukommt. Ein solches Erlebnis wäre aber weder gegeben noch nicht gegeben; die Eigenschaft, gegeben oder nicht gegeben zu sein, hat absolut nichts damit zu tun, ob irgend ein anderes Erlebnis gegeben oder nicht gegeben ist; während doch jenes Erlebnis E' die Kenntnis aller gegebenen (oder nicht gegebenen) Erlebnisse voraussetzt. Das heißt:

Um zu entscheiden, ob das Erlebnis E' (bzw. E'') gegeben oder nicht gegeben ist, muß es schon entschieden sein, ob E' (bzw. E'') gegeben oder nicht gegeben ist. Dieser Denkakt ist für uns tatsächlich „unmöglich"; wir können ihn nicht ausführen. Diese Beschreibung des Erlebnisses E' (oder E'') müssen wir fallen lassen; es wäre aber, wie schon (Kap. II, Art. 7) auseinandergesetzt wurde, zum mindesten übereilt, jenes Erlebnis selbst als unmöglich zu bezeichnen. Diese antinomischen Verhältnisse werden unmittelbar geklärt, wenn wir bedenken, daß jenes Erlebnis E' (oder E'') eine Anschauung ist, die wir an der Synthese (Konstruktion) des Denkbereichs selbst gewinnen, d. h. die diese Synthese schon voraussetzt.

Mit anderen Worten: Nach der Grundnorm unsres Denkens ist ein absoluter Wahrheitsbereich, dem jedes Erlebnis als unabweisbare oder unannehmbare Tatsache angehört, „unmöglich"; eine solche Annahme muß ausgeschlossen bleiben. Dies entspricht tatsächlich dem Entwicklungsgange der exakten Wissenschaften. Müßten wir z. B. das Parallelenaxiom als wahr oder falsch in unsern „Denkbereich" aufnehmen, so gäbe es keine absolute (nicht-euklidische) Geometrie. Und die bekannte Anekdote, nach der Laplace die Existenz Gottes als eine in der mécanique céleste überflüssige Hypothese bezeichnet, drückt eigentlich denselben Gedanken aus.

12. Der Denkbereich der reinen Logik unterscheidet sich von der „Schullogik" nicht nur durch die Stellung, die den Sätzen des Widerspruchs und des ausgeschlossenen Dritten zukommt. Wenn wir einmal erkannt haben, daß nicht „jedes" Erlebnis als unabweisbare oder unannehmbare Tatsache dem Denkbereiche angehören kann, so könnte nach dieser Präzisierung unsrer Anschauungen, was ja in der „Schullogik" nicht explizite ausgeschlossen ist, diese mit der „reinen Logik" übereinstimmen. Dies ist aber nicht der Fall. Sie unterscheiden sich noch immer in einem wesentlichen Punkte. Wir haben die Form

$$[x \subset y] \subset [(y \multimap \mathfrak{v}') \subset (x \multimap \mathfrak{v}')]$$

nicht unter die logischen Grundformen aufgenommen; trotzdem ihre Interpretation einen Denkakt beschreibt, der bisher, so viel ich weiß, ganz allgemein als notwendig, evident anerkannt wurde. Diese Interpretation lautet: Wenn y aus x folgt, so muß auch „x ist falsch" aus „y ist falsch" folgen. Allerdings ist die „Notwendigkeit" dieses Schlusses ein schwerer Irrtum, in den wir kaum mehr verfallen, wenn unser logisches Denken durch den Begriff des Denkbereichs schon präzisiert ist und damit das Vorurteil des absoluten Wahrheitsbereichs entfernt wurde. Offenbar sind bei jener Schlußweise die Eigenschaften „dem Denkbereiche nicht angehören" und „dem Denkbereiche als unannehmbare Tatsache angehören" als nicht verschieden gesetzt, was in der Tat, aber auch nur dann der Fall ist, wenn wir von einem Erlebnisse E irgendwie schon wissen, daß $E \multimap \mathfrak{v}$ oder $E \multimap \mathfrak{v}'$ dem

Denkbereiche angehören muß, während der Fall, daß weder E — $\mathfrak{v}$ noch E — $\mathfrak{v}'$ dem Denkbereiche angehört, offenbar übersehen ist. Der präzise Schluß, der sich uns in der Tat aufzwingt, ist der folgende: Wenn $x \subset y$, d. h. aus x das y folgt, und y dem Denkbereiche nicht angehört, so kann x dem Denkbereiche nicht angehören; sonst müßte auch y dem Denkbereiche angehören, was nach der Grundnorm unsres Denkens ausgeschlossen ist. Gehört y — $\mathfrak{v}'$ dem Denkbereiche an, so würde bei denselben Annahmen auch y — $\mathfrak{v}$ dem Denkbereiche angehören, was abermals (wegen der Widerspruchslosigkeit des Denkbereichs) ausgeschlossen ist. Keinesfalls dürfen wir aber die so zur Evidenz gebrachte Tatsache, daß x oder auch x — $\mathfrak{v}$ dem Denkbereiche nicht angehört, mit der davon ganz verschiedenen Tatsache, daß x — $\mathfrak{v}'$ dem Denkbereiche angehört, verwechseln. Für gewisse Erlebnisse ist jener Schluß richtig; nicht aber für „jedes" Erlebnis x.

Dabei ist aber ein naheliegendes Mißverständnis zu vermeiden. Wenn wir den Satz des Widerspruches oder den Satz des ausgeschlossenen Dritten nicht als Eigenschaft des „fertigen" Denkbereichs, sondern als logisches Grundgesetz — in dem hier gebrauchten präzisen Sinne dieses Ausdrucks — auffassen, so werden wir zu der absurden Annahme eines absoluten Wahrheitsbereichs gezwungen. Das ist unter allen Umständen ausgeschlossen. Nicht so, wenn wir von dem Denkbereiche der reinen Logik zu dem Denkbereiche einer präzisen Schullogik übergehen, indem wir jetzt

$$[x \subset y] \subset [(y - \mathfrak{v}') \subset (x - \mathfrak{v}')]$$

unter die logischen Grundformen aufnehmen. Diese Annahme ist für uns — der gebräuchlichen Ausdrucksweise nach — ein neues Axiom (siehe später Kap. VI, Art. 1). Ausführlicher gesprochen: Wir wollen annehmen, daß, sobald $x \subset y$ und y — $\mathfrak{v}'$ dem Denkbereiche angehören, auch x — $\mathfrak{v}'$ dem Denkbereiche angehören soll.[1] Damit ist allerdings ein neuer Denkbereich definiert: der Denkbereich der präzisen Schullogik, der nun in der Tat ein exakter (widerspruchsloser) Wahrheitsbereich ist, aber eine Annahme enthält, die durchaus nicht so „notwendig" ist, wie es die Annahmen der reinen Logik sind. Wir werden mit Hilfe dieses Denkbereichs gewisse Denkvorgänge „zweckmäßig" beschreiben, dürfen aber niemals vergessen, daß wir eben jene (rein logisch nicht immer motivierte) Annahme gemacht haben. Damit ist das erste Beispiel für die exakte Beschreibung gewisser Denkvorgänge gewonnen, in denen eben auch nicht unbedingt „notwendige" Annahmen enthalten sind.

[1] Es ist dies selbstverständlich eine viel weniger sagende Annahme, als daß für jedes Erlebnis x entweder x — $\mathfrak{v}$ oder x — $\mathfrak{v}'$ dem Bereiche angehört.

Daß der Denkbereich der präzisen Schullogik in der Tat ein exakter (widerspruchsloser) Wahrheitsbereich ist, kann sehr leicht zur Evidenz gebracht werden. Wir überzeugen uns unmittelbar, daß die neue Form eine P-Form ist, indem wir die Fälle, daß x bzw. y $\bar{P}$-, $\bar{Q}$- oder $\bar{N}$-Formen sind, sämtlich überblicken, und dann die Betrachtungen, die für den Fall des Denkbereichs der reinen Logik angestellt wurden, jetzt Wort für Wort wiederholen.

Spezielle Entwicklungen zur Theorie der logischen Formen.

13. Der endliche Denkprozeß, der in Art. 2 d. K. ausführlich beschrieben wurde und die Erzeugung der logischen Formen ergibt, ist als „bestimmt" anzusehen, wenn die zugrunde gelegte Formenmenge gegeben ist und bei „jedem einzelnen Schritte der Deduktion" sowohl das zur Verwendung gelangende logische Prinzip, wie auch die schon erzeugten logischen und andere Formen gegeben sind, „auf welche" das Prinzip eben angewandt wird. Wenn dies geschehen ist, bleibt für irgendwelche Willkür (freie Wahl) kein Raum mehr. Der Denkprozeß ist eben vollständig beschrieben und liefert eine bebestimmte logische Form F_k. Jedes solche Verfahren wird Algorithmus genannt. (Die Darstellung selbst zeigt unmittelbar die vollkommene Analogie mit den Algorithmen der Mathematik.)

Der Algorithmus ist durch seine Bestimmungsstücke gegeben; die Bestimmungsstücke selbst sind gewissen gegebenen Dingen in freier Wahl zu entnehmen. Wie dies geschieht, ist vorderhand ganz gleichgültig; wir erhalten doch immer logische Formen und durch die Interpretation dieser Formen logische Sätze bzw. logische Gesetze, die für uns den Charakter der Evidenz besitzen. Wir versuchen jedoch, diese freie Wahl „zweckmäßig", d. h. so vorzunehmen, daß wir zu den in unserm Denken erfahrungsgemäß benützten logischen Gesetzen vordringen und in dieser Weise das Rüstzeug unsres „notwendigen" logischen Denkens durch die (jetzt eben genau beschriebene) logische Deduktion uns gewissermaßen neu erschaffen. So entsteht eine beliebig ausdehnbare spezielle Theorie der logischen Formen, aus der wir jedoch hier nur einige wenige Sätze herausheben. Dabei kommt es uns darauf an, die Art der logischen Deduktion an Beispielen zu erläutern, aber diese Beispiele auch so zu wählen, daß die wichtigsten und weiterhin anzuwendenden logischen Gesetze (als Bestandteile unsres „notwendigen" Denkens) zur Evidenz gelangen.

Wir beginnen mit der prinzipiell sehr wichtigen Erweiterung des Schlußprinzips und erkennen das (Anschauungs-)Gesetz:

Mit U, U' und $[U \mathbin{\check{\times}} U'] \subset V$ ist auch V eine logische Form.

Durch die Substitution $S\begin{pmatrix} x, & y, & z \\ U, & U', & V \end{pmatrix}$ wird aus (IIIi)

$$[(U \breve{\times} U') \subset V] \subset [U \subset (U' \subset V)]$$

und dies ist nach dem Substitutionsprinzip eine logische Form. Den gemachten Festsetzungen nach ist auch $(U \breve{\times} U') \subset V$ eine logische Form. Durch zweimalige Anwendung des Schlußprinzips ergibt sich dann (wie in der Fußnote zu Art. 4), daß V eine logische Form ist.

Eine weitere, für die Bedeutung der logischen Deduktion selbst sehr wichtige Bemerkung ist die folgende.

Durch die Substitution $S\begin{pmatrix} z \\ x \end{pmatrix}$ wird aus (IIIi) die logische Form

$$[(x \breve{\times} y) \subset x] \subset [x \subset (y \subset x)];$$

die Bemerkung, daß hier $(x \breve{\times} y) \subset x$ die logische Grundform (IIIb_1) ist, gestattet die Anwendung des Schlußprinzips, so daß auch

$$x \subset [y \subset x]$$

als logische Form erkannt wird. Setzt man hier für x irgend eine logische Form L, für y irgend eine Form F, so erhält man wieder eine logische Form

$$L \subset [F \subset L]$$

und erkennt, indem wieder das Schlußprinzip zur Anwendung kommt, daß, wenn L irgend eine logische Form, F eine beliebige Form ist, immer auch $F \subset L$ eine logische Form ist. Die Interpretation dieser logischen Form ergibt ein sehr merkwürdiges logisches Gesetz: Die Annahme, daß irgend ein Erlebnis[1] unabweisbare Tatsache ist, zwingt mich, jedes logische Gesetz als unabweisbare Tatsache anzuerkennen.

Es wäre wohl ganz verfehlt, hierin einen „Beweis" oder auch nur eine tiefere Begründung der Evidenz des logischen Denkens zu sehen; die „Evidenz" ist nur in der unmittelbaren Anschauung enthalten und kann von dieser nicht getrennt werden. Wohl aber faßt dieses fundamentale logische Gesetz in einer einzigen Aussage die volle erkenntnistheoretische Wertung zusammen, die unsre Festsetzungen dem Denkbereich der reinen Logik beilegen (und die wir sehr bald auch auf andere „axiomatische" Denkbereiche übertragen, insofern wir den in den „Axiomen" ansgedrückten Annahmen die Evidenz der logischen Gesetze beilegen).

[1] So auch z. B. das Erlebnis, daß ich denke, mir irgend einen Denkakt vorstelle.

14. Unter den logischen Gesetzen sind es die mit dem sog. Identitätsprinzipe der Schullogik zusammenhängenden, die am häufigsten zur Anwendung kommen. Ihre Deduktion geschieht, wie folgt:

Wenn wir in dem Isologieprinzipe für U, V, W der Reihe nach x, y und $x \doteqdot z$ setzen, erhalten wir die logische Form:

$$[x \doteqdot y] \subset \left[S\begin{pmatrix}x\\x\end{pmatrix}(x \doteqdot z) \doteqdot S\begin{pmatrix}x\\y\end{pmatrix}(x \doteqdot z)\right]$$

oder

$$[x \doteqdot y] \subset [(x \doteqdot z) \doteqdot (y \doteqdot z)]. \tag{a}$$

Indem wir in ($\mathrm{III j_1}$) die Substitution $S\begin{pmatrix}x & , & y\\ x \doteqdot z, & & y \doteqdot z\end{pmatrix}$ ausführen, ergibt sich nach dem Substitutionsprinzipe die logische Form:

$$[(x \doteqdot z) \doteqdot (y \doteqdot z)] \subset [(x \doteqdot z) \subset (y \doteqdot z)]; \tag{b}$$

und nun wieder, indem wir in (IIIe) die Substitution

$$S\begin{pmatrix}x & , & y & , & z\\ x \doteqdot y, & & (x \doteqdot z) \doteqdot (y \doteqdot z), & & (x \doteqdot z) \subset (y \doteqdot z)\end{pmatrix}$$

ausführen, die logische Form

$$\begin{gathered}[\{(x \doteqdot y) \subset ((x \doteqdot z) \doteqdot (y \doteqdot z))\} \,\check{\times}\, \{((x \doteqdot z) \doteqdot (y \doteqdot z)) \subset ((x \doteqdot z) \subset (y \doteqdot z))\}] \\ \subset [(x \doteqdot y) \subset ((x \doteqdot z) \subset (y \doteqdot z))].\end{gathered} \tag{c}$$

Nach der obigen (Art. 13) Erweiterung des Schlußprinzips ergibt sich dann, wenn für U und U' die unter (a) und (b) stehenden logischen Formen gesetzt werden, aus (c), daß auch

$$[x \doteqdot y] \subset [(x \doteqdot z) \subset (y \doteqdot z)] \tag{d}$$

eine logische Form ist.

Durch Ausführung der Substitution $S\begin{pmatrix}x & , & y & , & z\\ x \doteqdot y, & & x \doteqdot z, & & y \doteqdot z\end{pmatrix}$ in (IIIh) und abermalige Anwendung des Schlußprinzipes[1] ergibt sich endlich die logische Form:

$$[(x \doteqdot y) \,\check{\times}\, (x \doteqdot z)] \subset [y \doteqdot z] \tag{J_1}$$

und wegen $(x \doteqdot y) \doteqdot (y \doteqdot x)$ auch die logische Form:

$$[(y \doteqdot x) \,\check{\times}\, (x \doteqdot z)] \subset [y \doteqdot z]. \tag{J_2}$$

[1] Die genaue Ausführung der Deduktion unter Berufung auf die zur Anwendung gelangenden logischen Formen, Substitutionen und Prinzipe, ist ein sehr einfaches, aber langwieriges Geschäft. Um zu zeigen, wie das in präziser Weise geschieht, genügen wohl die bisherigen Beispiele. Und es wird wohl besser sein, wenn wir in der Folge den Leser nicht ermüden, und den Gang der Deduktion nur mehr kürzer andeuten.

Die Interpretation von (J_1) und (J_2) ergibt die beiden Arten, in denen der Schluß von Isologien auf Isologien (Identitäten auf Identitäten) am häufigsten zur Anwendung gelangt.

Sehr leicht ergeben sich — was wohl nicht näher ausgeführt zu werden braucht — die logischen Formen

$$[x \doteqdot y] \subset [(x \mp u) \doteqdot (y \mp u)]$$

und

$$[x \doteqdot y] \subset [(x \check{\times} u) \doteqdot (y \check{\times} u],$$

die ebenfalls häufig zur Anwendung kommen.

15. Ein wichtiges Hilfsmittel unsrer Darstellung ist die allgemeine Beschreibung gewisser Formen, die wir als logische Produkte (bzw. logische Summen) eines endlichen Formenkomplexes bezeichnen werden.

Ist Z_k wieder die Menge der Numeratoren, die $\prec k'$ sind, so kann man jedem dieser Numeratoren eine bestimmte Form zuordnen und die dem Numerator i zugeordnete Form mit F_i bezeichnen. Die Formen des Komplexes sind dann

$$F_1, F_2, \ldots, F_k \quad \text{oder} \quad F_i \ (i \prec k').$$

Dabei ist k' der auf k unmittelbar folgende Numerator, und die Bezeichnung trotz der „Punkte" eine völlig bestimmte, wenn diese Punkte an die schon gegebene Menge Z_k und die gleichfalls gegebene Zuordnung erinnern. Die Zuordnung der Numeratoren und Formen ist nicht umkehrbar eindeutig; jedem Numerator entspricht eine bestimmte Form, aber diese Form bestimmt den Numerator nicht. Wenn die Formen F_i $(i \prec k')$ durchweg verschieden sind, ist dies natürlich der Fall. Aber es können sich bei der hier geltenden weiteren Annahme auch einzelne öfter vorfinden, voneinander nicht verschieden sein; z. B. F_1 und F_2; dann bestimmt der Numerator die zugehörige Form, aber diese Form bestimmt den Numerator 1 nicht, da eben auch 2 dieselbe Form bestimmt.

Der Name „logisches Produkt oder logische Summe eines endlichen Formenkomplexes" wurde bisher nicht gebraucht; wir können also die mit diesem Namen zu belegende Form frei bestimmen.

Ist insbesondere k die 2, so daß der Formenkomplex die „Elemente" (Formen) F_1, F_2 und nur diese enthält, so kann als logisches Produkt des Formenkomplexes $\{F_1, F_2\}$ geradezu $F_1 \check{\times} F_2$, d. h. das logische Produkt, dessen erster Teil F_1 und dessen zweiter Teil F_2 ist, bezeichnet werden.

Ist ferner k die 1, so daß der Formenkomplex die Form F_1 und nur dieses Element enthält, so soll als logisches Produkt des Formenkomplexes $\{F_1\}$ geradezu die Form F_1 bezeichnet werden.

Im allgemeinen wird nun das logische Produkt eines endlichen Formenkomplexes mit Hilfe der vollständigen Induktion für endliche Mengen bestimmt. Diese Art der Bestimmung wird kurz als rekursive Bestimmung bezeichnet.

Der der Numeratorenmenge $Z_{k'}$ zugeordnete Formenkomplex $\{F_1, \ldots, F_k, F_{k'}\}$ kann auch so beschrieben werden, daß der Formenkomplex $\{F_1, \ldots, F_k\}$ der Numeratorenmenge Z_k umkehrbar eindeutig zugeordnet ist und wir dann das neue Element $F_{k'}$ aufnehmen, das dem Numerator k' zugeordnet sein soll. Das logische Produkt des Formenkomplexes $\{F_1, \ldots, F_k\}$ oder $\{F_i\}$ $(i < k')$ soll nun definitiv mit

$$\prod_{i<k'} F_i$$

bezeichnet werden. Es soll dann

$$\prod_{i<k''} F_i \doteqdot (\prod_{i<k'} F_i) \check{\times} F_{k'}$$

sein, wo k'' wieder den auf k' unmittelbar folgenden Numerator bezeichnet. Offenbar sagt hier das Zeichen $\doteqdot$ zu wenig; $\prod_{i<k''} F_i$ ist geradezu die als zweiter Teil jener Isologie gegebenen Form; also wohl auch mit dieser Form isolog. Um neue Bezeichnungen nicht allzusehr zu häufen, soll es für die Symbolik bei jener Isologie bleiben; offenbar genügt dies im Kreise logischer Betrachtungen, wo ja isologe Formen für einander eintreten können.[1]

Mit Hilfe der Anschauungen, die in der vollständigen Induktion für endliche Mengen beschrieben werden, ist damit $\prod_{i<l'} F_i$ vollständig beschrieben.

Man hat dann für die einfachsten Fälle (bei jener Anwendung des Zeichens $\doteqdot$):

$$\prod_{i<1'} F_i \doteqdot F_1,$$

$$\prod_{i<2'} F_i \doteqdot [F_1 \check{\times} F_2],$$

$$\prod_{i<3'} F_i \doteqdot [(F_1 \check{\times} F_2) \check{\times} F_3],$$

$$\prod_{i<4'} F_i \doteqdot [((F_1 \check{\times} F_2) \check{\times} F_3) \check{\times} F_4],$$

usf.

---

[1] Um so mehr, als diese Ungenauigkeit der Bezeichnung durch das eben zu deduzierende „kommutative Gesetz der logischen Produkte“ wieder gehoben wird.

Wir können offenbar die Formen des Komplexes den Numeratoren mit Ausschluß des Falles, wo Z_1 auftritt, in verschiedener Weise zuordnen. Um dies zu sehen, brauchen wir ja z. B. nur festzusetzen, daß nicht F_1 der 1, F_2 der 2, sondern F_1 der 2 und F_2 der 1 zugeordnet sei. Allgemein können wir die Zeichen

$$r_i \quad (i \prec k')$$

als Zeichen der Numeratoren i $(i \prec k')$ auffassen, mit der Bestimmung, daß für jeden dieser Numeratoren eines und nur eines jener Zeichen, und zwar für verschiedene Numeratoren verschiedene Zeichen, gesetzt werden, was z. B. erreicht ist, wenn r_1 die 2, r_2 die 1 und jedes andre r_i das i bezeichnet. Offenbar kann diese Festsetzung selbst in verschiedener Weise erfolgen. Wie dies auch immer geschehen sei, werden die Mengen

$$F_{r_i} \quad (i \prec k') \quad \text{und} \quad F_i \quad (i \prec k')$$

dieselben Elemente enthalten; man sagt entsprechend, daß die logischen Produkte

$$\prod_{i \prec k'} F_{r_i} \quad \text{und} \quad \prod_{i \prec k'} F_i$$

sich nur durch „die Reihenfolge ihrer Faktoren" unterscheiden und konstatiert, daß

$$\prod_{i \prec k'} F_{r_i} \doteqdot \prod_{i \prec k'} F_i \tag{C_k}$$

eine logische Form ist, deren Interpretation das sog. kommutative Gesetz der logischen Multiplikation liefert. Daß (C_k) für den beliebigen aber bestimmten Numerator k eine logische Form ist, wird mit Hilfe der vollständigen Induktion für endliche Mengen zur Evidenz gebracht. Die Anschauung lehrt in der Tat, daß (C_1), d. h. $F_1 \doteqdot F_1$ eine logische Form ist, und weiter, daß, wenn l irgend ein Numerator, der $\prec k$ ist, mit (C_l) auch $(C_{l'})$ eine logische Form ist. Die letztere Behauptung ist aber noch näher auszuführen. Für (C_2) hat man

$$[F_1 \check{\times} F_2] \doteqdot [F_1 \check{\times} F_2] \quad \text{oder} \quad [F_2 \check{\times} F_1] \doteqdot [F_1 \check{\times} F_2],$$

die in der Tat logische Formen sind. Der entsprechende Schritt von (C_2) zu (C_3) ist besonders auszuführen:

Die logische Grundform (IId) liefert durch die Substitution

$$S\begin{pmatrix} x, & y, & z \\ F_1, & F_2, & F_3 \end{pmatrix}$$

die logische Form

$$[F_1 \check{\times} (F_2 \check{\times} F_3)] \doteqdot [(F_1 \check{\times} F_2) \check{\times} F_3].$$

Ebenso ist auch, wenn man F_2 mit F_3 vertauscht,

$$[F_1 \check{\times} (F_3 \check{\times} F_2)] \doteqdot [(F_1 \check{\times} F_3) \check{\times} F_2]$$

eine logische Form. Es ist danach auch

$$[(F_1 \check{\times} F_2) \check{\times} F_3] \doteqdot [(F_1 \check{\times} F_3) \check{\times} F_2]$$

eine logische Form

Ähnliche Schlüsse zeigen, daß jede der Formen

$$\begin{array}{ll} [F_1 \check{\times} F_2] \check{\times} F_3, & [F_1 \check{\times} F_3] \check{\times} F_2, \\ [F_2 \check{\times} F_3] \check{\times} F_1, & [F_2 \check{\times} F_1] \check{\times} F_3, \\ [F_3 \check{\times} F_1] \check{\times} F_2, & [F_3 \check{\times} F_2] \check{\times} F_1 \end{array}$$

mit $[F_1 \check{\times} F_2] \check{\times} F_3$ isolog ist, und damit, daß auch

$$\prod_{i<3'} F_{r_i} \doteqdot \prod_{i<3'} F_i \qquad (C_3)$$

logische Form ist. Die Anschauung lehrt eben, daß in der hingeschriebenen Form jede mögliche Wahl von r_1, r_2, r_3 erschöpft ist.

Mit (C_2) ist demnach auch (C_3) logische Form; um die vollständige Induktion für endliche Mengen anwenden zu können, ist aber noch zu zeigen, daß mit (C_l) auch $(C_{l'})$ logische Form ist, was nach einer von Lejeune-Dirichlet herrührenden Schlußweise geschieht.

Der Annahme nach ist

$$\prod_{i<l'} F_{r_i} \doteqdot \prod_{i<l'} F_i \qquad (C_l)$$

logische Form. Es ist demnach auch

$$[(\prod_{i<l'} F_{r_i}) \check{\times} F_{l'}] \doteqdot \prod_{i<l''} F_i$$

eine logische Form. Es ist aber der Annahme nach auch

$$\prod_{i<l'} F_{r_i} \doteqdot [(\prod_{i<l'}{}^{(j)} F_{r_i}) \check{\times} F_{r_j}]$$

eine logische Form, wo $\prod^{(j)}$ andeuten soll, daß F_{r_j} aus der Reihe der Formen F_{r_i} ausgelassen ist. Also ergibt sich die weitere logische Form

$$[((\prod_{i<l'}{}^{(j)} F_{r_i}) \check{\times} F_{r_j}) \check{\times} F_{l'}] \doteqdot \prod_{i<l''} F_i. \qquad (C_l')$$

In dem ersten Teil dieser Isologie kann aber nach (C_0) jetzt F_{r_j} mit $F_{l'}$ vertauscht werden, während in

$$[\prod_{i<l'}{}^{(j)} F_{r_i}] \check{\times} F_{l'},$$

wo statt r_j jetzt l' steht, nach (C_l) die Reihenfolge der Faktoren beliebig gewählt werden kann. Es steht demnach in dem ersten Teil von (C_l') jetzt das beliebige r_j an letzter Stelle, und die übrigen r an beliebigen Stellen. Nach der Vertauschung von r_j mit l' ist demnach (C_l') nichts anderes, als die zu erhärtende logische Form $(C_{l'})$.

16. Die Definition der logischen Summe eines endlichen Formenkomplexes geschieht in analoger Weise wie die des Produktes; es ist nur statt „Produkt" „Summe" zu setzen und entsprechend das Zeichen $\breve{\times}$ mit $\breve{+}$ zu vertauschen.

Als logische Summe des Formenkomplexes $\{F_1\}$ bezeichnen wir F_1 selbst; als logische Summe von $\{F_1, F_2\}$ bezeichnen wir $F_1 \breve{+} F_2$. Die allgemeine Definition geschieht wieder rekursiv. Wenn man die logische Summe der Formenmenge $\{F_i\}$ $(i < k')$ mit

$$\sum_{i<k'} F_i$$

bezeichnet, soll

$$\sum_{i<k''} F_i \stackrel{\smile}{=} [(\sum_{i<k'} F_i) \breve{+} F_{k'}]$$

sein. So wird z. B.

$$\sum_{i<3'} F_i \stackrel{\smile}{=} [(F_1 \breve{+} F_2) \breve{+} F_3],$$

$$\sum_{i<4'} F_i \stackrel{\smile}{=} [((F_1 \breve{+} F_2) \breve{+} F_3) \breve{+} F_4]$$

usw.

Es ergibt sich, was wohl nicht ausgeführt zu werden braucht, ganz wie früher, das sog. kommutative Gesetz der logischen Addition, das sich in der logischen Form

$$\sum_{i<k'} F_{r_i} \stackrel{\smile}{=} \sum_{i<k'} F_i \qquad (\bar{C}_k)$$

ausdrückt.[1]

[1] Wir haben hier endlich Gelegenheit, die Anmerkung in Kap. IV, Art. 3 zu ergänzen. Offenbar ist nach (II d—f)

$$[(x \breve{+} z) \breve{\times} (y \breve{+} z)] \stackrel{\smile}{=} [(x \breve{\times} y) \breve{+} (x \breve{\times} z) \breve{+} (z \breve{\times} y) \breve{+} z),$$

wo wir nach dem für logische Summen bewiesenen kommutativen Gesetze in leichtverständlicher Analogie mit den entsprechenden mathematischen Bezeichnungen, die Parenthesen im zweiten Teile dieser Isologie zum Teile fortlassen könnten.

Wäre nun das zweite distributive Gesetz

$$[(x \breve{\times} y) \breve{+} z] \stackrel{\smile}{=} [(x \breve{+} z) \breve{\times} (y \breve{+} z)]$$

eine logische Form, so würde sich hieraus unmittelbar auch

$$[(x \breve{\times} y) \breve{+} z] \stackrel{\smile}{=} [(x \breve{\times} y) \breve{+} (x \breve{\times} z) \breve{+} (z \breve{\times} y] \breve{+} z]$$

als logische Form ergeben. Sind x, y, z Zeichen von Erlebnissen, so könnte die „Unabweisbarkeit" des zweiten Teiles bedeuten, daß z und y unabweisbare Er-

17. Die den Identitätssätzen entsprechende allgemeine logische Form

$$[\prod_{i<k'} (G_i \cong G_{i'})] \subset [G_1 \cong G_{k'}]$$

ergibt sich wieder durch vollständige Induktion.

Erwähnt werde noch die dem Kettenschluß entsprechende logische Form

$$[\prod_{i<k'} (G_i \subset G_{i'})] \subset [G_1 \subset G_{k'}]. \qquad (K_k)$$

Man hat, wenn k die 1 oder 2 bedeutet, die schon bekannten logischen Formen

$$[G_1 \subset G_2] \subset [G_1 \subset G_2],$$

$$[(G_1 \subset G_2) \check{\times} (G_2 \subset G_3)] \subset [G_1 \subset G_3]$$

(die durch Substitution aus (IIIa) und (IIIe) entstehen). Beachtet man, daß auch

$$[G_3 \subset G_4] \subset [G_3 \subset G_4]$$

eine logische Form ist, so erhält man durch die Substitution

$$S\begin{pmatrix} x & , & y & , & z & , & u \\ (G_1 \subset G_2) \check{\times} (G_2 \subset G_3), & & G_1 \subset G_3, & & G_3 \subset G_4, & & G_3 \subset G_4 \end{pmatrix}$$

aus (IIIf), indem man das Schlußprinzip anwendet, die logische Form

$$[((G_1 \subset G_2) \check{\times} (G_2 \subset G_3)) \check{\times} (G_3 \subset G_4)] \subset [(G_1 \subset G_3) \check{\times} (G_3 \subset G_4)].$$

Da nach (IIIe) auch

$$[(G_1 \subset G_3) \check{\times} (G_3 \subset G_4)] \subset [G_1 \subset G_4]$$

eine logische Form ist, ergibt sich durch abermalige Anwendung von (IIIe) auch

$$[\prod_{i<k'} (G_i \subset G_{i'})] \subset [G_1 \subset G_{k'}]$$

als logische Form für den Fall, daß k die 3 ist; und weiter durch die vollständige Induktion die allgemeine logische Form (K_k).

———

lebnisse sind. Eine Bedeutung, die dem ersten Teile niemals zukommt. Dort ist nur z oder nur x und y oder beide unabweisbar. Nur z und y findet sich nicht. Die beiden Interpretationen widersprechen sich wohl nicht, aber sie sind doch verschieden.

Der Aussagekalkül.

18. Der sog. Aussagekalkül fügt den logischen Grundformen noch

$$[x \subset y] \stackrel{\smile}{=} [(x \sim \mathfrak{v}') \stackrel{\smile}{+} (y \sim \mathfrak{v})]$$

als solche hinzu. Daß diese Form nach unsern Festsetzungen keine logische Form ist, kann unmittelbar klargestellt werden. Sie müßte dann bei jeder Substitution eine $\bar{P}$-Form bleiben; also z. B. auch, wenn für x und y $\bar{N}$-Formen gesetzt werden. Dann würde aus dem ersten Teile jener Isologie eine $\bar{P}$-Form, aus dem zweiten Teile eine $\bar{N}$-Form und die Isologie selbst eine $\bar{N}$- und keine $\bar{P}$-Form. Um dies zu vermeiden, müßte eine Bestimmung getroffen werden, nach der jede Form $\bar{P}$- oder $\bar{Q}$-Form ist. Damit sind wir wieder auf jene Betrachtungen zurückgewiesen, die wir in Art. 11 angestellt haben. Der Satz des ausgeschlossenen Dritten müßte durch eine logische Form dargestellt sein und wir wären wieder zu dem als „unmöglich" erkannten absoluten Wahrheitsbereich gelangt.

Die Begründer des sog. Aussagekalküls haben diese Unmöglichkeit wohl nicht klar erkannt, aber doch sehr wohl gefühlt und durch eine sehr merkwürdige, aber doch eigentlich wertlose Interpretation umgangen; in dieser Interpretation wird „wahr" und „falsch" in einem ganz neuen Sinne gebraucht, der mit der erkenntnistheoretischen Bedeutung dieser Worte gewiß nichts mehr zu tun hat.

Wir nehmen im Aussagekalkül einfach an, daß jedes Erlebnis „gegeben" oder „nicht gegeben" ist, und nennen die gegebenen Erlebnisse „wahr", die nicht gegebenen „falsch"; es wird aber dann noch weiter festgesetzt, daß die Erlebnisse E und E', insofern sie in diesem Sinne beide wahr oder beide falsch sind, als isolog zu betrachten sind, so daß die Isologie $E \stackrel{\smile}{=} E'$ nur dann nicht besteht, wenn von den Erlebnissen E und E' das eine „wahr", das andere „falsch" ist. Offenbar entsteht so ein Denkbereich, in dem eigentlich nur „das Wahre" und „das Falsche" durch die logischen Grundbegriffe verknüpft werden. Geradezu verwirrend wirkt aber dann der Name des „Aussagekalküls", der ja dadurch entsteht, daß aus den Aussagen alles, was diese als „Aussagen" charakterisiert, ihr Inhalt, demgemäß sie wahr oder falsch sind, wegzudenken ist. Dann verlieren aber auch die logischen Grundbegriffe ihren Inhalt vollständig; während doch unser wissenschaftliches Denken in erster Reihe die Anwendung dieser logischen Grundbegriffe genau beschreiben soll.

Nach jenem Grundgesetze des Aussagekalküls wäre

$$(x \sim \mathfrak{v}') \stackrel{\smile}{+} (y \sim \mathfrak{v})$$

wahr, wenn x falsch oder y wahr ist, und es würde eben $x \subset y$ dieselbe Bedeutung haben. In der Tat wird im Aussagekalkül angenommen, daß $x \subset y$ „wahr" ist, wenn x falsch ist, oder auch wenn y wahr ist. Daß aber mit diesen Annahmen alles weggefallen ist, was irgendwie noch an den Sinn der Worte „also" oder „folgt" erinnert, ist klar. So würde z. B. aus der Aussage, daß ich im letzten Sommer das Matterhorn bestiegen, die Richtigkeit des Fermatschen Satzes folgen, und zwar einfach deshalb, weil ich eben im letzten Sommer das Matterhorn nicht bestiegen habe. Trotz der Folgerichtigkeit seiner Sätze kann wohl demnach nicht behauptet werden, daß der Aussagekalkül zur wissenschaftlichen Beschreibung unsres logischen Denkens auch nur das geringste beiträgt.

Der Aussagekalkül ist ein exaktes, d. h. widerspruchloses Spiel mit den Dingen, die willkürlich „das Wahre" und „das Falsche" genannt werden, und die ebenso willkürlich durch gewisse Regeln befolgende Relationen verknüpft werden. Eine Anwendung auf „wissenschaftliche" Probleme ist damit auf einen ganz unbedeutenden Rest reduziert.

Sechstes Kapitel.

Axiomatische Formen- und Denkbereiche.

Erste Beschreibung der axiomatischen Bereiche.

1. Es seien gewisse Formen „gegeben"; d. h. es seien Festsetzungen getroffen, nach denen es für jedes Ding entschieden ist, ob es eine gegebene Form ist oder nicht. Wir nennen diese Formen die axiomatischen Grundformen des Formenbereiches Δ. Die logischen Grundformen sind auch jetzt „die logischen Grundformen des Formenbereichs Δ".

Die Grundformen des Formenbereichs Δ sollen auch Δ-Formen genannt werden.

Wir statuieren dann in voller Analogie zur Theorie der logischen Formen die folgenden Prinzipe:

(I) Wenn U, V, W beliebige, aber bestimmte Formen sind, soll

$$[U \doteqdot V] \subset \left[S\binom{x}{U} W \doteqdot S\binom{x}{V} W\right]$$

eine Δ-Form sein (Isologieprinzip).

(W) Es sollen, wenn U eine beliebige, aber bestimmte Form ist,

$$U \subset [U \sim \mathfrak{v}] \quad \text{und} \quad [U \sim \mathfrak{v}] \subset U$$

Δ-Formen sein (Wertungsprinzip).

(D) Mit U und $U \subset V$ soll immer auch V eine Δ-Form sein (Deduktions- oder Schlußprinzip).

(S) Wenn U eine beliebige aber bestimmte Form und W eine beliebige aber bestimmte Δ-Form ist, soll auch $S\binom{x}{U}W$ eine Δ-Form sein (Substitutionsprinzip).

Damit sind die Hilfsmittel gegeben, um den als „logische Deduktion im Formenbereiche Δ" bezeichneten endlichen Denkprozeß endgültig zu beschreiben.

Es sei eine endliche Menge von Formen gegeben, und zwar, wenn diese Menge der Z_l-Menge äquivalent ist, und $r < l$, so sei U_r die dem Numerator r eindeutig zugeordnete Form, U_l die „letzte" Form dieser Menge. Es sei weiter e_1 das Erlebnis, daß eine Form Element dieser Menge und daß die logischen sowie die axiomatischen Grundformen des Formenbereichs Δ eben Δ-Formen sind. Es sei ferner e_t das folgende Erlebnis: Durch Anwendung eines der Prinzipe (*I*), (*W*), (*D*) oder (*S*) wird aus den Formen *U*, *V*, *W* bzw. den Δ-Formen U, $U \multimap \mathfrak{v}$, $U \subset V$ eine Form F_t erzeugt, die auch Δ-Form genannt wird. Dabei soll die Tatsache, daß *U*, *V*, *W* Formen sind, ein Teilerlebnis von e_1, ferner die Tatsache, daß U, $U \multimap \mathfrak{v}$ oder $U \subset V$ schon Δ-Formen sind, ein Teilerlebnis von e_r bzw. e_r und e_s sein, wo $e_r \prec e_t$ und $e_s \prec e_t$ ist.

Ist insbesondere dieser endliche Denkprozeß der Z_k-Menge äquivalent, so soll die in dem Erlebnisse e_k erzeugte Δ-Form F_k als durch den gegebenen endlichen Denkprozeß erzeugt bezeichnet werden. Offenbar können auch die Grundformen des Formenbereichs Δ so erzeugt werden.

Jede durch einen solchen Denkprozeß erzeugte Δ-Form soll eine Form des Formenbereichs Δ, kürzer auch eine Form aus Δ genannt werden.

Der endliche Denkprozeß selbst wird als logische Deduktion im Formenbereiche Δ bezeichnet.

Offenbar ist jede Form aus Δ, wie überhaupt jede Form, in dem bisher gebrauchten Sinne des Wortes, der Interpretation fähig (Kap. IV, Art. 17). Durch die Beschreibung der Formen aus Δ wird in erster Reihe ein Denkbereich beschrieben, dem als Erlebnisse die Tatsachen angehören, daß gewisse Formen Formen aus Δ genannt werden; wo die Frage, ob diese Abmachungen den Denkbereich „vollständig" beschreiben, nicht weiter erörtert wird (vgl. überhaupt Kap. V, Art. 3 und 4).

Die Interpretation der Formen aus Δ ergibt einen Denkbereich *D*, dem gewisse Sätze bzw. Gesetze, und unter diesen alle logischen Sätze bzw. Gesetze, angehören. Der Denkbereich *D* wird durch die den axiomatischen Grundformen entsprechenden Sätze bzw. Gesetze, die sog. Axiome des Denkbereichs, vollständig charakterisiert und soll darum der durch diese bestimmte „axiomatische Bereich" genannt werden. Er ist dem Wertungsprinzipe entsprechend ein Wahrheitsbereich. Dadurch entsteht aber für jeden Denkbereich *D* die weitere Frage, ob dieser Wahrheitsbereich der Denknorm der Widerspruchslosigkeit entspricht, ob er exakt (widerspruchslos) ist.

Ein solcher Fall wurde schon früher erörtert. Wir haben in Kap. V, Art. 12 dem Bereiche der logischen Formen die (einzige) axiomatische Grundform

$$[x \subset y] \subset [(y \frown \mathfrak{v}') \subset (x \frown \mathfrak{v}')]$$

hinzugefügt, und den aus dem Denkbereiche der reinen Logik so entstandenen Denkbereich der präzisen Schullogik als widerspruchslos erkannt.

2. Im allgemeinen wird durch diese Bestimmungen der Sinn des Ausdrucks „Axiom" in einer dem gewöhnlichen Gebrauche völlig entsprechenden Weise, aber wohl genauer festgelegt.

Axiom des Denkbereichs D ist ein Erlebnis, das dem Denkbereiche D angehört, und dem wir in D dieselbe unmittelbare Evidenz zuschreiben, wie den logischen Gesetzen. Die Axiome sind frei gewählt; ob wir ihnen diese „logische Evidenz" mit Recht zuschreiben, ist eine Frage der Erkenntnistheorie, die wir nicht berühren. Wohl aber beschränken wir uns — wieder in freiem Entschlusse — auf eine solche Wahl der Axiome, daß der Denkbereich exakt (widerspruchslos) ist.

So wird z. B. der Satz des Widerspruchs kein Axiom des Denkbereichs sein, auch wenn dieser widerspruchslos ist, wie das früher (Kap. V, Art. 11) zur Genüge erörtert wurde; es ist vielmehr der Satz des Widerspruchs eine an dem Denkbereiche selbst gewonnene neue Anschauung, deren „Evidenz" von der „logischen Evidenz" wesentlich verschieden ist, insbesondere nicht in dem „logische Deduktion" genannten endlichen Denkprozesse gewonnen wird. Damit soll und wird jedoch durchaus nicht gesagt sein, daß die „Intensität" dieser Evidenz deshalb geringer ist. Die Evidenz hat überhaupt keine Intensitätsgrade. Sie ist vorhanden oder nicht.

Damit behaupten wir aber keineswegs, daß der Satz des Widerspruchs für den als widerspruchslos erkannten Denkbereich D überhaupt nicht „axiomatisiert" werden kann; wir behaupten nur, daß die Annahme, daß dies im Denkbereiche D selbst geschieht, die Grundnorm unsres Denkens verletzt. Indem wir den Satz des Widerspruchs „axiomatisieren", gehen wir zu einem neuen Denkbereiche D' über, für den wir wohl festsetzen können, daß jedes Erlebnis, das dem D angehört, auch dem D' angehören soll, der aber jedenfalls den Satz des Widerspruchs für D als neues Axiom enthält. Dieser Satz lautet jetzt: Wenn F eine Form aus $\varDelta$ ist, wird $F \frown \mathfrak{v}'$ keine Form aus $\varDelta$ sein. Die wesentliche Änderung ist die, daß der Denkbereich D, als adjungiertes Ding, als Kollektivbegriff, in die Beschreibung des Denkbereichs D' eingeht und damit für D ein neuer Wahrheitsbegriff (dem Denkbereiche D' angehörend) auftritt. Wir können diesen neuen Wahrheitsbegriff als Verallgemeinerung des früheren fassen, wenn, wie in solchen Fällen tatsächlich geschieht, festgesetzt wurde, daß jedes Erlebnis aus D dem Denkbereiche D' angehören soll. Auch dies ist ein neues Axiom und kann (wenn wir die Tatsache, daß E dem Denkbereiche D' angehört, in der Valenz $E \sim \mathfrak{w}$ formalisieren) durch die axiomatische Form

$$[E \sim \mathfrak{v}] \subset [E \sim \mathfrak{w}]$$

ausgedrückt werden. Dagegen ist $[E \sim \mathfrak{w}] \subset [E \sim \mathfrak{v}]$ durchaus keine axiomatische Form aus Δ', wo Δ' der dem Denkbereiche D' entsprechende Formenbereich ist.

Zusammengefaßt: Aus den Axiomen und der als „ultimo ratio" verbleibenden Annahme, daß diese Axiome in derselben Weise evident sind wie die logischen Gesetze, entsteht durch logische Deduktion ein Denkbereich, der, wenn er widerspruchslos ist, eine wissenschaftliche Disziplin darstellt. An diesem Denkbereiche selbst, an dieser Disziplin erfahren wir neue Anschauungen, deren Notwendigkeit oder Evidenz schon — infolge dieser Entstehung — von der Evidenz der dem ursprünglichen Denkbereiche angehörenden Erlebnisse verschieden ist. Nichts hindert uns aber (so geschieht es in der Tat im wissenschaftlichen Denken), diese Anschauungen in einem weiteren Denkbereiche, in einer höheren wissenschaftlichen Disziplin von neuem zu axiomatisieren und so fortzufahren. Es wird sich jedoch der Natur der Sache nach immer zeigen, daß der volle Inhalt einer wissenschaftlichen Disziplin nur in den an einem Denkbereiche gewonnenen Anschauungen zutage tritt.

Axiomatische Bereiche für die Mengenbegriffe.

3. Wir greifen jetzt auf die erste Definition der gewöhnlichen[1] Mengen zurück, in welcher der Mengenbegriff durch Beschreibung eines Denkbereichs definiert (gegeben) wurde.

Jener Denkbereich war in der dort (Kap. II., Art. 13) gebrauchten symbolischen Schreibweise:

$$[G], \quad [x \,\text{qual.}\, G] \,\text{inv.}\, [x \,\text{rel.}_{\mathfrak{a}}\, M],$$

wo das Symbol $[G]$ andeutet, daß jedes Erlebnis, demgemäß ein bestimmtes Ding „gegeben" ist, d. h. die G-Eigenschaft besitzt, dem

[1] Das Beiwort „gewöhnlich" lassen wir in der Folge weg, da es sich ausschließlich um die „gewöhnlichen" Mengen, d. h. diejenigen Mengen handelt, die in der Mengenlehre bisher untersucht wurden.

Denkbereiche angehört; während die Involution besagt, daß, wenn x Eigenname eines Dinges ist, das die G-Eigenschaft besitzt (somit also „x qual. G" dem Denkbereiche angehört) auch „x rel.$_a M$" dem Denkbereiche angehören soll.

Wenn durch irgendwelche Festsetzungen die G-Eigenschaft beschrieben ist, oder mit anderen Worten es für jedes Ding entschieden ist, ob es gegeben oder nicht, wird allerdings noch in jedem einzelnen Falle nachzusehen sein, ob der Denkbereich nicht als „unmöglich" auszuschließen ist, was der Grundnorm unsres Denkens gemäß dann und nur dann der Fall ist, wenn er irgend ein Erlebnis als dem Denkbereiche angehörend und auch dem Denkbereiche nicht angehörend bestimmt.

In gewissen Fällen ergibt die Anschauung unmittelbar, daß der Denkbereich der Grundnorm unsres Denkens genügt. So z. B.

a) wenn, welches Ding immer auch x bezeichne, die Aussage „x besitzt die G-Eigenschaft", von der Aussage, daß „ein bestimmtes Erlebnis einem bestimmten Denkbereiche nicht angehört", verschieden ist und diese auch kein Teilerlebnis jener Aussage ist. Wie wir dies für die a-Menge aller sich nicht enthaltenden Mengen gesehen haben, könnte ja im entgegengesetzten Falle jener Denkbereich mit dem zu definierenden Denkbereiche zusammenfallen und so, wenn wir die Erlebnisse des Denkbereichs als unabweisbare Tatsachen auffassen, ein bestimmtes Erlebnis als unabweisbare und auch als unannehmbare Tatsache auftreten. Wenn aber unsere Festsetzungen eintreffen, wird die Beschreibung des Denkbereichs eben niemals die Tatsache liefern, daß ein Erlebnis dem Denkbereiche nicht angehört, der Denkbereich ist „möglich" (aber noch durchaus nicht „logisch widerspruchslos").

b) Ebenso lehrt uns die Anschauung, daß der Denkbereich möglich ist, wenn die Beschreibung der G-Eigenschaft die a-Relation überhaupt nicht benützt; oder genauer gesprochen, wenn die Beschreibung der G-Eigenschaft erlebt werden kann, ohne daß die a-Relation überhaupt in unser Denken eingeht. Dann kann die Aussage „x besitzt die G-Eigenschaft" für irgend ein x auch bedeuten, daß ein bestimmtes Erlebnis einem bestimmten Denkbereiche nicht angehört; aber die Beschreibung dieses Denkbereichs benützt die a-Relation nicht und liefert demnach einen von jenem zu definierenden Denkbereiche verschiedenen Denkbereich. Daß ein Erlebnis diesem Denkbereiche nicht angehört, wird demgemäß in diesem Falle gewiß nicht ausgesagt. Allerdings werden wir aber in diesem Falle fordern müssen, daß die zur Beschreibung der G-Eigenschaft dienenden Denkbereiche durchweg möglich sind.

Es sollen nun die Erlebnisse eines solchen — eine Menge definierenden — Denkbereichs, der der Grundnorm unsres Denkens genügt, als Axiome eines durch diese bestimmten axiomatischen Denkbereichs aufgefaßt werden.

Dabei ist aber wohl zu beachten, daß, wenn wir den Denkbereich, der die Menge definiert, in

$$[G], \ [x \,\text{qual.}\, G] \text{inv.} [x \,\text{rel.}_{\mathfrak{a}}\, M]$$

auch symbolisierten, dieses Symbol noch durchaus nicht als die Menge charakterisierender Formenbereich angesehen werden kann. Hierin wurde wohl von gewissen Dingen ausgesagt, daß sie die G-Eigenschaft besitzen, ebenso würde uns die Anschauung des Bereichs (nicht die Interpretation einer Form des Bereichs) lehren, daß für gewisse Dinge das Erlebnis, daß sie die G-Eigenschaft besitzen, dem Denkbereiche nicht angehört; aber was die G-Eigenschaft besagt, wäre aus dem Denkbereiche ganz herausgefallen.[1]

Um die „Eigenschaften der G-Eigenschaft" zu berücksichtigen, steht uns nach den bisherigen Entwicklungen eine weitreichende Methode zur Verfügung, die eben eine „formale" Beschreibung der G-Eigenschaft gibt. Daß x die G-Eigenschaft besitzt, kann als die Interpretation eines bestimmten Formenbereichs angesehen werden, so daß, um „a qual. G" zu formalisieren, in allen Formen des Bereichs die Substitution $S\binom{x}{a}$ auszuführen ist und demnach, wenn a ein gegebenes Ding und F irgend eine Form dieses Bereichs ist, die Form $S\binom{x}{a}F$ unter die axiomatischen Formen des die Menge definierenden Formenbereichs aufzunehmen ist, denen dann noch für jedes gegebene Ding a noch die Form „$a \,\text{rel.}_{\mathfrak{a}}\, M$" hinzugefügt wird. Daß ein Erlebnis im Denkbereiche als unabweisbare oder auch als unannehmbare Tatsache auftritt, wird durch $x \frown \mathfrak{v}$ oder $x \frown \mathfrak{v}'$ ausgedrückt; daß aber für ein bestimmtes Erlebnis e weder $e \frown \mathfrak{v}$ noch $e \frown \mathfrak{v}'$ dem Denkbereiche angehört, kann eine an dem Denkbereiche gewonnene Anschauung sein, ist aber kein dem Denkbereiche angehörendes Erlebnis und wird auch aus keiner Form durch Interpretation zu erlangen sein; solche Formen „existieren" überhaupt nicht, d. h. wir haben keine solche eingeführt.

---

[1] Es ist hier eben „x qual. G" nicht als Qualitätsform im Sinne von Kap. IV, Art. 13 aufzufassen, sondern nur als Symbol für die eventuell sehr komplizierte Aussage: „x besitzt die G-Eigenschaft" (x ist „gegeben").

Bei dieser Interpretation der G-Eigenschaft ist der die Menge definierende Denkbereich, auch als axiomatischer Bereich, immer ein solcher, der der Grundnorm unsres Denkens genügt, und sollte er sich noch als widerspruchslos erweisen, so definiert dieser axiomatische Bereich die Menge als „logisch widerspruchsloses Ding". In diesen Fällen sagen wir auch, daß die Menge „existiert", genauer daß „die Anschauung ihre logische Existenz erhärtet".

Offenbar kann diese Interpretation, was besonders betont werden muß, nicht für jede G-Eigenschaft stattfinden; so z. B. nicht für die Eigenschaft, „eine sich nicht enthaltende a-Menge sein", weil eben „dem Denkbereiche nicht angehören" nicht durch eine Form ausgedrückt wird. Wenn aber die G-Eigenschaft aus einem Formenbereiche interpretiert werden kann, ist für den betreffenden Denkbereich nur das Problem der Widerspruchslosigkeit zu lösen; die Möglichkeit ist unmittelbar evident.

4. Daß der Inhalt der Aussage „a qual. G" dadurch formalisiert wird, daß wir in jeder Form eines bestimmten Formenbereichs die Substitution $S\binom{x}{a}$ ausführen und die Interpretation dieses Formenbereichs an Stelle der Aussage „a qual. G" setzen, ist für das mathematisch geschulte Denken der „natürliche" Fall, aber nur deshalb zuerst erwähnt, weil er sich eben den Gewohnheiten unsres Denkens besser anschmiegt.

Offenbar können wir jedoch die folgende weitere Annahme[1] machen: Jedem gegebenen Dinge a entspricht ein bestimmter Formenbereich, dessen Interpretation nichts anderes als die Aussage „a qual. G" ist. Auch dann lehrt die Anschauung wie früher, daß der so beschriebene Denkbereich der Grundnorm unsres Denkens genügt.

In gewissen, gerade den häufigsten Anwendungen entsprechenden Fällen ist es leicht zu zeigen, daß der so definierte Mengenbegriff, d. h. der entsprechende Denkbereich auch logisch widerspruchlos ist. Die Formen des entsprechenden Formenbereichs Δ sind offenbar die Formen der den gegebenen Dingen entsprechenden Formenbereiche, außerdem die Formen „x rel.$_a$ M", wenn der Hauptteil dieser Relation ein ge-

[1] Wenn wir die Forderung des axiomatischen Aufbaues einer wissenschaftlichen Disziplin in kategorischer Strenge durchführen wollen, ist unter der Aussage „a qual. G" immer nur die Statuierung eines entsprechenden Formenbereiches zu verstehen. Im allgemeinen werden die axiomatischen Formen eines Denkbereichs, der eine Menge definiert, entweder solche sein, die ein Element der Menge bestimmen, oder solche, die Eigenschaften der Elemente bestimmen.

gebenes Ding ist, und endlich die durch logische Deduktion aus diesen erhaltenen Formen.

Man sieht, daß der Denkbereich D bzw. der Formenbereich Δ logisch widerspruchslos ist, sobald sich unter den Formen der Formenbereiche, die den gegebenen Dingen entsprechen, keine Stellenzeichen, keine Valenzen[1], keine logischen Summen oder Produkte, keine Implikationen und auch weder Isologien noch Äquipollenzen finden. (Mit andern Worten: Keine solchen Formen, für die es in Kap. V, Art. 6 schon festgesetzt wurde, wie und wann sie $\bar{P}$- oder $\bar{Q}$-Formen genannt werden sollen.)

Obwohl keine andern Formen eingeführt wurden, sei es doch festgesetzt, daß nur von solchen Formen die Rede ist, die durch ihren ersten und zweiten Teil, bzw. durch ihren Hauptteil und ihren Hauptnamen bestimmt sind.

Man kann dann den für das Problem der Widerspruchslosigkeit im Denkbereiche der reinen Logik gemachten Festsetzungen (Kap. V, Art. 6) die weiteren hinzufügen, daß die in gegebenen Dingen entsprechenden Formenbereichen auftretenden Formen, für die nach den jetzigen Annahmen eben noch keine Festsetzungen vorhanden sind, immer $\bar{P}$-Formen seien, was immer auch ihr erster und zweiter Teil bzw. ihr Hauptteil sei. Ebenso sei „$x \, \text{rel.}_a \, y$" immer eine $\bar{P}$-Form, was immer auch ihr erster oder zweiter Teil sei. Diese Formen sollen weiter unter die „primären" Zeichenformen eingereiht werden. Nach diesen Änderungen kann aber der weitere Inhalt der Art. 6—9 in Kap. V hier wörtlich eingefügt werden. Das heißt, die Anschauung des so beschriebenen Denkprozesses zeigt, daß, wenn $L \frown \mathfrak{v}$ eine Form des Bereichs ist, es in dem dort gegebenen genauen Sinne des Wortes unmöglich ist, daß auch $L \frown \mathfrak{v}'$ eine solche Form sei.

Bei den jetzt geltenden Annahmen wird demnach der dem Formenbereiche Δ entsprechende Denkbereich D nicht nur der Grundnorm unsres Denkens entsprechen, sondern auch logisch widerspruchslos sein.

Wenn der Denkbereich, der eine Menge definieren soll, der Grundnorm unsres Denkens genügt und auch zu keinem logischen Widerspruche führt, sagt man kurz, daß die Menge konsistent ist. Sollte aber die eine oder andere dieser Bedingungen nicht zutreffen, so

[1] Daß der Formenbereich keine Valenzen enthält, ist so zu verstehen, daß er keine Form enthält, deren Interpretation gemäß ein bestimmtes Erlebnis einem bestimmten Denkbereiche als unabweisbare oder auch unannehmbare Tatsache angehört.

sprechen wir von inkonsistenten Mengen. Allerdings ist in dem ersten dieser Fälle der Denkbereich unmöglich, und damit auch die Menge, die dann eben „nicht existiert". Im zweiten Falle der Inkonsistenz kann jedoch ganz wohl die Menge als durch den Denkbereich definiertes „Ding" angesehen werden; die Menge „führt" dann eben zu logischen Widersprüchen; sie verliert damit nicht ihre „Existenz" überhaupt, sondern nur ihre „logische Existenz".

Diese scharfe Trennung der Begriffe „unmöglich" und „logisch widerspruchsvoll" beruht, wie man sieht, darauf, daß wir wohl in beiden Fällen gezwungen wären, ein Ding als von sich selbst verschieden anzuerkennen; diese Unmöglichkeit aber im ersten Falle an den Erlebnissen selbst, die den Denkbereich konstituieren, auftreten würde, während im zweiten Falle dasselbe Erlebnis im Denkbereiche als unabweisbare und auch als unannehmbare Tatsache auftreten würde. Insbesondere darf man ja nicht glauben, wie der ungenaue Gebrauch des Wortes „widerspruchslos" es beinahe als selbstverständlich erscheinen läßt, daß es genügt, von der Beschreibung eines Denkbereichs ausgehend dessen logische Widerspruchslosigkeit zu erhärten, ohne die Möglichkeit des Denkbereichs vorher geprüft zu haben, die eben in der Widerspruchslosigkeit auch schon zur Evidenz gebracht wäre.

So wäre, um ein ganz krasses Beispiel zu geben, der Denkbereich der reinen Logik, wenn wir seiner Beschreibung noch hinzufügen, daß das durch $a \doteqdot a$ ausgedrückte Erlebnis dem Denkbereiche nicht angehört, gewiß unmöglich; aber es wird dadurch an den Erlebnissen, die dem Denkbereiche angehören, nichts geändert, und unter diesen tritt ein logischer Widerspruch jetzt ebensowenig auf wie früher.

Endgültige Fassung des Mengenbegriffs. Cantorsche Mengen.

5. Nachdem wir für irgend einen Mengenbegriff einen axiomatischen Denkbereich festgesetzt haben und diesen Denkbereich als möglich und widerspruchslos, d. h. die Menge selbst als konsistent erkannt haben, zwingt uns die Erkenntnis dieser Verhältnisse, den Begriff des Mengenelementes genauer zu fassen. Offenbar können, gegenüber der ersten Beschreibung der Menge, jetzt auch für Dinge u, die gar nicht gegeben waren, Formen wie „u rel. M" in den Bereich eintreten, indem diese eben durch „logische Deduktion" erhalten werden. Dies ist sogar der „gewöhnliche" Fall. Wenn wir z. B. die Menge M definieren, deren Element „a" und nur dieses ist, wird wegen $a \doteqdot a \mp a$ durch logische Deduktion aus „a rel. M" auch „$[a \mp a]$ rel. M" als Form des Bereichs sich ergeben. Trotzdem dürfen wir durch-

aus nicht sagen, daß $a \mp a$ ein „Element“ der Menge ist. Dann enthielte ja die Menge M neben a auch das Element $a \mp a$. Mit der Bemerkung, daß ja a von $a \mp a$ nicht verschieden ist, ist die Sache durchaus nicht abgetan; diese Bemerkung ist „falsch“. Im Denkbereiche der reinen Logik erhalten wir, wenn für a „a oder a“ gesetzt wird, aus evidenten Sätzen wieder evidente Sätze. Es ist eben $a \mathrel{\hat{=}} [a \mp a]$; aber logische Isologie ist durchaus nicht gleichbedeutend mit Nicht-Verschiedenheit. Die Denkakte „a“ und „a oder a“ sind verschieden. Die Wiederholung des Denkaktes a in „a oder a“ ist in a gewiß nicht vorhanden. Nach diesem Beispiele kehren wir zu den allgemeinen Erörterungen zurück.

Den Denkbereich, der die Menge ursprünglich beschrieb, haben wir durch Aufnahme neuer Erlebnisse zu einem axiomatischen Bereiche erweitert und dann erfahren, daß dieser Bereich möglich und widerspruchslos ist. Jedes Erlebnis des ersten Bereichs gehört auch dem zweiten Bereich an. Mit diesem wird auch jener möglich und widerspruchslos und kann auch durch logische Deduktion keinen Widerspruch ergeben. Allerdings müssen wir zwischen den Dingen, die den Axiomen nach „gegeben“ und „Elemente der Menge“ sind, und denjenigen Dingen, für die durch logische Deduktion „folgt“, daß sie zu M eben in jener Mengenrelation stehen, scharf unterscheiden. Diese Unterscheidung ist durch die tatsächliche Anschauung unmittelbar gegeben und muß festgehalten werden. (Sonst kämen wir gar nicht zur „Mengenlehre“; mit a wäre auch $a \mp a$, ebenso $[(a \mp a) \mp a]$ und so fort „Element“ der Menge; es gäbe für diesen Mengenbegriff gar keine endliche Menge.)

Elemente der Menge sind die gegebenen Dinge; für diese ist die „Gültigkeit“ der Mengenrelation durch die axiomatischen Formen (Axiome) festgesetzt. In dem der Menge entsprechenden axiomatischen Bereiche kann es (und wird es auch im allgemeinen) andere Dinge geben, die der Mengenrelation genügen, aber deshalb durchaus nicht „Elemente der Menge“ sind (genannt werden).

So wird zwischen der Menge, die a und nur a als Element enthält, und der Menge, die a und $a \mp a$, und nur diese als Elemente enthält, scharf zu unterscheiden sein. Für die erste „folgt“ durch logische Deduktion aus „a rel. M“ auch „$[a \mp a]$ rel. M“. Aber während im zweiten Fall „$[a \mp a]$ rel. M“ axiomatische Form ist, wird diese Form im ersten Falle erst durch logische Deduktion in den Bereich aufgenommen.

Mengen, die verschiedene Elemente besitzen, sind verschieden, auch wenn die entsprechenden axiomatischen Bereiche dieselben Erlebnisse enthalten.[1] Die Verschiedenheit dieser Bereiche kommt eben erst in der Verschiedenheit ihrer Erzeugung zum Ausdruck. (Außerdem können selbstverständlich Mengen, wenn sie auch durch dieselben Elemente erzeugt werden, durch die Verschiedenheit der zur Anwendung gelangenden Mengenrelation — α-Mengen, β-Mengen — verschieden sein.)

6. Wenn die gegebenen Dinge, d. h. die Elemente einer Menge, durch Formenbereiche beschrieben werden und unter den Formen dieses Bereiches sich keine Stellenzeichen, keine Valenzen, keine logischen Summen oder Produkte, keine Implikationen und auch weder Isologien noch Äquipollenzen finden, ist, wie wir in Art. 3 und 4 gesehen haben, der Denkbereich bzw. der Formenbereich möglich und widerspruchslos. Eine so definierte Menge soll in der Folge kurz als Cantorsche Menge bezeichnet werden. Die von Cantor betrachteten Mengen gehören durchweg dieser Klasse an.

Ist M eine Cantorsche Menge, so können wir in der Beschreibung des Denkbereichs von der Verschiedenheit der in dieser auftretenden Mengenrelation absehen. Nach den bisherigen Erörterungen ist es wohl überflüssig, auseinanderzusetzen, daß, wenn wir für die verschiedenen Mengenrelationen durchweg dieselbe setzen, wir ein von dem früheren verschiedenes Ding erhalten; aber die so erhaltene Menge, deren Beschreibung auch jetzt den früher aufgestellten Bedingungen genügt, ist wieder eine Cantorsche Menge.

Endlich ergibt die Anschauung die wichtige Tatsache, daß eine Menge, deren Elemente durchweg Cantorsche Mengen sind, selbst wieder eine Cantorsche Menge ist. Offenbar ist ja der Formenbereich, der in diesem Falle die einzelnen „gegebenen" Dinge beschreibt, wieder ein solcher, wie er in Art. 4 (und hier) statuiert wurde.

[1] Daß wir in der Beschreibung des Denkbereichs, der die Menge M definiert, das Axiom, demzufolge a ein Element der Menge M ist, wiederholt setzen, d. h. abermals denken, ändert nichts an der Beschreibung des Denkbereichs. Es wäre davon gänzlich verschieden, wenn wir den Elementen der Menge die weitere Eigenschaft zuschrieben, in gewisser Weise gewissen „Anzahlen" zugeordnet zu sein, was übrigens natürlich nur nach Einführung des Anzahlbegriffs geschehen könnte. Die Elemente erhielten dann die Eigenschaft. als „einfache" oder „mehrfache" Elemente aufzutreten. Das Bedürfnis, solche Kollektivbegriffe näher zu untersuchen, ist bisher in der allgemeinen Mengenlehre nicht aufgetreten.

Mengen mit mehrfachen Elementen betrachten wir hier überhaupt nicht, was, um jedem Mißverständnisse vorzubeugen, besonders bemerkt werden soll; obwohl das den Ausführungen nach, die im Texte gegeben sind, selbstverständlich ist. Zu der Bestimmung, daß gewisse Erlebnisse dem Denkbereiche als Axiome angehören, ist eben keine solche Bestimmung (Zählung) der Elemente hinzugetreten.

Es sei nun eine beliebige Cantorsche Menge gegeben. Dieser entspricht ein bestimmter axiomatischer Formen- bzw. Denkbereich, der möglich und logisch widerspruchslos ist. Diesen axiomatischen Bereich wollen wir durch Aufnahme gewisser axiomatischer Formen (bzw. Axiome) „erweitern“. Und zwar seien die neu aufzunehmenden Formen durchweg Isologien von besonderer Beschaffenheit:

a) Diese Isologien sollen sich bei keiner Substitution ändern. Offenbar ist dies für irgend eine Form dann und nur dann der Fall, wenn ihre Beschreibung kein Stellenzeichen gebraucht. Eine solche Form kann kurz als konstant bezeichnet werden.

b) Diese Isologien sollen durchweg $\bar{P}$-Formen sein, wenn in bezug auf die Benennung als $\bar{P}$-, $\bar{Q}$- oder $\bar{N}$-Formen die in Kap. V, Art. 6 gegebenen Festsetzungen gelten, und diesen Festsetzungen, wie in Art. 4, noch hinzugefügt wird, daß alle bei der Beschreibung der als Elemente auftretenden Mengen gebrauchten Formen immer $\bar{P}$-Formen sind.

Offenbar sind dann auch die in Kap. V, Art. 7—9 gegebenen Erläuterungen wörtlich übertragbar, und wir erhalten demnach abermals einen möglichen und widerspruchslosen Formen- bzw. Denkbereich, wenn wir den eine Menge von Cantorschen Mengen definierenden axiomatischen Formen irgendwelche Isologien hinzufügen, die die soeben statuierte Beschaffenheit besitzen. Wie wir sehr bald sehen werden, ist die so gewonnene und in diesem Satze ausgedrückte Anschauung von weittragender Bedeutung.

Die „Menge aller Dinge“ und die „absolute Nullmenge“.

7. Wir überzeugen uns leicht von der Konsistenz (d. h. Möglichkeit und Widerspruchslosigkeit) der „Menge aller Dinge“; allerdings wird es dabei notwendig sein, den mit dem Ausdrucke „Menge aller Dinge“ verknüpften ungenauen Sprachgebrauch zu präzisieren. Es soll jetzt

$$x \text{ qual. } G$$

genau als Qualitätsform im Sinne von Kap. IV, Art. 13 gebraucht werden. Ihre Interpretation lautet: „Irgend ein Ding, dessen Eigenname x sei, ist ein Erlebnis oder ein durch seine Erzeugung bestimmtes adjungiertes Ding“. Der Denkbereich ist möglich; axiomatische Formen sind „x qual. G“ und „x rel.$_o$ U“. Diese Axiome, sowie jeder durch logische Deduktion erhaltene Satz sagt eben nur, daß gewisse

Erlebnisse dem Denkbereiche angehören. Die Erörterungen des Art. 4 zeigen, daß auch dieser Denkbereich widerspruchslos ist.

Das ist aber durchaus nicht die Menge aller Dinge. Im Gegenteil, sie enthält nur das Element x (irgend ein Ding). Für ein beliebiges Ding a „folgt“ nur „a rel.$_a$ U“. Aber a ist kein Element.

Wenn wir aber jetzt festsetzen, daß für ein beliebiges Ding a die Form „a rel.$_a$ U“ axiomatische Form sei, d. h. a Element der Menge U sei, so erhalten wir einen axiomatischen Bereich, der eine Menge U beschreibt. Offenbar ist jedes Erlebnis, das diesem Denkbereiche angehört, auch ein Erlebnis des zuerst beschriebenen Denkbereichs, und umgekehrt; der Denkbereich selbst wieder möglich und widerspruchslos. Mit andren Worten: Die Menge U ist konsistent.

Die Möglichkeit und Widerspruchslosigkeit ist nur für den hier klar beschriebenen Denkbereich erhärtet. In diesem Satz hat die G-Eigenschaft eines Dinges die Bedeutung, und nur diese Bedeutung, daß dieses Ding ein Erlebnis, oder aber ein durch das Erlebnis seiner Erzeugung bestimmtes „adjungiertes“ Ding ist. Außerdem ist selbstverständlich vorausgesetzt, daß diese Dinge als voneinander verschieden erkannt, d. h. gesondert, oder aber als nicht-verschieden erkannt sind. Sobald wir den Dingen aber auch weitere Eigenschaften zuerkennen, d. h. diese neuen Eigenschaften in den Denkbereich aufnehmen, ist dieser Denkbereich eben ein anderer geworden und die Untersuchung der Möglichkeit bzw. Widerspruchlosigkeit hat von neuem zu beginnen. Nur wenn wir von den Dingen nichts anderes voraussetzen, als daß sie als verschiedene (oder auch nicht-verschiedene) Dinge erkannt werden, gilt die in dem Satze, daß die Menge U konsistent ist, ausgedrückte Anschauung. Diese a-Menge steht demnach den in Kap. II, Art. 11 erwähnten und beschriebenen „reinen“ Mengen noch sehr nahe.[1]

[1] Wenn wir aber später (Art. 16) die „Teilmengen“ der a-Menge aller Dinge einführen und diesen Dingen die in ihrer speziellen Benennung zum Ausdruck gelangenden Eigenschaften beilegen, haben wir es mit einem neuen Denkbereiche zu tun, für den die Existenz der Möglichkeit und Widerspruchslosigkeit durchaus nicht erhärtet ist. Für die Menge aller Teilmengen der a-Menge aller Dinge ist in der Tat eine Antinomie konstruiert worden, nach der diese Menge inkonsistent wäre. Es wird sich aber zeigen (Kap. VIII, Art. 6), daß eine solche „Antinomie“ nicht besteht, sondern es sich nur um die einfache falsche Verallgemeinerung eines klassischen Cantorschen Schlusses handelt.

Ein anderer ebenso falscher Gedankengang wäre der folgende: Mit einer Menge ist auch jede ihrer Teilmengen konsistent. Nun ist die a-Menge aller sich nicht enthaltenden a-Mengen eine Teilmenge der a-Menge aller Dinge und demnach konsistent. Offenbar ist hier die Eigenschaft „eine a-Menge sein, die sich nicht enthält“ neu eingeführt und der Denkbereich geändert worden; wir haben demnach verschiedene Anschauungen für nicht verschieden, d. h. ein „unmögliches“ Erlebnis für unabweisbar (evident) erklärt.

Das Gegenstück der Menge aller Dinge ist eigentlich gar keine Menge, soll aber doch als uneigentliche Menge den „eigentlichen“ Mengen zugesellt werden. Es ist dies die absolute a-Nullmenge (O), die Menge, für welche die Aussage, daß sie irgend ein Ding als Element enthält, als unannehmbare Tatsache in den Denkbereich aufgenommen ist.[1]

Die axiomatischen Formen sind

$$a \text{ qual. } G \quad \text{und} \quad (a \text{ rel.}_a O) \sim \mathfrak{v}'$$

für jedes a. Man sieht unmittelbar, daß der Denkbereich möglich und sehr leicht auch, daß der Denkbereich widerspruchslos ist. Die Erörterungen des vorhergehenden Artikels sind nicht direkt zu gebrauchen, da unter den axiomatischen Formen Valenzen vorkommen. Wir haben aber nur festzusetzen, daß „x qual. G“ immer $\bar{P}$-Form sei, was immer auch der Hauptteil dieser Qualitätsform, ferner daß „x rel.$_a O$“ immer $\bar{Q}$-Form sei, unabhängig davon, welchen Eigennamen auch x bedeute. Wenn wir jetzt wieder „x qual. G“ und „x rel.$_a O$“ zu den primären Zeichenformen hinzufügen, kann man wieder die Erörterungen in Art. 6—9, Kap. V wörtlich wiederholen und gelangt zu dem Resultate, daß die absolute Nullmenge widerspruchslos ist.

Die sophistischen Bereiche.

8. Es sei N irgend eine Form, die den in Kap. V, Art. 6 gegebenen Festsetzungen nach nicht nur selbst $\bar{N}$-Form ist, sondern auch bei jeder Substitution $\bar{N}$-Form bleibt. Offenbar geschieht dies für jede Form, die nicht Stellenzeichen, Valenz, logische Summe, logisches Produkt, Implikation, Isologie oder Äquipollenz ist. So z. B. am einfachsten für jedes volle Dingzeichen.

Wir können in diesem Falle dem Bereiche der logischen Formen die axiomatische Form

$$[N \sim \mathfrak{v}] \cong [N \sim \mathfrak{v}'] \qquad (S_a)$$

oder auch

$$[N \sim \mathfrak{v}] \,(=)\, [N \sim \mathfrak{v}'] \qquad (S_b)$$

hinzufügen; die Interpretationen dieser Formen als „Axiome“ scheint wohl zu Beginn paradox, ist es aber durchaus nicht, wenn wir die „Bedeutung“ der Isologie bzw. Äquipollenz genauer ins Auge fassen.

---

[1] Die absolute Nullmenge wird von den Nullmengen, die als Teilmengen anderer Mengen entstehen, wohl zu unterscheiden sein.

Daß die N-Aussage den $\mathfrak{v}$- (bzw. den $\mathfrak{v}'$-) Wert besitzt, sagt, daß das betreffende Erlebnis dem Denkbereiche angehört (nicht angehört), mit andern Worten, daß das Erlebnis (im Denkbereiche) wahr (bzw. falsch) ist. Die Interpretation der axiomatischen Form (S_a) besagt nun, daß die Erlebnisse: „Das N-Erlebnis gehört dem Denkbereiche an" und „das N-Erlebnis gehört dem Denkbereiche nicht an" in bestimmter Beziehung (die für den Denkbereich gegeben ist) nicht verschieden sind. Dies ist der Fall, wenn keines der beiden Erlebnisse dem Denkbereiche angehört. Dann kann man in der Tat für eines dieser Erlebnisse geradezu das andere setzen, ohne daß sich im Denkbereiche das geringste ändern würde; diese Erlebnisse „existieren" überhaupt nicht, wenn unser Denken auf den Denkbereich beschränkt bleibt. Noch einfacher gestaltet sich die Sache für die Äquipollenz (S_b). Aus dem einen der Erlebnisse „folgt das andere"; wenn aber von keinem der Erlebnisse die Rede ist, so wird damit überhaupt nichts ausgesagt.

Wir überzeugen uns aber leicht, daß der durch Aufstellung von (S_a) oder (S_b) erzeugte axiomatische Bereich möglich und widerspruchslos ist, ferner daß dieser die Formen $N \sim \mathfrak{v}$, $N \sim \mathfrak{v}'$ (bzw. die entsprechenden Erlebnisse) nicht enthält.

Offenbar ist der Denkbereich möglich; die Interpretation einer Form ergibt eben niemals, daß ein Erlebnis dem Denkbereiche nicht angehört. Der Denkbereich ist auch widerspruchslos, wie durch wörtliche Wiederholung der Betrachtungen im V. Kapitel (Art. 6—9) unmittelbar erhärtet wird.

Die Anschauung lehrt dann, daß $N \sim \mathfrak{v}$ sowie $N \sim \mathfrak{v}'$ dem Formenbereiche nicht angehören, es sind eben keine P-Formen. Und man kann geradezu sagen, daß in dem neuen Denkbereiche die Tatsache, daß weder $N \sim \mathfrak{v}$ noch $N \sim \mathfrak{v}'$ dem Denkbereiche der reinen Logik angehören, axiomatisiert ist, während sie ursprünglich als unabweisbare Tatsache in der Anschauung dieses (engeren) Denkbereichs gewonnen wurde.

Wollte man aber nun $N \sim \mathfrak{v}$ oder $N \sim \mathfrak{v}'$ als weitere axiomatische Form dem Bereiche hinzufügen, d. h. wollte man festsetzen, daß das N-Erlebnis (in dem gegebenen Denkbereiche) wahr oder falsch ist, diesem als unabweisbare oder unannehmbare Tatsache angehört, so erhielte man, wie unmittelbar zu sehen, einen Bereich, der zu logischem Widerspruche führt. Mit $N \sim \mathfrak{v}$ müßte ja auch $N \sim \mathfrak{v}'$ dem Bereiche angehören und umgekehrt. Wenn eine solche Einführung dennoch geschieht, liegt diesem ein Irrtum zugrunde, der nun klar auf der Hand liegt. Es wird der dem Denkbereiche entsprechende

Wahrheitsbegriff mit einem von diesen verschiedenen vertauscht; am einfachsten, aber auch am ärgsten in der Weise, daß wieder die Möglichkeit eines absoluten Wahrheitsbereichs vorausgesetzt wird, in dem $N \sim \mathfrak{v}$ oder $N \sim \mathfrak{v}'$ „sein muß".

9. Das Problem der α-Menge, die alle sich nicht enthaltenden α-Mengen und nur diese enthält, erscheint hier in neuer Beleuchtung. Das „Problem" fordert vor allem die Beschreibung eines entsprechenden Denkbereichs. Ohne uns um die früher (Kap. II, Art. 16) erhaltenen Resultate zu kümmern, versuchen wir diese Beschreibung. Dabei müssen wir voraussetzen, daß jedes Ding, das α-Menge ist, von jedem andern Dinge unterscheidbar ist, ferner daß die Tatsache, ob ein Ding Element einer α-Menge ist, als unabweisbar oder unannehmbar dem Denkbereiche angehört. (Hierdurch unterscheidet sich dieser Denkbereich von dem früher konstruierten.) Dementsprechend führen wir axiomatische Formen ein:

$$(x \,\mathrm{rel.}_\alpha\, y) \sim \mathfrak{v}\,, \qquad (x \,\mathrm{rel.}_\alpha\, y) \sim \mathfrak{v}'\,,$$

von denen, sobald y eine α-Menge und x ein beliebiges Ding ist, eine und nur eine dem Bereiche angehören soll. Ist dann R das Zeichen der als logisch widerspruchslos vorausgesetzten „α-Menge aller sich nicht enthaltenden α-Mengen", so ist zur Definition dieser Menge die weitere axiomatische Form

$$[(x \,\mathrm{elem.}_\alpha\, x) \sim \mathfrak{v}'] \,(=)\, [x \,\mathrm{elem.}_\alpha\, R]$$

einzuführen. Durch die Substitution $S\binom{x}{R}$ erhält man hieraus die axiomatische Form

$$[(R \,\mathrm{elem.}_\alpha\, R) \sim \mathfrak{v}'] \,(=)\, [R \,\mathrm{elem.}_\alpha\, R]$$

und sieht, daß der so konstruierte Denkbereich „sophistisch" ist; d. h. in ihm die Tatsache, daß ein bestimmtes Erlebnis, hier das durch „$R \,\mathrm{elem.}_\alpha\, R$" ausgedrückte, weder als unabweisbar noch unannehmbar dem Denkbereiche angehören kann, axiomatisiert ist. Die Behauptung, daß R eine α-Menge ist, sagt aber geradezu, daß „$R \,\mathrm{elem.}_\alpha\, R$" oder „$[R \,\mathrm{elem.}_\alpha\, R] \sim \mathfrak{v}'$" dem Denkbereiche angehört. Mit der einen Form müßte dies auch für die andere der Fall sein. Der Denkbereich ist damit als unmöglich erkannt.

Offenbar verschwinden auch hier alle diese außergewöhnlichen Umstände, sobald die Bildung einer β-Menge (und nicht einer α-Menge) aller sich nicht enthaltenden α-Mengen verlangt wird.

Andersartige Beispiele finden sich in großer Zahl in den sog. Sophismen der griechischen Philosophen.[1]

Die einfachsten, aber dadurch eben lehrreichsten Verhältnisse zeigen sich bei der in der Tradition dem Eubulides zugeschriebenen Frage:

„Lügt man, wenn man sagt, daß man lüge?"

(Das berühmte epimenidische Rätsel, in den später vielfach mit anekdotischem Beiwerke versehenen Erzählungen von Epimenides, dem Kreter.)

Offenbar wird mit dieser Frage die Aussage (das Erlebnis) statuiert, daß eben diese Aussage (dieses Erlebnis) falsch ist. Man axiomatisiert diese Aussage, wenn wir als Zeichen derselben das volle Dingzeichen e einführen in der Form

$$e \stackrel{\smile}{=} [e \frown \mathfrak{v}'],$$

aus der sich durch logische Deduktion auch

$$[e \frown \mathfrak{v}] \stackrel{\smile}{=} [e \frown \mathfrak{v}']$$

als Form des Bereichs, und dieser selbst als sophistischer Bereich ergibt, der bei der weiteren Annahme, daß $e \frown \mathfrak{v}$ oder $e \frown \mathfrak{v}'$ dem Bereiche angehört, nicht logisch widerspruchslos ist. „Ja" oder „nein" als Beantwortung der Frage ist die soeben erwähnte Annahme. Der durch die Frage statuierte Denkbereich fordert, um logisch widerspruchslos zu sein, geradezu, daß die Antwort auf die Frage dem Denkbereiche nicht angehöre.

Wie man sieht, hat der scharfblickende griechische Geist den kritischen Punkt der Logik durchaus nicht völlig übersehen, aber nicht erkannt, daß es sich in diesen scheinbaren Spielereien um einen fundamentalen Denkbegriff, den Wahrheitsbegriff handelt, der, wenn auch nicht metaphysisch, so doch in einer beinahe empirisch zu nennenden Weise für das Gebiet der Logik genau gefaßt werden muß.

Es ist das nicht genug zu würdigende Verdienst Russells, nach zwei Jahrtausende umfassenden „Lösungsversuchen" das Problem genau formuliert zu haben. Insbesondere in der Gestalt, wo es sich um den Eigenschaftsbegriff handelt, „ein nicht unter sich fallender Eigenschaftsbegriff zu sein", sieht man sogleich, daß es sich nicht um nebensächliches Beiwerk, sondern um eine fundamentale Frage

---

[1] Siehe Prantl, Geschichte der Logik im Abendlande, Bd. I. Leipzig 1855. Insbesondere die Sophismen der Sophisten (p. 20ff.), der Megariker (p. 41ff.) und der Stoiker (p. 488ff.).

der Logik handelt, wie dies insbesondere Hessenberg und Hilbert mehrfach urgiert haben.

Wohl kann die Russellsche „Typentheorie“[1] nicht als definitive Lösung des Problems angesehen werden. Sie „verbietet“ zu viel und begründet infolgedessen das Verbot nicht in zufriedenstellender Weise. Jedenfalls hat Russell in dieser und früheren Arbeiten zuerst eine gründliche Klärung des Sachverhalts angeregt.

Die vollständige Induktion.

10. Das $\mathfrak{f}$-Bild eines Dinges wurde in Kap. III als Menge definiert, die dieses Ding und nur dieses als Element enthält. Der dieser Definition entsprechende axiomatische Bereich entsteht, wenn wir den logischen Grundformen die axiomatische Grundform

$$a \text{ rel.}_a \mathfrak{f}a$$

hinzufügen. Die so definierte Menge ist eine Cantorsche Menge, also konsistent.

Um nun die Menge der Numeratoren axiomatisch zu beschreiben, führen wir eine $\mathfrak{J}$-Eigenschaft ein. Es soll „x qual. $\mathfrak{J}$“, „x besitzt die $\mathfrak{J}$-Eigenschaft“ dann und nur dann gelten, wenn x ein Numerator ist. Die Bezeichnung durch $\mathfrak{J}$ soll daran erinnern, daß wir die Numeratoren auf Grund der jetzt zu beschreibenden Eigenschaften auch induktive Zahlen nennen.

Dementsprechend haben wir die axiomatische Form

$$1 \text{ qual. } \mathfrak{J},$$

für $\mathfrak{f}1$ (oder 2) weiter

$$1 \text{ rel.}_a \mathfrak{f}1; \quad \mathfrak{f}1 \text{ qual. } \mathfrak{J}$$

und wieder

$$\mathfrak{f}1 \text{ rel.}_a \mathfrak{f}\mathfrak{f}1; \quad \mathfrak{f}\mathfrak{f}1 \text{ qual. } \mathfrak{J}.$$

Wir setzen überhaupt fest, daß jedem bestimmten Numerator k', der unmittelbar auf k folgt, die axiomatischen Formen

$$k \text{ rel.}_a k'; \quad k' \text{ qual. } \mathfrak{J}$$

entsprechen sollen.

Der axiomatische Bereich, der einer geschlossenen Numeratorenreihe (s. Kap. III) entspricht, ist wieder möglich und logisch widerspruchslos; wir sehen eben sofort, daß die Mengen Cantorsche

[1] Mathematical Logic as based on the Theory of Types, American Journal of Mathematics. Vol. 30, S. 222.

Mengen sind. Die vollständige Induktion für endliche Mengen benützend können wir in dieser Betrachtung zu „jedem" bestimmten Numerator gelangen. Um aber zu einem Bereiche zu gelangen, der „alle" Numeratoren umfaßt, genügt dieses „Fortschreiten" nicht. Die Zusammenfassung der durch „jedes" bezeichneten Dinge in einem „alle" diese Dinge enthaltenden Denkprozesse ist logisch (und auch vom Standpunkte der Erkenntnistheorie) etwas anderes, ein wesentlich neuer Denkakt. Und es handelt sich dabei in erster Reihe darum, ob dieser Denkakt überhaupt in einem endlichen Denkprozesse exakt beschrieben werden kann.[1] Dem Wesen der Sache nach hat Dedekind zuerst dieses Problem zur Sprache gebracht und auch gelöst. Die hier gebrauchten Methoden sind nur insofern anders geartet, als wir von vornherein die logische Deduktion, als eine besondere Form der Anschauung, von jeder andern unmittelbaren Anschauung genau gesondert haben, und in Verbindung damit die logische Widerspruchslosigkeit sogleich mit in Betracht ziehen können.

Es handelt sich dabei zuerst um den Denkbereich, der durch die axiomatischen Formen

$$1 \text{ qual. } \mathfrak{J}, \qquad (\mathfrak{J}_1)$$

$$[x \text{ qual. } \mathfrak{J}] \subset [\mathfrak{f}x \text{ qual. } \mathfrak{J}] \qquad (\mathfrak{J}_2)$$

bestimmt wird. Dieser Denkbereich soll weiterhin als Denkbereich der induktiven Zahlen bezeichnet werden, der selbstverständlich durch Interpretation des entsprechenden Formenbereichs erhalten wird. Dabei tritt jedoch die schon früher statuierte Annahme auf, daß wir für jedes Ding durch unmittelbare Anschauung entscheiden können, ob es ein Numerator ist oder nicht.

Den früheren Fällen nachgebildete Betrachtungen zeigen unmittelbar, daß der Denkbereich möglich und auch widerspruchslos ist. Für das letztere soll den Festsetzungen in Kap. V, Art. 6 noch als XI. hinzugefügt werden, daß die Qualitätsform „z qual. $\mathfrak{J}$" dann

[1] Die nicht mehr auf endliche Mengen beschränkte „vollständige Induktion" ist, ohne daß damit der Inhalt des Satzes erschöpft wäre, ein solcher Denkakt. Die Evidenz des Verfahrens ist niemals bezweifelt worden, und kann auch nicht bezweifelt werden. Wenn nun weiter behauptet wird, daß diese vollständige Induktion ein neues „synthetisches Urteil a priori" ist, so wird damit auch gesagt, daß für diese ein nicht endlicher Denkprozeß gefordert wird und auch vollzogen werden kann. Wenn wir aber die vollständige Induktion in einem endlichen Denkprozesse tatsächlich ausführen, ist es doch eigentlich nur ein Wortstreit, ob die in diesem Denkprozesse beschriebenen Anschauungen logischer Natur sind oder nicht. Ausführliche historische und polemische Erörterungen liegen außerhalb des Planes dieses Buches. Es sei darum nur einfach auf die äußerst anregende und tiefgehende Diskussion hingewiesen, die über diese Frage in erster Reihe zwischen Poincaré, Couturat und Russell geführt wurde (Revue de Métaphysique et de Morale, Jahrg. 1904—1909).

und nur dann $\bar{P}$-Form ist, wenn ihr Hauptteil z ein Numerator ist. Offenbar ist mit x auch $\mathfrak{f}x$, und mit $\mathfrak{f}x$ auch x ein Numerator, so daß für die axiomatischen Grundformen die Anschauung, daß sie P-Formen sind, sich unmittelbar ergibt. Alles weitere ist wieder nur eine wörtliche Wiederholung der für den Bereich der logischen Formen angestellten Betrachtungen.

An dem Denkbereiche anzustellende Betrachtungen zeigen leicht, daß wenn k irgend ein bestimmter Numerator ist, die Form „k qual. $\mathfrak{J}$" dem Bereiche angehört. Dies ergibt sich aus der vollständigen Induktion für endliche Mengen. Ist nämlich m ein solcher Numerator, daß „m qual. $\mathfrak{J}$" dem Bereiche angehört, und $\mathfrak{f}m$ oder m' der unmittelbar auf m folgende Numerator, so ergibt die Substitution $S\binom{x}{m}$ in der oben stehenden axiomatischen Grundform'

$$(m \text{ qual. } \mathfrak{J}) \subset (m' \text{ qual. } \mathfrak{J}).$$

Die Anwendung des Schlußprinzips zeigt dann, daß mit „m qual. $\mathfrak{J}$" auch „m' qual. $\mathfrak{J}$" dem Bereiche angehört; die vollständige Induktion für endliche Mengen ist dann ohne weiteres zu benützen.

Der Übergang von „jedem Numerator" zu „allen Numeratoren" geschieht nun durch Betrachtungen, die in der Tat einem endlichen Denkprozesse entsprechen. Die Forderung, den Prozeß der Numeratorenbildung immer wieder zu wiederholen, konnte vorderhand in einem endlichen Denkprozesse nicht ausgeführt werden, und diese wenn auch unbestimmte Schranke unsres Anschauungsvermögens (Kap. III, Art. 1) wurde eben umgangen, indem wir die vollständige Induktion als Anschauungsgesetz für endliche Mengen beschrieben haben. An Stelle jener Forderung tritt jetzt die Festsetzung einer neuen axiomatischen Grundform und damit die Beschreibung des Denkaktes in einem endlichen Denkprozesse. Hierin liegt die exakte Beschreibung des Tatbestandes, daß die $\mathfrak{J}$-Eigenschaft für „alle" Numeratoren gilt. Es ist damit nicht mehr und nicht weniger gesagt, als daß nach Festsetzung jenes Axioms „ohne weitere Zwischenglieder" die Anschauung sich ergibt, nach der jeder bestimmte Numerator die $\mathfrak{J}$-Eigenschaft besitzt.[1]

Der Vollständigkeit wegen muß noch erwähnt werden, daß, wenn an Stelle jener Forderung jetzt die Implikation ($\mathfrak{J}_2$) als Grundform tritt, und weiter auch irgend eine logische Deduktion zur Erzeugung von Formen des Bereichs verwendet werden kann, es eigentlich nicht aus-

[1] Vgl. die treffende Bemerkung von Hessenberg in „Grundlagen der Mengenlehre", § 131.

geschlossen ist, daß nicht bloß Numeratoren, sondern auch andere Dinge die $\mathfrak{J}$-Eigenschaft besitzen. Die Ergänzung, nach der dieser Fall nicht eintritt, ist sehr einfach. Nach den für den Charakter der auftretenden Formen geltenden Festsetzungen ist jede Form des Bereichs *P*-Form. Die Annahme, daß „a qual. $\mathfrak{J}$“ dem Bereiche angehört, besagt demnach, daß „a qual. $\mathfrak{J}$“ eine *P*-Form ist, und damit auch, daß a ein Numerator ist.

11. Der wesentliche Inhalt der „vollständigen Induktion“ ergibt sich aus dem Umstande, daß in dem durch die axiomatischen Formen

$$1 \text{ qual. } \mathfrak{J} \qquad (\mathfrak{J}_1)$$

$$[x \text{ qual. } \mathfrak{J}] \subset [\mathfrak{f}x \text{ qual. } \mathfrak{J}] \qquad (\mathfrak{J}_2)$$

definierten axiomatischen Formenbereiche die $\mathfrak{J}$-Eigenschaft ganz beliebig interpretiert werden kann.

Dieser Interpretation können auch weitere axiomatische Formen bzw. Axiome entsprechen. Sei aber ein Formenbereich (bzw. Denkbereich) durch irgendwelche axiomatische Formen gegeben, sobald sich nur die Formen ($\mathfrak{J}_1$) und ($\mathfrak{J}_2$) unter diesen befinden, wird die logische Deduktion, nach der für jeden Numerator k die Form „k qual. $\mathfrak{J}$“ dem Bereiche angehört, auch als in dem jetzt beschriebenen erweiterten Bereiche erfolgt betrachtet werden können; die Festsetzungen, die dies ergeben, gelten ja genau auch für diesen erweiterten Bereich. Damit erhalten wir das allgemeine Resultat:

Wenn in irgend einem axiomatischen Denkbereiche die Gesetze: „1 besitzt die $\mathfrak{J}$-Eigenschaft“ und „Mit x besitzt auch $\mathfrak{f}x$ die $\mathfrak{J}$-Eigenschaft“ gelten, so folgt durch logische Deduktion, daß dieser Denkbereich auch das Gesetz enthält, daß jeder Numerator die $\mathfrak{J}$-Eigenschaft besitzt. Den vorhergehenden Entwicklungen entsprechend kann dieses Gesetz auch so ausgedrückt werden, daß „alle“ Numeratoren die $\mathfrak{J}$-Eigenschaft besitzen.

Daß dieses Gesetz aus ($\mathfrak{J}_1$) und ($\mathfrak{J}_2$) „durch logische Deduktion folgt“, hat mit Möglichkeit und Widerspruchslosigkeit in gewisser Beziehung nichts zu tun. Die Deduktion ist erwiesen (angeschaut), auch wenn der Denkbereich jenen Forderungen nicht genügt. Daß wir den Denkbereich in diesem Falle für die Beschreibung unsres wissenschaftlichen Denkens nicht gebrauchen wollen und nicht gebrauchen können, ist davon unabhängig.

Eine andere wohl nur formale, aber doch sehr weitreichende „Verallgemeinerung“ des Satzes ergibt sich dadurch, daß wir die

„1“ nicht als „ersten Numerator“, sondern als Zeichen eines ganz beliebigen Dinges a auffassen. An Stelle der „Numeratoren“ treten dann offenbar (Kap. III, Art. 1) „die Glieder der $S_{a,\mathfrak{f}}$-Reihe“. Damit ergibt sich die allgemeinste Fassung der vollständigen Induktion:

Wenn in irgend einem axiomatischen Bereiche die Gesetze: „a besitzt die $\mathfrak{J}$-Eigenschaft“ und „Mit x besitzt auch $\mathfrak{f}x$ die $\mathfrak{J}$-Eigenschaft“ gelten, so folgt durch logische Deduktion, daß in diesem Denkbereiche alle Glieder der $S_{a,\mathfrak{f}}$-Reihe die $\mathfrak{J}$-Eigenschaft besitzen.

Wird insbesondere für a ein Numerator k gesetzt, so ergibt sich die vollständige Induktion in der Gestalt, wo sie wohl in der Numeratorenreihe, aber nicht „von 1 ab“, sondern nur „von k ab“ gilt bzw. ausgeführt wird.

Wichtig ist die letzte Fassung insbesondere auch dann, wenn die Interpretation des $\mathfrak{f}$-Bildes bzw. des $\mathfrak{f}$-Prozesses nicht gerade die in erster Reihe berücksichtigte ist.

Die erkenntnistheoretische Natur der vollständigen Induktion ist, wie ich glaube, durch diese Betrachtungen vollständig klargestellt. Es ist ein Anschauungsgesetz, mit dem wir es zu tun haben; aber diese Anschauung ergibt sich aus der Betrachtung eines Denkbereichs und der für diesen Denkbereich statuierten logischen Deduktion. Die logische Deduktion als solche ist in der vollständigen Induktion Gegenstand der Anschauung.

12. Einige allgemeine Bemerkungen über unser „exaktes (wissenschaftliches) Denken“ werden wohl am besten hier eingefügt.

Ein solches exaktes Denken beginnt mit der Statuierung eines axiomatischen Denkbereichs. Dadurch wird dieser selbst Gegenstand der Anschauung. Nur wenn diese Anschauung lehrt, daß der Denkbereich möglich und logisch widerspruchslos ist, wird der Denkbereich als Grundlage einer wissenschaftlichen Disziplin anerkannt. Die logische Deduktion bereichert dann in mannigfaltiger Weise unsre Kenntnis (Anschauung) von den Gesetzen dieses Denkbereichs, d. h. den Erlebnissen, die diesem Denkbereiche angehören. Wenn wir aber den Denkbereich selbst zum Gegenstand unsrer Anschauung machen, sind diese Eigenschaften des Denkbereichs (daß nämlich gewisse Erlebnisse dem Denkbereiche angehören) durchaus nicht die einzigen, deren wir uns durch die Erfahrung (Anschauung) versichern. Wir legen sogar gerade diesen Eigenschaften einen geringeren Wert bei; sind sie es doch, die den Denkbereich ursprünglich beschreiben, so daß in diesem Falle die „Beschreibung" des Denkbereichs nach Objektivierung des letzteren eine rein formale neue Fassung erhält. Diese Bemerkung ist es, die vielfach gegen den „Wert" der Logik vorgebracht wird und in der gewöhnlichen Formulierung dahin lautet, daß die rein formale logische Deduktion niemals wesentlich Neues bietet, sondern nur die Elemente der tatsächlichen Erfahrung sondert. Wie weit diese Bemerkung richtig ist, wird durch unsre Darstellung selbst gezeigt. In der Tat gäbe die logische Deduktion nichts Neues, wenn wir imstande wären, uns alle dem Denkbereiche angehörenden Erlebnisse „zugleich" vorzustellen. Das ist aber schon bei dem Denkbereiche der reinen Logik nicht der Fall. Die Statuierung des Denkbereichs ist eben ein methodisches Hilfsmittel, das uns lehrt, wie wir diese schwierige oder eigentlich unerfüllbare Forderung (alle Erlebnisse des Denkbereichs „zugleich", d. h. in einem Erlebnisse vorzustellen) vermeiden.

So bilden diese Anschauungen (daß gewisse Erlebnisse dem Denkbereiche angehören) wohl Eigenschaften des Denkbereichs, aber nicht die einzigen. Und jede Anschauung, die an dem Denkbereiche gewonnen wird und über diese hinausgeht, ist neu, nicht in der ursprünglichen Beschreibung des Denkbereichs enthalten und demnach in gewissem Sinne auch „wertvoller". So z. B., wenn wir erkennen, daß der Denkbereich logisch widerspruchslos ist, daß der Satz des Widerspruchs f ü r den Denkbereich gilt, ohne aber deshalb selbst ein d e m Denkbereiche angehörendes Erlebnis zu sein. Ebenso ergab sich für gewisse Denkbereiche die vollständige Induktion als an dem Denkbereiche gewonnene Anschauung, die über die logische Deduktion hinausgeht, also, wenn man will, als neues „synthetisches Urteil" betrachtet werden kann.

Es werden so in mannigfaltiger Weise an dem Denkbereiche Erlebnisse statuiert, die dem Denkbereiche nicht angehören und auch diesem gegenüber als „Bereicherung" unsres Wissens angesehen werden müssen. Im weitesten Sinne des Wortes sind es Erfahrungssätze, die wir so erhalten; während aber die (an der „Außenwelt" gemachte) gewöhnliche Erfahrung niemals in ihre letzten Elemente aufgelöst werden kann und darum mehr oder weniger „verworren" bleibt, handelt es sich hier um Erfahrung an einer Schöpfung unsres Geistes, die wir als solche in ihrer Totalität erblicken. Die Abstraktion dieser Begriffe erfordert eine nicht leichte Schulung unsres Anschauungsvermögens; ist diese aber erreicht, so gewinnen diese Erfahrungssätze, weil eben die gewonnene Erfahrung eine vollständige ist, den höchsten Grad von Evidenz, der uns überhaupt zugänglich ist. Es ist allerdings wieder nur der Glaube an die Zuverlässigkeit unsres Denkens, dem wir gegenüberstehen; aber dieser Glaube ist unerschütterlich.[1]

Ob wir bei diesen an dem Denkbereiche gewonnenen Erfahrungssätzen als solchen stehen bleiben oder diese im Sinne des Art. 2 (dieses Kapitels) wieder axiomatisieren und damit zu einem neuen Denkbereiche fortschreiten, ist Sache der Methodik und wird nach den speziellen Anforderungen zu entscheiden sein, die für die betreffende wissenschaftliche Disziplin gestellt werden.

Bekanntlich ist es Hilbert, der diese „Axiomatisierung" einer wissenschaftlichen Disziplin in den „Grundlagen der Geometrie" (Dritte Aufl. Leipzig 1909) in ihrer vollen Schärfe und Reinheit durchgeführt hat. Er stellt sich die genau formulierte Aufgabe, „ein vollständiges und möglichst einfaches System von Axiomen aufzustellen und aus denselben die wichtigsten geometrischen Sätze abzuleiten". Dabei ist aber auf einen besonders in philosophischen Kreisen viel verbreiteten Irrtum hinzuweisen. Diese Hilbertsche „Ableitung" ist durchaus nicht durchweg logische Deduktion, sondern in ihren wesentlichen Teilen Erfahrung an dem durch die Axiome statuierten Denkbereiche. „Es folgt" bedeutet durchaus nicht immer, daß die Folgerung durch eine logische Deduktion geschieht; es kann ebenso gut davon die Rede sein, daß ein Erlebnis (eine neue Anschauung) durch Betrachtung der dem Denkbereiche zukommenden Eigenschaften „folgt", d. h. als unabweisbare Tatsache erhärtet wird.

Insbesondere ist dies bei der „deductio ad absurdum" der Fall, die sich darauf stützt, daß der Anschauung nach der Denkbereich logisch widerspruchslos ist.[2]

An axiomatischen Denkbereichen statuierte Erfahrungen bilden das eigentliche Fundament unsres „Wissens". Die Evidenz dieser

---

[1] Eine ganz merkwürdige Phase in der Beurteilung unsres notwendigen Denkens bieten für den einzelnen Denker sowohl, wie für die allgemeine Auffassung die sog. Antinomien der Mengenlehre; es ist nie jemandem eingefallen, dieser Antinomien wegen an der Möglichkeit logischen Denkens zu verzweifeln; man war eben überzeugt, daß die Konstruktion des Mengenbegriffs (oder ähnliches) den Anforderungen einer „richtigen" Erkenntnistheorie nicht genügt. Daß dieser „Glaube" der richtige war, hat sich für die Russellsche „Contradiction" schon gezeigt und wird sich für die speziellen „Antinomien" der Mengenlehre (Menge aller Teilmengen der Menge aller Dinge, Menge aller Ordnungszahlen) später (Kap. VIII und IX) erweisen.

[2] Die Grundlagen der Geometrie gehören nicht in den Plan dieses Buches; doch wird es nicht überflüssig sein, aus dem klassischen Hilbertschen Buche Beispiele für obige Behauptungen zu zitieren.

Es ist der Satz im Kap. I (§ 4, Satz 3), daß zwischen irgend zwei Punkten einer Geraden es stets unbegrenzt viele Punkte gibt, der aus den Axiomen der Verknüpfung und Anordnung „folgt", offenbar eine neue Anschauung, die

Erfahrungen oder Anschauungen ist wohl auch nur ein unerschütterlicher Glauben an die Zuverlässigkeit unsres Denkens. Während aber bei Erlebnissen, wie „die Sonne scheint", ich wohl die Vorstellung des Erlebnisses, nicht aber das Erlebnis selbst willkürlich hervorrufen kann und damit eben zwischen „meinem" Bewußtseinszustande und einer mir unbekannten oder doch nur sehr verworrenen, jedenfalls von „mir" unabhängigen Ursache unterscheiden muß, steht bei den jetzt beschriebenen Denkvorgängen die Sache wesentlich anders. Es ist ein spontaner Akt meines Bewußtseins, den ich vorstelle und der als solcher Anlaß zu neuen Vorstellungen gibt, die gerade so und genau so „in meinem Bewußtsein existieren", wie jener Akt meines Bewußtseins, der als Ausgangspunkt diente. Die Evidenz ist hier — um mich wohl ein wenig metaphysisch, aber doch der gewohnten Ausdrucksweise näher und darum auch klarer auszudrücken — geradezu das Gefühl der Identität meines Denkens mit sich selbst; diese Evidenz wegzudenken hieße nichts anderes, als mein Bewußtsein selbst leugnen.

Man bemerke hierzu noch, daß an axiomatischen Denkbereichen gewonnene Anschauungen uns als „unabweisbare Tatsachen" erscheinen, und den vorhergehenden Erörterungen entsprechend als solche erscheinen „müssen".

„Unannehmbare" Tatsachen, die an axiomatischen Denkbereichen konstatiert werden, erscheinen nicht als solche; es kann sich dabei immer nur um die Beschreibung von Anschauungen handeln, die wir an dem Denkbereiche nicht erlebt haben und doch als erlebt voraussetzen. Wenn die Voraussetzung dieses Erlebnisses nun zu einem Widerspruche führt, ist jene Tatsache (als Eigenschaft des Denkbereichs aufgefaßt) unmöglich oder unannehmbar.

Das Prinzip der Auswahl.

13. Es seien die zur Beschreibung einer Menge dienenden „gegebenen" Dinge selbst durchweg konsistente Mengen (jedoch mit Ausschluß der später zu beschreibenden „uneigentlichen" Null-

---

durch die Betrachtung des axiomatischen Denkbereichs als solchen gewonnen wird und irgendwie den neuen Begriff der Anzahl enthält, der in den „Axiomen" nicht vorhanden war.

So wird weiter (§ 6, Satz 15) erhärtet, daß alle rechten Winkel einander kongruent sind; und zwar dadurch, daß eine gewisse Anschauung als nicht möglich erwiesen wird. Im Wesen der Sache ist dies eine deductio ad absurdum, die schon die logische Widerspruchslosigkeit des betrachteten Denkbereichs voraussetzt und also erst durch die Betrachtungen des § 9 (Widerspruchslosigkeit der Axiome) vollständig wird.

Mengen), und wir wollen weiter voraussetzen, daß „diese Menge der gegebenen Mengen" selbst konsistent ist. Wir bezeichnen diese Menge mit N, einzelne der gegebenen Mengen mit M_1, M_2 und ähnlich. Die Mengenrelation, deren wir uns bei der Bildung von M_1, M_2 und überhaupt der gegebenen Mengen, sowie der Menge N bedienen, ist dabei nicht besonders erwähnt. In gewissen Fällen wird sie, um eben konsistente Mengen zu erhalten, gewissen Bedingungen entsprechend gewählt werden müssen; so können wir z. B. die β-Menge, aber nicht die α-Menge aller sich nicht enthaltenden α-Mengen bilden. Dem ist eben durch die Forderung der Konsistenz vorgesehen. Es ist demnach bei dem Worte Menge die Art der Mengenrelation immer hinzugefügt zu denken, die so entstehende kürzere Ausdrucksweise aber um so eher gestattet, als die so darzulegenden Anschauungen sich im wesentlichen nicht auf die Mengenbegriffe, sondern auf die „gegebenen" Dinge beziehen und die Voraussetzung dabei eigentlich nur die ist, daß sich aus diesen mögliche und widerspruchslose (d. h. logisch existierende) Kollektivbegriffe bilden lassen. Diese Voraussetzung ist in der Forderung der Konsistenz der Mengen eben am einfachsten (wenn auch nicht in möglichst allgemeiner Weise) ausgedrückt.

Wenn bei entsprechender Bestimmung der Mengenrelationen die gegebenen Mengen, z. B. M_1, M_2 usw., und damit auch die Menge N Cantorsche Mengen sind, soll die Menge N, in der jetzt die Mengenrelationen des N und auch der „gegebenen" Mengen endgültig gegeben sind[1], als Zermelosche Menge bezeichnet werden. Das von Zermelo aufgestellte und urgierte Prinzip der Auswahl wird sich für diese Mengen als ebenso — und in demselben Sinne — evident erweisen, wie irgendwelche andere fundamentale Anschauung der logisch-mathematischen Wissenschaften. Man sieht unmittelbar, daß die (in Art. 6 beschriebenen) Cantorschen Mengen, wenn die dort durch die G-Eigenschaften gegebenen Dinge eben Mengen sind, durchweg Zermelosche Mengen sind. (Insbesondere wird — wie schon hier erwähnt werden soll — auch das „Kontinuum", dessen genaue Beschreibung eine der wichtigsten Aufgaben der Mengenlehre bildet, eine solche Zermelosche Menge sein.) Die dort gegebenen Erörterungen bringen es auch zur Evidenz, daß dann jedes die G-Eigenschaft besitzende Ding durch einen möglichen und widerspruchslosen Denkbereich definiert wird,

[1] Diese Mengenrelationen können jetzt, wie man unmittelbar sieht, ganz beliebig (verschieden oder auch nicht verschieden) angenommen werden.

und dementsprechend jedes die G-Eigenschaft besitzende Ding, insofern es eine Menge ist, sowie die entsprechende Menge N eine konsistente Menge ist.

Wir wollen nun weiter zwei neue Bildformen einführen, von denen wir voraussetzen, daß sie in dem die betreffende Zermelosche Menge definierenden Formenbereiche nicht zur Anwendung gelangt sind. (Es ist dies, wenn man will, eine weitere Beschränkung des Begriffs der Zermeloschen Menge, in deren Formenbereiche eben diese beiden Bildformen nicht aufgenommen sein dürfen.)

Es seien dies die Bildform „Prot. x", deren Hauptname „Proteronform", deren Teilname „den Hauptteil x enthaltend" ist, und die weitere „$\mathfrak{A}x$", deren Hauptname „Auswahlsform" und deren Teilname „den Hauptteil x enthaltend" ist.

Eine Interpretation von $\mathfrak{A}x$ findet nur dann statt, wenn für x eine Zermelosche Menge gesetzt wird, und wir nennen dann $\mathfrak{A}N$ „die $\mathfrak{A}$-Menge der Zermeloschen Menge N".

Eine Interpretation von Prot. x findet ebenso nur dann statt, wenn für x eine der in N als Elemente enthaltenen Mengen gesetzt wird. Ist M eine solche Menge, so soll Prot.M ein neues Zeichen für „ein und nur ein Element der Menge M" sein. Wenn ein „Gesetz" in unserm Denkbereich aufgenommen ist, nach dem zu jeder der Mengen M eines und nur eines ihrer Elemente gehört, so hindert uns nichts, Prot.M als Zeichen dieses Elementes festzusetzen. Das ist aber durchaus nicht der Fall, den wir betrachten wollen. Ein solches Gesetz kann angebbar sein, kann auch, ohne „bekannt" zu sein, „logische Existenz" besitzen, kann vielleicht auch unsrer (endlichen) Intelligenz unzugänglich, nicht angebbar sein. Das kümmert uns überhaupt nicht; wir nehmen ein solches „Gesetz" überhaupt nicht in den zu beschreibenden Denkbereich auf. Seine Existenz, seine Möglichkeit kommen demnach gar nicht in Frage. Prot.M ist ein Ding, dessen vollständige Beschreibung in der Eigenschaft „eines und nur eines der Elemente von M zu sein" enthalten ist und damit auch erschöpft wird.

Damit ist eine ganz klare Anschauung des Dinges Prot.M gewonnen; wir wissen ganz genau, was wir uns unter Prot.M zu denken haben. Allerdings fallen wir sehr leicht der Versuchung anheim, zu fragen, welches Element von M wohl durch Prot.M bezeichnet werden soll. Offenbar haben wir aber damit die Bedeutung von Prot.M wesentlich geändert. Prot.M ist nicht ein Element der Menge M, dessen Bestimmung noch ausständig ist, das wir aus irgendwelchen äußeren Gründen nicht angeben können, vielleicht einfach noch nicht angegeben, vielleicht nur „vergessen“ haben. Dann wäre Prot.M ein unvollständig beschriebenes Ding, das eine uns unbekannte Eigenschaft besitzt. Prot.M ist vollständig beschrieben; es ist Zeichen „eines und nur eines der Elemente von M“; das und nichts anderes soll eben Prot.M sein, was wir uns gewiß ganz klar denken können. Wenn wir trotzdem Prot.M mit jenem früher erwähnten „unvollständig“ beschriebenen, aber auch so ganz klar angeschauten Dinge verwechseln, begehen wir eben einen Verstoß gegen die Grundnorm unsres Denkens, indem wir „in gewisser Beziehung“ nicht verschiedene Dinge als überhaupt nicht verschieden ansehen.

Mit Hilfe des Denkbereichs, der die Menge N (und damit auch die Mengen M) definierte, bilden wir jetzt einen neuen Denkbereich, indem wir festsetzen, daß jedes Erlebnis des früheren Denkbereichs auch dem jetzt zu beschreibenden angehören soll, der aber noch weiter die folgende durch eine Involution ausgedrückte Eigenschaft besitzt. Ist M irgend eine der in N enthaltenen Mengen, so soll Prot.M Element der Menge $\mathfrak{A}N$ sein. In unsrer Symbolik ausgedrückt:

$$[X \text{ rel. } N] \text{ inv. } [\text{Prot.}X \text{ rel. } \mathfrak{A}N],$$

wo dem früheren gemäß die Unterscheidungen rel.$_\alpha$, rel.$_\beta$ usw. weggelassen sind.

Der neue Denkbereich definiert die Menge $\mathfrak{A}N$; die Anschauung zeigt unmittelbar, daß in den hier angezogenen Fällen auch $\mathfrak{A}N$ eine Cantorsche Menge, demnach konsistent ist, oder — wie wir dies auch ausdrücken — logische Existenz besitzt. Wir sind damit zu dem „Existenzaxiome“ gelangt, nach dem die $\mathfrak{A}$-Menge einer beliebigen Zermeloschen Menge[1] logische Existenz besitzt, d. h. konsistent ist.

In der hier benutzten Begriffsbildung ist — wie schon erwähnt — das durch Prot.M bezeichnete Ding durchaus kein Element von M. Wenn M z. B. die Elemente a und b und nur diese enthält, so bezeichnet Prot.M das Ding „a oder b“. Trotz des „oder“ ist „a oder b“ ein klares Erlebnis unsres Denkens und als solches

---

[1] Offenbar könnten wir allgemeiner jede Menge von Mengen, deren $\mathfrak{A}$-Menge logische Existenz besitzt, Zermelosche Menge nennen; die engere Fassung des Textes geht aus dem Bestreben hervor, diesem „Existenzaxiome“ genau dieselbe „Evidenz“ zu verleihen, wie jeder anderen, unserem mathematisch-logischen Denken entspringenden Anschauung.

Übrigens ist in unsrer Terminologie dieses „Existenzaxiom“ durchaus kein Axiom des Denkbereichs, sondern eine an dem Denkbereiche gewonnene (neue) Anschauung.

sowohl von a wie von b verschieden und demnach gewiß kein Element von M.

In diesem Sinne ist $\mathfrak{A}N$ eine konsistente Menge, deren Elemente mit den Mengen M vollständig und klar beschriebene, von jedem andern Dinge unterscheidbare, aber neu adjungierte Dinge sind. So ist es zu verstehen, daß für eine Zermelosche Menge N die Menge $\mathfrak{A}N$ logische Existenz besitzt, und dieses „Existenzaxiom" hat in der Tat für uns dieselbe Evidenz, wie jede andere an unserem mathematisch-logischen Denken erarbeitete Anschauung.

14. Wir wollen jetzt (übergangsweise) von der Annahme ausgehen, daß jeder Menge, die Element der Zermeloschen Menge ist, ein bestimmtes Element dieser Menge zugeordnet ist, so z. B. der Menge M_1 das Element a_1 usw.; oder, wenn dies vielleicht klarer ist, ein „Auswahlgesetz" annehmen, nach dem zu jeder Menge, die Element der Zermeloschen Menge ist, das zugeordnete Element a angegeben werden kann. Wir können dann den Denkbereich der Zermeloschen Menge „erweitern", indem wir festsetzen, daß, wenn M ein Element von N, und a das dem M zugeordnete Element von M ist, immer

$$\text{Prot.}M \doteqdot a$$

eine axiomatische Form des Bereichs sei. Prot. M ist eine bisher (in der Beschreibung der Zermeloschen Menge) nicht benutzte Form, deren Charakter noch nicht festgesetzt ist. Es soll nun Prot. M dann und nur dann eine $\bar{P}$-, bzw. $\bar{Q}$-Form sein, wenn das zugeordnete a eine $\bar{P}$-, bzw. $\bar{Q}$-Form ist. Offenbar ist dann Prot. M mit a zugleich auch eine $\bar{N}$-Form. Es wird demnach

$$\text{Prot.}M \doteqdot a$$

eine (konstante) P-Form sein.

Nach Art. 6 ist der so definierte Denkbereich möglich und widerspruchlos, und genau dasselbe wird der Fall sein, wenn wir den Denkbereich abermals durch die Festsetzung erweitern, daß dann und nur dann, wenn

$$\text{Prot.}M \doteqdot a$$

eine axiomatische Form des Bereichs ist, auch

$$a \text{ rel. } \mathfrak{Z}N$$

eine axiomatische Form des Bereichs sei, wo $\mathfrak{Z}N$ ein neues Zeichen, das Zeichen der „Auswahlmenge von N“ sei.[1]

Wenn für die Mengenrelationen „x rel. $\mathfrak{Z}N$“ festgesetzt wird, daß sie immer $\bar{P}$-Formen seien, ergeben die bisher angewandten Methoden wieder, daß der so definierte Denkbereich möglich und widerspruchlos oder also mit anderen Worten die Menge $\mathfrak{Z}N$ konsistent ist.

Diese Auswahlmenge von N enthält offenbar als Elemente je ein und nur ein Element jeder Menge, die Element von N ist.

Offenbar ließe sich der hier befolgte Gedankengang wesentlich vereinfachen, wenn das Auswahlgesetz tatsächlich gegeben wäre, oder wenigstens als gegeben vorausgesetzt werden könnte. Dann könnten wir ja direkt statuieren, daß diese Auswahlelemente (Zermelos „ausgezeichnete“ Elemente) und nur diese Elemente der Auswahlmenge sein sollen, und es käme weiter nur darauf an, zu untersuchen, ob die so definierte Menge (selbstverständlich bei einer bestimmten Wahl der Mengenrelation) konsistent ist.

Daß wir trotzdem den hier gegebenen komplizierten Weg wählten, ist jedoch begründet. Es kommt vor allem darauf an, die logische Existenz der Auswahlmenge auch dann zu erhärten, wenn die Annahme (Hypothese) eines „Auswahlgesetzes“ vollständig außerhalb unsrer Betrachtung bleibt, überhaupt nicht eingeführt wird.

Die frühere Festsetzung, daß Prot.$M \doteqdot a$ eine bei Erweiterung des Bereichs einzuführende axiomatische Form sei, hat jetzt gar keinen Sinn mehr; denn davon, daß der Menge eines und nur eines ihrer Elemente zugeordnet ist, kann eben bei Wegfall des Auswahlgesetzes nicht mehr gesprochen werden.

Wohl aber können entsprechende Festsetzungen folgendermaßen geschehen:

Wir erweitern den Denkbereich, der die Menge N definierte, durch Einführung neuer axiomatischer Formen. Diese seien in erster Reihe Isologien, und zwar wenn die Menge M irgendein Element von N ist, solche Isologien, deren erster Teil Prot.M und deren zweiter Teil ein und nur ein beliebiges Element von M ist. Mit jeder solchen Isologie sei auch jede Mengenrelation „x rel. $\mathfrak{Z}N$“ axiomatische Form, wenn deren Hauptteil (x) ein in

[1] Für den logisch zu bewerkstelligenden Übergang zum allgemeinen Fall ist es von Wichtigkeit, zu bemerken, daß „a rel. $\mathfrak{A}N$“ dann und nur dann axiomatische Form ist, wenn „Prot.$M \doteqdot a$“ eine solche ist; und nicht, was hier noch kaum als davon verschieden erscheint, wenn a das dem M zugeordnete Element von M ist.

jenen Isologien auftretendes Element der Mengen M ist. Endlich setzen wir (willkürlich) fest, daß der Charakter von Prot.M immer derselbe sei, wie der des zweiten Teils jener Isologie, deren erster Teil Prot.M ist.

Unsere Denkgewohnheiten verleiten uns sehr leicht dazu, in diese Festsetzungen mehr hineinzutragen, als in ihnen tatsächlich enthalten ist. Insbesondere ist in ihnen durchaus nicht enthalten, daß wir jenes beliebige Element aus irgend welchen äußeren Gründen „noch nicht" bestimmt haben, aber bestimmen möchten, oder gar vielleicht, um zu einer klaren Anschauung zu gelangen, doch bestimmen müssen. Wir fragen gar nicht danach, ob wir imstande sind, das zu machen; selbst wenn wir imstande sind, dieser Forderung zu genügen, wollen wir dies nicht tun.

Der so beschriebene Denkbereich ist offenbar verschieden von dem früher erzeugten. Es ist etwas anderes, wenn wir von einer Isologie „wissen", daß ihr zweiter Teil ein Element von M ist, wie wenn wir wissen, daß dieser zweiter Teil das Element a von M ist. Wir wissen, wenn man die gewöhnliche Ausdrucksweise benutzen will, was ohne Gefahr geschehen kann, in dem einen Falle „weniger", als in dem anderen. Aber unser Wissen, d. h. unsere Anschauung, ist in dem einen Falle ebenso scharf, ebenso genau, wie in dem anderen. Und, was das Wichtigste ist, diese Anschauung kann in unserem Bewußtsein immer genau reproduziert, von neuem vorgestellt werden. Sie hat infolge dessen die höchste Evidenz, die größte „Zuverlässigkeit", die unserem Denken zugänglich ist. Es ist ein naheliegender Irrtum, aber doch unbedingt ein Irrtum, die Anschauung des jetzt beschriebenen Denkbereichs als unvollkommen, als verworren (und daher unwissenschaftlich) anzusehen, „weil" wir nicht wissen, mit welchem Elemente von M wir es zu tun haben. Was wir wissen, wissen wir ebenso genau wie früher; wir wissen aber etwas anderes. Daß wir jetzt „weniger "wissen, sagt eben durchaus nicht, daß unsere Anschauung weniger genau ist.

Was wir jetzt von dem Denkbereiche wissen, sind wieder bestimmte, genau angegebene Festsetzungen, „Eigenschaften" des spontan erzeugten Denkbereichs, und diese Festsetzungen genügen, um mit den bisherigen Methoden, ja mit denselben Worten, wie für den Fall der Annahme eines Auswahlgesetzes, festzusetzen, daß der Denkbereich möglich und widerspruchslos, oder demnach die durch den Denkbereich definierte Menge $\mathfrak{Z}N$ — die Auswahlsmenge von N — konsistent ist.

Die Auswahlsmenge $\mathfrak{Z}N$ enthält als Elemente ein und nur ein Element jeder Menge M, und nur diese. Sie ist konsistent, sie besitzt „logische Existenz". Und die Erhärtung dieser Tatsache hat absolut nichts mit der „Möglichkeit" oder gar mit dem „Vorhandensein" eines Auswahlgesetzes zu tun, das bei dieser Betrachtung überhaupt nicht in unser Bewußtsein tritt, überhaupt nicht „existiert", auch wenn es konstruiert werden kann.

Was wir hier und in der Folge von der Auswahlmenge aussagen, ist Anschauung an einem genau beschriebenen Denkbereiche, den die Anschauung selbst als möglich und logisch widerspruchslos erweist. Die Existenz von $\mathfrak{Z}N$ ist damit wohl nicht „durch logische Deduktion" bewiesen; diese Existenz wird — um den Schulausdruck zu gebrauchen — durch ein neues synthetisches Urteil erhärtet; aber die „Notwendigkeit", dieses Urteil in unser Bewußtsein aufzunehmen, die Evidenz der entsprechenden Anschauung anzuerkennen, ist dieselbe, wie in jedem anderen Akte unseres logisch-mathematischen Denkens: es ist eben immer die Evidenz einer an möglichen und logisch widerspruchslosen (exakten) Denkbereichen erarbeiteten Anschauung.[1]

15. Das Auswahlprinzip, nach dem zu jeder Zermeloschen Menge eine (konsistente) Auswahlmenge existiert, ist durch die vorstehenden Entwicklungen ein gesicherter Bestandteil unseres logisch-mathematischen Denkens geworden. An dieser Auswahlmenge erarbeitete Anschauungen haben „dieselbe" Evidenz, wie die einfachsten Sätze der Arithmetik. Allerdings ergibt sich diese Evidenz für die Arithmetik erst dann, wenn wir den die Arithmetik definierenden Denkbereich (im nächsten Kapitel) beschrieben und als möglich und exakt (logisch widerspruchslos) erwiesen haben.

Um die Richtigkeit und Anwendbarkeit des Auswahlprinzips hat sich in den letzten Jahren ein heftiger Streit entsponnen[2], der aber, der Natur der Sache nach, nicht so sehr das Auswahl-

[1] Vom Standpunkte der Erkenntnistheorie aus — aber außerhalb des Rahmens der synthetischen Logik — setzt hier wieder der Glaube an die Zuverlässigkeit unsres „notwendigen Denkens" ein. Dieser Glaube drückt sich in einem (wenn auch als solches nicht ausgesprochenen) heuristischen Prinzipe aus. Diesem Prinzipe zufolge sind wir überzeugt, daß, wenn die Anschauung zu Widersprüchen führt, ein „Irrtum" unterlaufen ist, d. h. ganz genau ausgedrückt, daß wir die Grundnorm unsres Denkens verletzten, indem in einer „verworrenen" Anschauung „in gewisser Beziehung nicht verschiedene" Dinge uns als überhaupt „nicht-verschieden" erscheinen. Offenbar ist es eine Anerkennung dieses Prinzips, wenn wir fur jede „Antinomie" eine „Lösung" fordern.

[2] Siehe insbesondere Borel in Math. Annalen Bd. 60, S. 194 und die Cinq lettres sur la théorie des ensembles von Hadamard, Borel, Baire und Lebesgue im Bull. de la Soc. math. de France, B. 33 S. 261. Ferner Zermelo, Neuer Beweis für die Möglichkeit einer Wohlordnung, Math. Annalen, Bd. 65, ins-

prinzip wie das Auswahlgesetz betrifft. Die hier gegebenen Erörterungen beziehen sich nur auf eine bestimmte Klasse von Mengen, die wir Zermelosche Mengen genannt haben. Für diese Mengen, unter denen sich, wie wir sehen werden, auch das Kontinuum befindet, ist der Sachverhalt vollständig geklärt, und dies dürfte — wenigstens vorläufig — für die Mengenlehre und überhaupt für das mathematische Interesse genügen, obwohl es klar ist, daß dieselben Prinzipien weit über die hier gezogenen Grenzen hinausreichen. Trotzdem halte ich es für notwendig, mit einigen Worten auf den logischen Inhalt dieses Streites näher einzugehen, der aus einer ganzen Reihe von Mißverständnissen entstanden ist.

Vor allem ist das Auswahlprinzip überhaupt kein Axiom in dem allgemein gebrauchten Sinne des Wortes. Das geht schon daraus hervor, daß eben darum gestritten wird, ob das Auswahlprinzip „richtig" ist oder nicht. Ein Axiom ist doch an sich weder wahr noch falsch; ein Axiom wird „eingeführt", d. h. wir schreiben ihm ohne weitere Begründung jene Evidenz zu, die in unserer Anschauung den logischen Sätzen zukommt. Dies kann zur Beschreibung gewisser Erfahrungen zweckmäßig sein oder auch nicht. Für uns kommt nur eines in Betracht: Ist der durch Einführung des Axioms „erweiterte" Denkbereich möglich und widerspruchslos? Die Anschauung eines solchen Denkbereichs liefert uns, wenn dies der Fall ist, Eigenschaften des Denkbereichs, Tatsachen, die ebenso evident sind wie diejenigen, die dem Denkbereiche der reinen Logik angehören.

Das Auswahlprinzip ist ein Existentialsatz („die Menge $\mathfrak{Z}N$ hat logische Existenz"). Und dieser Satz wird durch die ausführlich beschriebene Anschauung erhärtet. Wenn wir das Wort „Beweis" auch für solche Fälle gelten lassen, können wir geradezu sagen, daß die ausgeführten Erörterungen den Existenzbeweis für die Auswahlmenge einer Zermeloschen Menge geben.

Während ich nun in den mathematischen Ausführungen (Wohlordnungssatz usw.), soweit es sich um Zermelosche Mengen handelt, vollständig auf Seite Zermelos stehe, ist die erkenntnistheoretische Grundlage, auf der diese Sätze „evident" werden, hier eine ganz andere und gewiß auch tiefere. Soweit ich sehe, ist für Zermelo die Existenz eines Auswahlgesetzes unmittelbar evident, oder zum mindesten eine Hypothese, die ohne weiteres eingeführt

---

besondere S. 111, wo die Einwände gegen das Auswahlprinzip ausführlich besprochen werden.

Auch B. Russell ist, soviel ich weiß, entschiedener Gegner der von Zermelo urgierten allgemeinen Gültigkeit.

werden kann, und von der es — das „Warum" wird gar nicht erörtert — sicher ist, daß sie zu „richtigen" Resultaten führt. Für uns „existiert" ein Auswahlgesetz überhaupt nicht; d. h. es wird in den Denkbereich gar nicht aufgenommen, auch wenn es für uns (oder für eine höhere Intelligenz) angebbar wäre. Trotzdem haben wir einen möglichen und widerspruchslosen Denkbereich konstruiert, d. h. in einem endlichen Denkprozesse genau beschrieben, der die logische Existenz der Auswahlmenge erhärtet. Wenn wir nun wissen, daß ein und nur ein Element von M Element von $\mathfrak{Z}N$ ist, fragen wir gar nicht, welches Element von M dies wohl ist; unser Wissen ist „weniger", als wenn dies angegeben wäre; aber was wir wissen, ist darum nicht weniger scharfe, nicht weniger genaue Erfahrung, deren Evidenz sich von der unseres übrigen mathematisch-logischen Denkens überhaupt nicht unterscheidet.

Die Frage nach der Zulässigkeit eines Auswahlgesetzes ist es, die Zermelo von seinem extremsten Gegner Borel scheidet, und in dieser Fassung wohl gar nicht entschieden werden kann. Es müßte entweder für jede Menge N ein Auswahlgesetz angegeben werden oder aber für eine bestimmte Menge N ein Widerspruch in der Annahme eines Auswahlgesetzes nachgewiesen werden. Beides scheint mir genau so unausführbar wie die „Summierung" einer unendlichen Reihe; die Forderung selbst ist „unlogisch". Durch Änderung der Definition gelangen wir aber zu einem Begriffe der Reihensumme, ohne ein Gesetz für die „Addition" unendlich vieler Zahlen aufzustellen; und ebenso gelangten wir zu einer logisch widerspruchslosen Definition der Auswahlmenge $\mathfrak{Z}N$, ohne ein Gesetz der Auswahl für die Mengen M, die Elemente von N sind, zu postulieren oder gar aufzustellen.

Nach Borel ist für die Existenz eines Auswahlgesetzes nur dann Gewähr geleistet, wenn es tatsächlich angegeben ist. Das ist jedenfalls der sehr berechtigte Standpunkt des Empiristen; das Auswahlgesetz ist eine Anschauung; und die „Möglichkeit" einer Anschauung liegt offenbar darin, daß ich diese Anschauung tatsächlich hervorrufen kann.

Wenn wir aber den „Begriff" des Auswahlgesetzes vollständig fallen lassen und uns darauf beschränken, einen möglichen und widerspruchslosen Denkbereich zu konstruieren, d. h. durch einen endlichen Denkprozeß genau[1] zu beschreiben, der die Existenz

[1] Was wir früher als vollständige oder unvollständige Beschreibung des Denkbereichs bezeichneten, hat mit der Genauigkeit dieser Beschreibung nichts zu schaffen.

der **Auswahlmenge** erhärtet, so haben wir damit einen Standpunkt erreicht, der uns zeigt, daß die weiteren **Zermeloschen** Sätze (für Zermelosche Mengen, also auch für das Kontinuum) der „wahren Mathematik“ angehören, und der den von **Borel** (und in anderer Richtung auch von **Poincaré**) aufgestellten Forderungen vollständig genügt. Diese Forderungen sind von **Borel** selbst genau formuliert:

„Il n'y a pour lui [le mathématicien] qu'une distinction utile: certaines définitions permettent de connaître parfaitement l'être mathématique dont on parle, de calculer sur lui sans aucune ambiguïté ou confusion possible, d'autres ne le permettent pas.“[1]

Unsere Betrachtungen zeigen eben, daß die Auswahlmenge $\mathfrak{Z}N$ einer Zermeloschen Menge ein „être mathématique“ ist, wie jedes andere.

Teilmengen. Potenzmenge, Durchschnittsmenge usw.

16. Sind M und T a-Mengen, deren Beschreibung demnach durch einen „Denkbereich“ erfolgt, so kann es vorkommen, daß die axiomatischen Grundformen, soweit sie nicht Elemente der Mengen definieren (d. h. soweit sie nicht von der Form „x rel. M“ bzw. „x rel. T“ sind) in beiden Bereichen dieselben sind und ferner für jedes x, sobald „x rel. T“ in der Definition von T auftritt, „x rel. M“ auch in der Definition von M erscheint. Wir drücken dies kürzer so aus, daß jedes Element von T auch Element von M ist. Die Mengenrelation in M und T ist dabei als nicht verschieden gedacht.

Offenbar ist dann jede axiomatische Grundform des Denkbereiches von T auch axiomatische Grundform des Denkbereiches von M, und der erste Denkbereich kann aus dem zweiten so „entstanden“ gedacht werden, daß gewisse Grundformen, die Elemente von M definierten, eventuell weggelassen werden. In diesem Falle nennen wir die Menge T eine **Teilmenge** von M. Der Augenschein lehrt, daß, **wenn M konsistent ist, auch jede Teilmenge T von M konsistent ist.** Jedes Erlebnis im Denkbereiche der Menge T ist ja auch ein Erlebnis im Denkbereiche der Menge M. Und wenn dieser Denkbereich durchweg mögliche und zu keinem Widerspruche führende Erlebnisse aufweist, ist dies offenbar auch für den Denkbereich von T der Fall.

Die Menge M selbst genügt der Definition einer „Teilmenge von M“; wir nennen auch M eine Teilmenge (und zwar eine un-

[1] La philosophie mathématique et l'infini, Revue du Mois, B. XIV, S. 219.

eigentliche Teilmenge) von M. Man kann aus den Grundformen des Denkbereiches von M auch alle axiomatischen Grundformen weggelassen denken, die gewisse Dinge als Elemente von M definieren. Diesem Denkbereiche, der dann eigentlich gar keine Menge definiert, adjungieren wir rein formal ein Ding (das eben der Erzeugung dieses Denkbereichs entspricht) und nennen dieses Ding die „Nullmenge von M". Auch sie soll eine uneigentliche Teilmenge von M heißen. Jede andere Teilmenge von M nennen wir eigentliche Teilmenge von M.

Unter der Annahme, daß es für jedes Ding entschieden ist, ob es Teilmenge von M ist oder nicht, können wir die Teilmengen von M als „gegebene" Dinge fassen. (Gegeben sind dann, dem eingebürgerten Gebrauche nach, die eigentlichen Teilmengen von M, die Nullmenge von M und endlich M selbst als uneigentliche Teilmengen.) Wir können dann die Forderung stellen, eine Menge zu bilden, deren Elemente die Teilmengen von M und nur diese sind. Ob diese Menge aller Teilmengen von M — bei irgend einer Wahl der Mengenrelation — konsistent sein wird, muß natürlich in jedem Falle besonders untersucht werden.

Ist M eine α-Menge, so nennen wir die α-Menge aller Teilmengen[1] von M (nach Zermelo) kürzer auch die Potenzmenge von M und bezeichnen sie mit $\mathfrak{P}M$.

Wenn M eine Cantorsche Menge ist, so ist offenbar auch jede Teilmenge von M eine solche, und die Potenzmenge (als eine Menge Cantorscher Mengen) eine Zermelosche Menge. Nach unsern früheren Entwicklungen ist die Konsistenz dieser Potenzmenge gesichert, wie immer auch die Mengenrelationen angenommen seien. Insbesondere können die Mengenrelationen als durchweg nicht verschieden angenommen werden. Wir sind demnach zu dem Anschauungssatze gelangt, daß die Potenzmenge jeder Cantorschen Menge eine Zermelosche Menge und damit auch konsistent ist.

Endlich ist, wie man unmittelbar sieht, wenn M eine Cantorsche Menge ist, auch die Auswahlmenge $\mathfrak{Z}\mathfrak{P}M$ ihrer Potenzmenge konsistent.

17. Es sei N eine konsistente α-Menge, deren Elemente (z. B. M_1, M_2 usw.) durchweg konsistente α-Mengen sind. Es kann dann Dinge geben, die Elemente jeder Menge M sind, die selbst Element von N ist. Ob ein Ding ein solches „gemeinsames" Element „aller"

[1] Die Teilmengen sind der Definition nach durchweg α-Mengen.

Mengen M ist, muß der Augenschein lehren. Die Menge, deren Elemente diese und nur diese Dinge sind, heißt der Durchschnitt von N, ausführlicher die Durchschnittsmenge jener Mengen die Elemente von N sind. Wir bezeichnen sie mit $\mathfrak{D}N$.

Offenbar ist diese Durchschnittsmenge eine Teilmenge jeder Menge M: eine eigentliche Teilmenge oder M selbst, wenn es solche „Durchschnittselemente" gibt; sonst die Nullmenge.

Insbesondere besitzt jede Zermelosche Menge eine Durchschnittsmenge, deren logische Existenz unmittelbar klar ist.

Es läßt sich ferner die Forderung aufstellen, eine Menge zu bilden, für welche jedes Element irgend einer Menge M, und nur diese, Elemente der zu bildenden Menge sind. Wir nennen sie Vereinigungsmenge von N, genauer Vereinigungsmenge (Summenmenge) aller Mengen, die Elemente von N sind, und bezeichnen sie mit $\mathfrak{B}_s N$. Ob diese Menge mit den M und mit N konsistent ist, bleibe dahingestellt. Offenbar ist dies aber für jede Zermelosche Menge der Fall.

Jede Zermelosche Menge besitzt eine Vereinigungsmenge, deren logische Existenz klar ist.

Erwähnenswert ist der Fall, wo die Mengen M elementenfremd sind. Dies heißt folgendes: wenn M_1 und M_2 irgendwelche verschiedene Elemente von N sind, gibt es kein Ding, das Element von M_1 und M_2 ist. Dieser Fall, auf den wir den allgemeinen Fall meistens zurückführen können, ist für die Anwendungen der wichtigste. Die Mengen M werden, wie schon auseinandergesetzt wurde, als durchweg verschieden vorausgesetzt. Wenn wir also den Elementen der Mengen M die weitere Eigenschaft zuschreiben, zu einer und nur einer der Mengen M zu „gehören", werden nach Einführung dieser Eigenschaft die Mengen M durchweg elementenfremd sein.

Ist wieder N eine Menge, deren Elemente durchweg Mengen sind, so läßt sich — wenigstens in gewissen Fällen — aus diesen wieder eine neue Menge, die Verbindungsmenge (Produktmenge) von N definieren, die, wenn sie logische Existenz besitzt, mit $\mathfrak{B}_p N$ bezeichnet werden soll. Als Element dieser Menge definieren wir jede Menge — und nur diese — deren Elemente Elemente der in N enthaltenen Mengen sind, und zwar so, daß sie aus jeder der in N enthaltenen Mengen ein und nur ein Element enthält.

In den einfachsten Fällen ergibt die Anschauung die logische Existenz der Verbindungsmenge, und auch ihre sämtlichen Elemente.

Es seien z. B. die Elemente von N die Mengen M' und M''; die Elemente von M' seien a_1, b_1 und nur diese; die Elemente von

M'' ähnlich a_2, b_2 und nur diese. Elemente der Verbindungsmenge sind dann offenbar die Mengen, deren Elemente a_1 und a_2, oder ähnlich a_1 und b_2, b_1 und a_2, b_1 und b_2 sind.

Im allgemeinen sichert, wie man unmittelbar sieht, die Anwendbarkeit des Auswahlprinzips die Tatsache, daß es Dinge gibt, die der Definition nach Elemente der Verbindungsmenge sind, und demnach, daß diese Menge, falls sie logische Existenz besitzt, keine Nullmenge ist. Dieser Ausspruch (der „Produktsatz") formuliert das Auswahlprinzip von neuem. Die logische Existenz der Verbindungsmenge fordert aber noch das Anschauungspostulat, demzufolge es für jedes Ding entschieden ist, ob es Element der Verbindungsmenge ist oder nicht. Mit andern Worten besagt dieses Anschauungspostulat, daß die Eigenschaft „Element der Verbindungsmenge sein" definit, d. h. eine „G-Eigenschaft" ist. Darauf wird es später allein ankommen. Die Zusammenfassung dieser Elemente in einem „konsistenten" Mengenbegriff ist meist nur eine bequeme Ausdrucksweise, die auch vermieden werden könnte.

Siebentes Kapitel.

Die Grundlagen der Arithmetik.

Arithmetische Summen und Produkte. Arithmetische Gleichheit.

1. Die Einführung jenes axiomatischen Bereichs, der ein exaktes Bild der Arithmetik ergibt, wird durch die Beschreibung gewisser neuer Formen vorbereitet. Es sind dies in erster Reihe die arithmetischen Summen und die arithmetischen Produkte. Die Interpretation dieser Formen, die auch in verschiedener Weise erfolgen kann, bleibt vorbehalten. Damit ist gesagt, daß wir zuerst einen Formenbereich beschreiben und später erst zu einem entsprechenden Denkbereiche übergehen. Die neuen Formen sind

$$x + y$$

deren Hauptname eben „arithmetische Summe" sein soll und der weiter noch die Teilnamen „den ersten Teil x enthaltend" und „den zweiten Teil y enthaltend" zukommen; ferner

$$x \times y$$

deren Hauptname „arithmetisches Produkt" sein soll und der weiter noch die Teilnamen „den ersten Teil x enthaltend" und „den zweiten Teil y enthaltend" zukommen.

Es sollen jetzt Festsetzungen getroffen werden, nach denen in gewissen Fällen gewisse Formen (unter anderen auch arithmetische Summen und Produkte) einen Numerator — und nur einen — bestimmen. Diese Festsetzungen sind spontan, d. h. ganz willkürlich getroffen, werden sich aber als „zweckmäßig" erweisen, indem sie dazu dienen können, die Denkvorgänge der Arithmetik exakt zu beschreiben. Diese Bestimmung eines Numerators erfolgt in „bestimmter" Weise und sollte deshalb eigentlich einen besonderen Namen erhalten, z. B. „arithmetische Bestimmung" heißen; der Kürze wegen lassen wir dieses Beiwort weg, da diese kürzere Ausdrucksweise zu keinerlei Mißverständnissen Anlaß geben kann. Diese Festsetzungen sind:

I. Jeder Numerator soll sich selbst (arithmetisch) bestimmen.

II. Ist x ein Numerator, so soll die arithmetische Summe $x + 1$ den auf x unmittelbar folgenden Numerator $\mathfrak{f}x$ bestimmen.

III. Sind x und y Numeratoren, ferner u der durch $x + y$ bestimmte Numerator, so soll die arithmetische Summe $x + \mathfrak{f}y$ den auf u unmittelbar folgenden Numerator $\mathfrak{f}u$ bestimmen.

Die Festsetzungen II. und III. ergeben für jede arithmetische Summe, deren Teile Numeratoren sind, eine „eindeutige" Bestimmung. Sei m ein beliebiger, aber bestimmter Numerator. Um dann $m + 1$ zu bestimmen, ist nur II. brauchbar und ergibt $\mathfrak{f}m$. Ist aber $m + y$ „bestimmt", so kann zur Bestimmung von $m + \mathfrak{f}y$ nur III. gebraucht werden und ergibt, wenn $m + y$ den Numerator u bestimmt, $\mathfrak{f}u$. Die vollständige Induktion für endliche Mengen ergibt den ausgesprochenen Satz.

IV. Ist x ein Numerator, so soll das arithmetische Produkt $x \times 1$ den Numerator x bestimmen.

V. Sind x und y Numeratoren, ferner u der durch $x \times y$ bestimmte Numerator, so soll das arithmetische Produkt $x \times \mathfrak{f}y$ den durch die arithmetische Summe $u + x$ bestimmten Numerator bestimmen.

Die Festsetzungen IV. und V. ergeben für jedes arithmetische Produkt, dessen Teile Numeratoren sind, eine eindeutige Bestimmung, wovon man sich genau wie früher (durch die in der vollständigen Induktion für endliche Mengen enthaltene Anschauung) überzeugt.

VI. Wenn die Formen F und G die Numeratoren u und v bestimmen, soll die arithmetische Summe $F + G$ denselben Numerator bestimmen, wie $u + v$.

VII. Wenn die Formen F und G die Numeratoren u und v bestimmen, soll das arithmetische Produkt $F \times G$ denselben Numerator bestimmen, wie $u \times v$.

Wenn F und G beide Numeratoren sind, so sagt VI. und VII. nichts anderes, als daß $u + v$ denselben Numerator bestimmt, wie $u + v$; und ähnlich für $u \times v$; ist aber auch nur eine der Formen F, G kein Numerator, so ergibt VI. und VII. eine neue, eindeutige Bestimmung, die früher eben nicht vorhanden war.

VIII. Wenn die Form F den Numerator u bestimmt, soll $\mathfrak{f}F$ den Numerator $\mathfrak{f}u$ bestimmen.

Die Bestimmung ist „eindeutig" und „neu". Für $\mathfrak{f}$-Bilder war eben noch keine Bestimmung gegeben, wenn F kein Numerator ist; wenn aber dies der Fall ist, sagt VIII. eben nur, daß der Numerator sich selbst bestimmt. Nach dieser Festsetzung kann auch umgekehrt $\mathfrak{f}F$ nur dann den Numerator $\mathfrak{f}u$ bestimmen, wenn F den Numerator u bestimmt.

IX. Wenn die Form F den Numerator u bestimmt, soll auch die logische Summe $F \mathbin{\dot{+}} F$ und das logische Produkt $F \mathbin{\breve{\times}} F$ den Numerator u bestimmen.

Auch diese Bestimmung ist „eindeutig" und „neu".

2. Die Tatsache, daß die Formen F und G den geschehenen Festsetzungen nach Numeratoren bestimmen und daß diese Numeratoren nicht verschieden sind, drücken wir durch

$$F = G$$

aus, wo die hingeschriebene Formel unmittelbar nur eine abgekürzte Schreibweise ist. Wir sagen in diesem Falle auch, daß F und G „denselben (arithmetischen) Wert besitzen". Wir formalisieren aber sogleich diese Ausdrucksweise, indem wir

$$x = y$$

als Form einführen, deren Hauptname „arithmetische Gleichheit" und deren Teilnamen „den ersten Teil x enthaltend" und „den zweiten Teil y enthaltend" sind.

Um aber bei dieser Formalisierung die wesentlichen Eigenschaften der arithmetischen Gleichheit zu erhalten, setzen wir weiter fest, daß in jedem Formenbereich, der arithmetische Gleichheiten enthält, die Formen

$$[x = y] \Leftrightarrow [y = x],$$
$$[(x = y) \mathbin{\breve{\times}} (y = z)] \subset [x = z],$$

die nach dem obigen interpretiert unmittelbar evidente Tatsachen ausdrücken, als axiomatische Formen enthalten sind.

Der axiomatische Formenbereich der Arithmetik.

3. Mit Hilfe der bisherigen Festsetzungen kann nun der Formenbereich, der bei entsprechender Interpretation die Denkvorgänge der (reinen) Arithmetik vollständig beschreibt, unmittelbar gegeben werden. Dies geschieht durch Aufstellung der ihn definierenden axiomatischen Formen. Diese sind:

a) die axiomatischen Formen, welche die Numeratoren definieren,

$$1 \text{ qual. } \mathfrak{J}, \qquad (\mathfrak{J}_1)$$

$$[x \text{ qual. } \mathfrak{J}] \;(=)\; [\mathfrak{f}x \text{ qual. } \mathfrak{J}], \qquad (\mathfrak{J}_2)$$

b) die axiomatischen Formen der arithmetischen Gleichheit

$$[x \text{ qual. } \mathfrak{J}] \subset [x = x], \qquad (E_1)$$

die eben besagt, daß jeder Numerator nach den Festsetzungen in Art. 1 und 2 sich selbst bestimmt, und weiter nach dem früheren

$$[x = y] \;(=)\; [y = x], \qquad (E_2)$$

$$[(x = y) \;\breve{\times}\; (y = z)] \subset [x = z], \qquad (E_3)$$

c) die axiomatischen Formen der „Addition“[1]:

$$[x \text{ qual. } \mathfrak{J}] \subset [(x + 1) = \mathfrak{f}x], \qquad (A_1)^2$$

$$[(x \text{ qual. } \mathfrak{J}) \;\breve{\times}\; (y \text{ qual. } \mathfrak{J})] \subset [(x + \mathfrak{f}y) = \mathfrak{f}(x + y)], \qquad (A_2)$$

$$[(x = y) \;\breve{\times}\; (z = u)] \subset [(x + z) = (y + u)], \qquad (A_3)$$

durch welche die Festsetzungen II., III. und VI. des Art. 1 „axiomatisiert“ werden.

d) Die axiomatischen Formen der „Multiplikation“[3]:

$$[x \text{ qual. } \mathfrak{J}] \subset [(x \times 1) = x], \qquad (M_1)$$

$$[(x \text{ qual. } \mathfrak{J}) \;\breve{\times}\; (y \text{ qual. } \mathfrak{J})] \subset [(x \times \mathfrak{f}y) = ((x \times y) + x)] \qquad (M_2)$$

$$[(x = y) \;\breve{\times}\; (z = u)] \subset [(x \times z) = (y \times u)], \qquad (M_3)$$

durch welche die Festsetzungen in IV., V. und VII. „axiomatisiert“ sind.

e) Das Bildaxiom:

$$[x = y] \;(=)\; [\mathfrak{f}x = \mathfrak{f}y], \qquad (B)$$

---

[1] Indem wir die Erzeugung der arithmetischen Summe als „Addition“ bezeichnen.

[2] Man könnte hier (und später) für jeden Numerator a eine spezielle „axiomatische“ Form „$a + 1 = \mathfrak{f}a$“ einführen, während diese nach unsern Festsetzungen erst durch die logische Deduktion — hier durch die Substitution $S\binom{x}{a}$ — aus (A_1) entsteht. Dies geschieht nicht, trotzdem die „Formeln“ dadurch einfacher würden. Wir hätten dann „unendlich“ viele Axiome; während die Ausführungen des Textes den Denkbereich der Arithmetik durch eine „endliche“ Anzahl von Axiomen vollständig beschreiben.

[3] Indem wir die Erzeugung des arithmetischen Produktes als „Multiplikation“ bezeichnen.

wo die Festsetzung VIII. und ihre dort evidente Umkehrung „axiomatisiert“ wird.

f) Und endlich die axiomatischen Formen der Ordnung

$$[x \text{ qual. } \mathfrak{F}] \subset [x \prec \mathfrak{f}x], \qquad (O_1)$$

$$[(x \prec y) \,\breve{\times}\, (y \prec z)] \subset [x \prec z], \qquad (O_2)$$

in denen die natürliche Ordnung der Numeratoren (Kap. III, Art. 7) zum Ausdruck gelangt.

4. Die einfachste, aber in ihrem Denkinhalte auch die ärmste Interpretation des jetzt beschriebenen axiomatischen Formenbereichs erhalten wir durch folgende Annahmen. Die Numeratoren sind die in Kap. III beschriebenen Dinge; logische Summen und Produkte sind auch als Formen durch ihre Erzeugung bestimmte Dinge, denen wir die Festsetzungen des Art. 1 als „Eigenschaften“ beilegen. Die arithmetische Gleichheit $x = y$ sagt dann aus, daß die Dinge, deren Eigennamen x und y sind, die „Eigenschaft“ besitzen, gewisse Numeratoren zu bestimmen, und daß diese Numeratoren nicht verschieden sind. Endlich sei die Interpretation von $x \prec y$, daß y ein Glied der $S_{x,\mathfrak{f}}$-Reihe ist.

Daß der bei dieser Interpretation entstehende Denkbereich ein exakter Wahrheitsbereich ist, ist eine der Anschauung leicht zugängliche Tatsache. Es sind wieder nur die für den Denkbereich der reinen Logik in Kap. V, Art. 6—9 entwickelten Methoden anzuwenden, indem wir den dort unter I—X. gegebenen Festsetzungen noch die weiteren hinzufügen, daß jede arithmetische Gleichheit $x = y$ und jede Ordnungsrelation $x \prec y$ eine P-Form sei. Die Ausführung können wir dem Leser überlassen, da sie sich — beinahe wörtlich — aus dem früheren ergibt. Man bemerkt aber sogleich, daß diese inhaltsarme Interpretation, obwohl sie einen exakten Wahrheitsbereich liefert, zu einer genauen Beschreibung der in der Arithmetik angeschauten Denkvorgänge nicht genügt. Nicht so sehr, weil ihr noch der Begriff der Kardinalzahl fehlt; diesem Mangel kann, wie wir bald sehen werden, durch eine neue Interpretation für (arithmetische) Summen und Produkte sehr leicht abgeholfen werden. Die Festsetzungen genügen für die Arithmetik vor allem deshalb nicht, weil der Begriff der P-Formen zu weit gefaßt ist. Wir erfahren wohl, daß jede Form des Bereichs eine P-Form ist; aber bei diesen Festsetzungen ist z. B. auch $3=4$ eine P-Form, die demnach Form des Bereichs sein kann, ohne daß sie es deshalb sein muß. Um durch die Anschauung zu erhärten, daß $3=4$ keine Form des Bereichs ist, muß eine andere Festsetzung des Formenbereichs erfolgen.

Daß dies geschehen kann und wie dies geschieht, ist für die Grundlagen unsres logisch-mathematischen Denkens von der größten Wichtigkeit, was ich in einigen Zeilen noch näher auseinandersetzen will.

Wenn ich in einer Abhandlung, die nach einer „Rechnung" von ein paar hundert Seiten, mag diese ganz elementar sein oder auch die „modernsten" Begriffsentwicklungen der Mathematik enthalten, zu dem Resultate $3=4$ gelange, so werde ich der Überzeugung Ausdruck geben, daß „ein Rechenfehler unterlaufen sein muß". Damit ist „der Glauben an die Zuverlässigkeit unsres notwendigen Denkens" ausgedrückt, über den hinauszugehen eben nicht gefordert wird. (Wie selbst der größte Schlachtendenker keiner weiteren (astronomischen) Vertiefung der Tatsache bedarf, daß die Nacht anbricht. Er wird gewiß eine Wiederholung des Josuaschen Wunders nicht in den Kreis seiner Kombinationen, in seinen „Denkbereich", einbeziehen.) Jenen Glauben an die Zuverlässigkeit unseres Denkens zu vertiefen und das metaphysische oder dogmatische Element dieses Glaubens auf seine einfachste Gestalt zu bringen, ist eben der Wunsch, der jedes erkenntnistheoretische Denken begleitet. Dies geschieht in der folgenden Weise. Wir treffen solche Festsetzungen, bei denen $3=4$ keine $\bar{P}$-Form wird, und die Annahme, daß $3=4$ eine Form des Bereichs ist, trotzdem die Anschauung (als Teilerlebnis) enthält, daß $3=4$ eine P-Form ist. Wäre nun $3=4$ eine Form des Bereiches, so würde sie die Grundnorm unsres Denkens verletzen; eine P-Form wäre zugleich keine P-Form, ein Ding endlich von sich selbst verschieden. Was wir nun „glauben", ist, daß eine solche formale Unmöglichkeit auch „tatsächlich" nicht auftritt. (Siehe Kap. V, Art. 5.)

So paradox es auch klingt, die Tatsache, daß unser arithmetisches Denken niemals $3=4$ ergeben kann, wird durch die folgenden Betrachtungen zum erstenmale „bewiesen". Selbstverständlich ist der Beweis eine demonstratio ad oculos.

5. Im Anschluß an die Festsetzungen in Kap. V, Art. 6 normieren wir weiter:

XI A. Die Qualitätsform „x qual. $\mathfrak{J}$" soll dann und nur dann eine $\bar{P}$-Form sein, wenn ihr Hauptteil x ein Numerator ist.

XII A. Eine arithmetische Gleichheit soll dann und nur dann eine $\bar{P}$-Form sein, wenn ihr erster und zweiter Teil nach den Sätzen I—VIII. in Art. 1 dieses Kap. einen Numerator, und zwar beide denselben Numerator bestimmen.

XIII A. Die Ordnungsrelation $x \prec y$ soll dann und nur dann eine $\bar{P}$-Form sein, wenn y ein Glied der $S_{x,\mathfrak{f}}$-Reihe ist.

Indem wir nun auch $x + y$, $x \times y$, x qual. $\mathfrak{J}$, $x \prec y$, $x = y$ und $\mathfrak{f}x$, sowie den Numerator 1 unter die „aufgezählten" primären Zeichenformen[1] aufnehmen (die 1 als einfaches volles Dingzeichen), sind diese durchweg $\bar{N}$-Formen, wie dies aus dem $\bar{P}$-Charakter der Stellenzeichen x und y unmittelbar hervorgeht. Es ergeben sich für den Charakter „jeder Form" Sätze, die den Sätzen des Kap. V, Art. 6 analog, aber von diesen verschieden werden, wenn wir, wie dies der Fall sein soll, für den Charakter der Isologie eine andere, als die dort getroffene Festsetzung eintreten lassen. Diese sei (während X. für die Äquipollenz gültig bleibt):

X A. Die Isologie $F \doteqdot G$ soll dann und nur dann eine $\bar{P}$-Form sein, wenn

entweder F und G denselben Charakter besitzen, aber weder F noch G einen Numerator bestimmen,

oder aber F und G Numeratoren, und zwar sowohl F wie G denselben Numerator bestimmen.

Der Unterschied zwischen dieser und der früheren Festsetzung zeigt sich z. B. für $1 \doteqdot \mathfrak{f}1$, das wir früher mit der Anschauung, daß 1 und $\mathfrak{f}1$ beide $\bar{N}$-Formen sind, eine $\bar{P}$-Form nannten, während jetzt $1 \doteqdot \mathfrak{f}1$ eine $\bar{N}$-Form wird.

Die Anschauung ergibt dann Sätze, die den in Kap. V, Art. 6 entwickelten vollständig analog sind. Diese letzteren sind jedoch nicht geradezu auf die jetzt beschriebenen Eigenschaften übertragbar; offenbar treten infolge von X A. für Isologien ganz andere Verhältnisse auf; insbesondere werden jetzt auch jene Festsetzungen mit zu berücksichtigen sein, nach denen eine Form in gewissen Fällen „einen Numerator bestimmt", in anderen Fällen aber nicht. Wir werden jedoch die zitierten Sätze genau in ihrem Wortlaut aufrechthalten können, indem wir dem Ausdrucke „einen bestimmten Charakter besitzen" eine neue, engere Bedeutung geben.

Eine Form F soll jetzt „einen bestimmten Charakter besitzen", wenn es durch die hier entwickelten Festsetzungen entschieden ist, ob sie $\bar{P}$-, $\bar{Q}$- oder $\bar{N}$-Form ist, und es auch entschieden ist, ob sie einen Numerator bestimmt oder nicht.

---

[1] Selbstverständlich können auch „andere" primäre Zeichenformen auftreten. Sie sind, mit Ausnahme der Stellenzeichen, durchweg $\bar{N}$-Formen.

In unverändertem Wortlaute, aber in veränderter Bedeutung gelten dann wieder die an der zitierten Stelle gegebenen Sätze, die der leichteren Übersicht wegen hier nochmals hingeschrieben seien:

a) Ist F irgend eine Form und sind $V_x, V_y, \ldots$ Formen von bestimmtem Charakter, so hat auch die Form

$$S\begin{pmatrix} x, & y, & \ldots \\ V_x, & V_y, & \ldots \end{pmatrix} F$$

einen bestimmten Charakter.

b) Wenn die Formen $V_x, V_y, \ldots, W_x, W_y, \ldots$ einen bestimmten Charakter besitzen und $V_x \doteqdot W_x$, $V_y \doteqdot W_y$, ... durchweg $\bar{P}$-Formen sind, so besitzen mit F auch

$$S\begin{pmatrix} x, & y, & \ldots \\ V_x, & V_y, & \ldots \end{pmatrix} F \text{ und } S\begin{pmatrix} x, & y, & \ldots \\ W_x, & W_y, & \ldots \end{pmatrix} F$$

einen bestimmten und zwar denselben Charakter.

c) Jede Form hat einen bestimmten Charakter.

Die Sätze ergeben sich aus dem endlichen Denkprozesse, der als „Erzeugung einer beliebigen Form" seinerzeit beschrieben wurde. Sie sind evident, wenn F eine primäre Zeichenform ist, und die vollständige Induktion für endliche Mengen zeigt ihre Evidenz für jede Form; genau so wie in Kap. V, Art. 6.

Auch jetzt kann es vorkommen, daß eine Form F nicht nur selbst $\bar{P}$-Form ist, sondern auch bei jeder Substitution

$$S\begin{pmatrix} x, & y, & \ldots \\ U_x, & U_y, & \ldots \end{pmatrix},$$

wo $U_x, U_y, \ldots$ beliebige Formen sind, $\bar{P}$-Form bleibt. Eine solche Form soll P-Form genannt werden, wo die Bedeutung dieses Ausdrucks selbstverständlich eine andere ist, als sie es in der Theorie der logischen Formen war. In der Beschreibung der auftretenden Verhältnisse bleibt aber der Wortlaut der dort gegebenen Entwicklungen beinahe unverändert.

Wir überzeugen uns leicht, daß die logischen Grundformen auch bei dem jetzt gebrauchten Sinne des Namens „P-Form" durchweg P-Formen sind. Für (IIIa—IIIj) und (Va—Vh) ändert sich dabei überhaupt nichts (Kap. V, Art. 1); wo Isologien nicht bloß zwischen Valenzen auftreten, wie in (Ia), (Ib), (IIa—IIg) und (IV), sind die veränderten Festsetzungen zu berücksichtigen, aber man sieht auch hier ohne jede Schwierigkeit, daß jede dieser Formen P-Form ist.

Ebenso wird es evident, daß die axiomatischen Formen, die für den Bereich der Arithmetik aufgestellt wurden, durchweg P-Formen sind.

So z. B. $(\mathfrak{J}_1)$, das sich bei einer Substitution überhaupt nicht ändert, während „1 qual. $\mathfrak{J}$", wo 1 eben ein Numerator ist, der Definition nach P-Form ist. Weiter wird $(\mathfrak{J}_2)$ eine P-Form; die Anschauung zeigt, daß x und $\mathfrak{f}x$ zugleich Numeratoren sind oder nicht; und damit wird „x qual. $\mathfrak{J}$" und „$\mathfrak{f}x$ qual. $\mathfrak{J}$" gleichzeitig $\bar{P}$-Form oder $\bar{N}$-Form.

Die Verhältnisse liegen so einfach, daß ein Durchsprechen sämtlicher axiomatischen Formen ganz überflüssig ist. Um noch ein Beispiel zu geben, betrachten wir noch die letzte solche Form:

$$[(x \prec y) \check{\times} (y \prec z)] \subset [x \prec z]. \qquad (O_2)$$

Wenn z Glied der $S_{x,\mathfrak{f}}$-Reihe ist, wird $x \prec z$ eine $\bar{P}$-Form und damit die Implikation selbst eine solche. Wenn aber z kein Glied der $S_{x,\mathfrak{f}}$-Reihe, wird $x \prec z$ eine $\bar{N}$-Form; aber dasselbe findet dann auch für $(x \prec y) \check{\times} (y \prec z)$ statt. Die Aussage, daß diese Form eine $\bar{P}$-Form ist, würde eben sagen, daß y ein Glied der $S_{x,\mathfrak{f}}$-Reihe und z ein Glied der $S_{y,\mathfrak{f}}$-Reihe ist, womit eben das Erlebnis verbunden ist, daß auch z ein Glied der $S_{x,\mathfrak{f}}$-Reihe ist. Es wäre dann z von sich selbst verschieden.

Genau mit denselben Worten, wie in Kap. V Art. 8 und 9, überzeugen wir uns weiter, daß die Anwendung der logischen Prinzipe wieder durchweg P-Formen ergibt, d. h. jede Form des jetzt definierten Bereichs P-Form ist. So kann z. B. in diesem Bereiche die Deduktion niemals $3=4$ ergeben.

Der axiomatische Bereich der Arithmetik beschreibt demnach einen widerspruchlosen Wahrheitsbereich. Der Glaube an die Zuverlässigkeit unsres Denkens ist dabei in der „dogmatischen" Annahme ausgesprochen, daß ein Ding niemals von sich selbst verschieden ist, oder wohl subjektiv, aber doch genauer ausgedrückt, daß eine Anschauung, nach der ein Ding (d. h. die Erzeugung eines Dinges) von sich selbst verschieden wäre, niemals in unserem Bewußtsein auftreten wird.

Die Gesetze der Arithmetik.

6. Man erhält aus

$$[x \text{ qual. } \mathfrak{J}] \subset [(x+1) = \mathfrak{f}x] \qquad (A_1)$$

durch die Substitution $S\binom{x}{1}$ abermals eine Form unsres Bereichs:

$$[1 \text{ qual. } \mathfrak{J}] \subset [(1+1) = \mathfrak{f}1].$$

Es ist aber „1 qual. $\mathfrak{J}$" Form des Bereichs, und damit nach dem Schlußprinzipe auch

$$(1 + 1) = \mathfrak{f}1$$

eine „A-Form", wie wir kurz sagen wollen, wenn eine Form dem axiomatischen Formenbereich der Arithmetik angehört.

Infolge des Bildaxioms ist

$$[(1 + x) = \mathfrak{f}x] \subset [\mathfrak{f}(1 + x) = \mathfrak{f}\mathfrak{f}x]$$

eine A-Form. Ferner sind auch

$$[x \text{ qual. } \mathfrak{J}] \subset [x \text{ qual. } \mathfrak{J}]$$

$$[x \text{ qual. } \mathfrak{J}] \subset [\mathfrak{f}x \text{ qual. } \mathfrak{J}]$$

A-Formen, deren Verbindung durch logische Multiplikation wieder

$$[(x \text{ qual. } \mathfrak{J}) \breve{\times} ((1 + x) = \mathfrak{f}x)] \subset$$
$$[(x \text{ qual. } \mathfrak{J}) \breve{\times} (\mathfrak{f}x \text{ qual. } \mathfrak{J}) \breve{\times} (\mathfrak{f}(1 + x) = \mathfrak{f}\mathfrak{f}x)]$$

als A-Form ergibt. Die Substitution $S\begin{pmatrix} x, & y \\ 1, & x \end{pmatrix}$ ergibt aus (A_2) die A-Form

$$[x \text{ qual. } \mathfrak{J}] \subset [(1 + \mathfrak{f}x) = \mathfrak{f}\mathfrak{f}x].$$

Ziehen wir dies in Betracht, so erhalten wir

$$[(x \text{ qual. } \mathfrak{J}) \breve{\times} ((1 + x) = \mathfrak{f}x)] \subset$$
$$[(\mathfrak{f}x \text{ qual. } \mathfrak{J}) \breve{\times} (\mathfrak{f}(1 + x) = \mathfrak{f}\mathfrak{f}x) \breve{\times} ((1 + \mathfrak{f}x) = \mathfrak{f}\mathfrak{f}x)]$$

endlich also die A-Formen

$$[(x \text{ qual. } \mathfrak{J}) \breve{\times} ((1 + x) = \mathfrak{f}x)] \subset [(\mathfrak{f}x \text{ qual. } \mathfrak{J}) \breve{\times} ((1 + \mathfrak{f}x) = \mathfrak{f}(1 + x))]$$

und vereinfacht:

$$[x \text{ qual. } \mathfrak{J}] \subset [((1 + x) = \mathfrak{f}x) \subset ((1 + \mathfrak{f}x) = \mathfrak{f}(1 + x))], \qquad (G_1)$$

deren Interpretation im Sinne unsrer Betrachtungen ein „Gesetz des Denkbereichs der Arithmetik" liefert.

Es ist $(1 + 1) = \mathfrak{f}1$, und wenn k irgendein bestimmter Numerator ist, nach (G_1) mit $1 + k = \mathfrak{f}k$ auch $[1 + \mathfrak{f}k] = [\mathfrak{f}(1 + k)]$ oder $[1 + \mathfrak{f}k] = \mathfrak{f}\mathfrak{f}k$ oder endlich

$$[1 + \mathfrak{f}k] = [\mathfrak{f}k + 1]$$

eine A-Form. Die vollständige Induktion zeigt demnach, daß für jeden Numerator $[1 + x] = [x + 1]$ ist, was wir durch

$$[x \text{ qual. } \mathfrak{J}] \text{ inv. } [(1 + x) = (x + 1)] \qquad (\Gamma_1)$$

ausdrücken können; damit ist aber durchaus nicht gesagt, daß

$$[x \,\text{qual.}\, \mathfrak{J}] \subset [(1 + x) = (x + 1)] \qquad (G_1')$$

eine A-Form ist.[1]

Auch (Γ_1) kann — wie das allgemeiner Gebrauch ist — als Gesetz der Arithmetik bezeichnet werden; aber (Γ_1) ist nicht durch Interpretation einer A-Form gegeben; sondern es ist (Γ_1) ein an dem Denkbereiche erfahrenes Anschauungsgesetz. Die auf die logische Deduktion selbst bezogene vollständige Induktion zeigt, daß $1 + x = x + 1$, welcher Numerator immer auch statt x gesetzt werde, eine A-Form ergibt.

Damit werden logisch ganz verschiedene Anschauungen genau gesondert. Was bei der Verwechslung von Involution und Implikation geschieht, ist klar. Das Anschauungsgesetz (Γ_1) wird in (G_1') axiomatisiert, d. h. (G_1') als neue axiomatische Form dem Bereiche der Arithmetik hinzugefügt, was tatsächlich geschehen kann, ohne Schaden anzurichten. Man sieht sehr leicht, daß der Bereich auch dann ein exakter Wahrheitsbereich bleibt. Jedenfalls aber ist die Hinzufügung dieses oder irgend eines ähnlichen Axiomes (siehe den nächsten Artikel) überflüssig.

7. Die Methode, mit deren Hilfe wir das arithmetische Anschauungsgesetz (Γ_1) erhielten, fußt auf einem allgemeinen Prinzip, das wir leicht angeben können.

Sei F irgendeine Form; es seien weiter

$$S\binom{x}{1}F \quad \text{und} \quad [x \,\text{qual.}\, \mathfrak{J}] \subset \left[F \subset S\binom{x}{\mathfrak{f}x}F\right]$$

A-Formen; wir sehen dann, daß mit $S\binom{x}{k}F$ auch $S\binom{x}{\mathfrak{f}k}F$ eine A-Form ist, d. h. $S\binom{x}{k}F$ ist für jeden Numerator k eine A-Form; ein Resultat, das sich in dem Gesetze (worunter jetzt eben auch Anschauungsgesetze verstanden werden)

$$[x \,\text{qual.}\, \mathfrak{J}] \,\text{inv.}\, F$$

aussprechen läßt.

---

[1] Der Unterschied zwischen Involution und Implikation muß hier nochmals betont werden. Ist N irgend eine $\bar{N}$-Form, so ist mit „N inv. P“ gar nichts ausgesagt, obwohl „N inv. P“ („wenn N eine A-Form, ist auch P eine A-Form“) an sich richtig ist. Es ist eben „N inv. P“ gar keine Form, sondern nur der Ausdruck einer an dem Denkbereich eventuell erfahrenen Eigenschaft. Dagegen kann $N \subset P$ eine A-Form sein und besagt dann zum mindesten, daß P eine A-Form ist.

So können wir z. B. für F die Form

$$[\mathfrak{f}m + x] = [m + \mathfrak{f}x]$$

wählen, wo m einen beliebigen, aber bestimmten Numerator bedeutet. In der Tat ist nach (A_1) und (A_2)

$$[\mathfrak{f}m + 1] = \mathfrak{f}\mathfrak{f}m$$

und auch

$$[m + \mathfrak{f}1] = \mathfrak{f}(m + 1) = \mathfrak{f}\mathfrak{f}m,$$

also für diese Wahl von F die Form $S\binom{x}{1}F$ eine A-Form. Weiter sind nach dem Bildaxiome

$$[x \text{ qual.} \mathfrak{J}] \subset [\mathfrak{f}(\mathfrak{f}m + x) = \mathfrak{f}(m + \mathfrak{f}x)],$$

und nach (A_2) auch

$$[x \text{ qual.} \mathfrak{J}] \subset [\mathfrak{f}(\mathfrak{f}m + x) = (\mathfrak{f}m + \mathfrak{f}x)],$$
$$[x \text{ qual.} \mathfrak{J}] \subset [\mathfrak{f}(m + \mathfrak{f}x) = (m + \mathfrak{f}\mathfrak{f}x)]$$

A-Formen. Weiter erhält man durch logische Multiplikation und Anwendung von (E_3)

$$[x \text{ qual.} \mathfrak{J}] \subset [(\mathfrak{f}m + \mathfrak{f}x) = (m + \mathfrak{f}\mathfrak{f}x)],$$

oder kürzer, indem wir das eben eingeführte Zeichen F benützen

$$[x \text{ qual.} \mathfrak{J}] \subset S\binom{x}{\mathfrak{f}x}F$$

und damit auch

$$[(x \text{ qual.} \mathfrak{J}) \breve{\times} F] \subset S\binom{x}{\mathfrak{f}x}F$$

oder

$$[x \text{ qual.} \mathfrak{J}] \subset \left[F \subset S\binom{x}{\mathfrak{f}x}F\right]$$

als A-Formen. Das Gesetz

$$[x \text{ qual.} \mathfrak{J}] \text{ inv.} [(\mathfrak{f}m + x) = (m + \mathfrak{f}x)],$$

das für „jeden“ Numerator m erhärtet ist, läßt sich weiter unmittelbar in der Gestalt

$$\left.\begin{matrix} x \text{ qual.} \mathfrak{J} \\ y \text{ qual.} \mathfrak{J} \end{matrix}\right\} \text{inv.} [(\mathfrak{f}y + x) = (y + \mathfrak{f}x)] \qquad (\Gamma_2)$$

ausdrücken.

Ein ganz ähnliches Verfahren, dessen Ausführung dem Leser überlassen werden kann, gibt auch das Gesetz

$$\left.\begin{matrix} x \text{ qual.} \mathfrak{J} \\ y \text{ qual.} \mathfrak{J} \end{matrix}\right\} \text{inv.} [(x + \mathfrak{f}y) = (y + \mathfrak{f}x)]. \qquad (\Gamma_3)$$

Es ist aber nach (E_3)

$$[((\mathfrak{f}y + x) = (y + \mathfrak{f}x)) \breve{\times} ((x + \mathfrak{f}y) = (y + \mathfrak{f}x))] \subset [(x + \mathfrak{f}y) = (\mathfrak{f}y + x)].$$

Mit den Involutionen (Γ_2) und (Γ_3) ist auch

$$\left.\begin{matrix} x \text{ qual. } \mathfrak{J} \\ y \text{ qual. } \mathfrak{J} \end{matrix}\right\} \text{inv.} [(x + \mathfrak{f}y) = (\mathfrak{f}y + x)], \qquad (\Gamma_4')$$

wofür endlich

$$\left.\begin{matrix} x \text{ qual. } \mathfrak{J} \\ y \text{ qual. } \mathfrak{J} \end{matrix}\right\} \text{inv.} [(x + y) = (y + x)], \qquad (\Gamma_4)$$

das kommutative Gesetz der Addition geschrieben werden kann. Offenbar umfaßt Γ_4 dem Γ_4' gegenüber noch den Fall $y = 1$, für den aber $(x + 1) = (1 + x)$ sich schon (nach (Γ_1)) als A-Form erwies.

8. Ein weiteres wichtiges (Anschauungs-)Gesetz der Arithmetik drückt sich in folgender Involution aus:

$$\left.\begin{matrix} x \text{ qual. } \mathfrak{J} \\ y \text{ qual. } \mathfrak{J} \\ z \text{ qual. } \mathfrak{J} \end{matrix}\right\} \text{inv.} [((x + y) + z) = (x + (y + z))] \qquad (\Gamma_5)$$

das assoziative Gesetz der Addition, an welches die Theorie der arithmetischen Summen, analog der Theorie der logischen Summen (Kap. V, Art. 16) anknüpft.

Ferner haben wir für die Multiplikation:

$$[x \text{ qual. } \mathfrak{J}] \text{ inv.} [(1 \times x) = (x \times 1)], \qquad (\Gamma_6)$$

$$\left.\begin{matrix} x \text{ qual. } \mathfrak{J} \\ y \text{ qual. } \mathfrak{J} \end{matrix}\right\} \text{inv.} [(\mathfrak{f}x \times y) = ((x \times y) + y)], \qquad (\Gamma_7)$$

$$\left.\begin{matrix} x \text{ qual. } \mathfrak{J} \\ y \text{ qual. } \mathfrak{J} \end{matrix}\right\} \text{inv.} [(x \times y) = (y \times x)], \qquad (\Gamma_8)$$

das kommutative Gesetz der Multiplikation;

$$\left.\begin{matrix} x \text{ qual. } \mathfrak{J} \\ y \text{ qual. } \mathfrak{J} \\ z \text{ qual. } \mathfrak{J} \end{matrix}\right\} \text{inv.} [(x \times (y + z)) = ((x \times y) + (x \times z))] \qquad (\Gamma_9)$$

das distributive Gesetz der Multiplikation und

$$\left.\begin{matrix} x \text{ qual. } \mathfrak{J} \\ y \text{ qual. } \mathfrak{J} \\ z \text{ qual. } \mathfrak{J} \end{matrix}\right\} \text{inv.} [((x \times y) \times z) = (x \times (y \times z))] \qquad (\Gamma_{10})$$

das assoziative Gesetz der Multiplikation.

Eine ausführliche Entwicklung dieser Anschauungsgesetze an dieser Stelle ist wohl überflüssig; sie geschieht in leicht ersichtlicher Weise nach den bisher benutzten Prinzipien und unterscheidet sich in ihrem formalen Teile überhaupt nicht von den bekannten Darlegungen.[1] Der erkenntnistheoretische Inhalt ist allerdings ein ganz anderer geworden und scheidet die „logische Deduktion" und „vollständige Induktion" genannten Anschauungen genau voneinander. Die logische Deduktion ist Anschauung eines endlichen Denkprozesses, der die Erzeugung gewisser A-Formen beschreibt; die vollständige Induktion dagegen ist Anschauung, die wir an dem („fertigen") Denkbereiche erwerben. Der Gedanke, aus gewissen „Axiomen" durch Deduktion und vollständige Induktion die Gesetze der Arithmetik „abzuleiten", stammt von Hermann Graßmann.[2]

Dabei ist aber in dieser Darstellung — wohl zum ersten Male — die logische Existenz jenes Denkbereiches gesichert, in dem und an dem jene Anschauungen erworben werden. Diese fundamentale Forderung der Erkenntnis hat Dedekind (a. a. O.) zuerst urgiert. Bekanntlich sind aber seine diesbezüglichen Erörterungen nicht ganz stichhaltig, was Dedekind nicht nur zugestanden, sondern vielleicht selbst zuerst erkannt hat.

Endliche Mengen.

9. Die Tatsache, daß die Mengen M und N äquivalent sind, (im Sinne der Definition Kap. III, Art. 9), wird durch die Anschauung erhärtet, wenn wir eine umkehrbar eindeutige Zuordnung der Elemente von M und N aufweisen. Die Frage, ob die Mengen M und N äquivalent sind, wird in den einfachsten Fällen direkt zu beantworten sein, indem wir eine solche umkehrbar eindeutige Zuordnung der Elemente suchen. Dazu bietet sich erfahrungsgemäß der folgende Weg.

Wir ordnen in irgendeiner beliebigen Weise jedem Elemente von M ein und nur ein bestimmtes Element von N zu. Dann kann es vorkommen, daß bei dieser Zuordnung auch alle Elemente von N zur Verwendung gelangen, und verschiedenen Elementen von M immer auch verschiedene Elemente von N zugeordnet sind. Offenbar ist dies eine umkehrbar eindeutige Zuordnung. Wenn wir nun den gesamten Elementen von M in jeder möglichen Weise je

[1] Am genauesten wohl bei Dedekind, Was sind und was sollen die Zahlen, § 11 und 12.

[2] Lehrbuch der Arithmetik. Berlin 1861.

ein und nur ein Element von N zuordnen, überzeugen wir uns in jedem einzelnen Falle durch die Anschauung, ob alle Elemente von N zur Anwendung gelangten, und ob verschiedenen Elementen von M auch immer verschiedene Elemente von N zugeordnet sind. In diesem Falle haben wir eine Äquivalenz-Beziehung der Mengen M und N gefunden, und die Mengen M und N sind äquivalent. Wenn aber die Anschauung lehrt, daß bei jeder solchen Zuordnung gewissen verschiedenen Elementen von M dasselbe Element von N zugeordnet ist, oder aber gewisse Elemente von N gar nicht zur Verwendung gelangen, so ist es „unmöglich", daß eine solche Zuordnung eine Äquivalenzbeziehung liefert. Die Anschauung, daß M und N äquivalent sind, ist unmöglich; sie ergäbe, daß ein nicht zur Verwendung gelangtes Element von N von einem zur Verwendung gelangten nicht verschieden ist, oder aber jenes verschiedenen Elementen von M zugeordnete Element von N von sich selbst verschieden ist. In diesem Falle sagen wir kurz, daß M und N nicht äquivalent sind. Trotz der formalen Negation in dieser Aussage, ist damit eine tatsächliche Anschauung gemeint[1]; daß nämlich, wenn wir in irgendeiner beliebigen Weise jedem Elemente von M ein Element von N zuordnen, einzelne Elemente von N nicht zur Verwendung gelangen, oder aber verschiedenen Elementen von M dasselbe Element von N zugeordnet ist.

Man bemerkt sofort, daß, wenn gewisse Elemente von N nicht zur Verwendung gelangen, aber verschiedenen Elementen von M verschiedene Elemente von N zugeordnet sind, damit eine Äquivalenzbeziehung zwischen M und einer wirklichen Teilmenge[2] von N festgelegt ist.

So überzeugen wir uns z. B., daß die Numeratorenmengen Z_2 und Z_1 (deren Elemente 1 und 2 sind resp. nur die 1 ist) nicht äquivalent sind. Offenbar können wir den Elementen 1 und 2 von Z_2 immer nur das einzige Element 1 von Z_1 zuordnen; „jede" Zuordnung wird demnach von einer Äquivalenzbeziehung verschieden sein. Dasselbe zeigt sich, wenn wir die Äquivalenz von Z_2 und jener Menge untersuchen, deren einziges Element die 2 ist. Wir können endlich auch sagen, daß Z_2 und die Nullmenge von M nicht äquivalent sind; wenn wir darunter eben verstehen, daß eine Äquivalenzbeziehung

---

[1] Nicht vielleicht, daß eine mögliche Äquivalenzbeziehung zwischen M und N unserem Denkbereiche nicht als Erlebnis angehört.

[2] Schon früher (Kap. VI, Art. 16) wurden die Nullmenge von M und M selbst als uneigentliche Teilmengen von M bezeichnet, während die übrigen Teilmengen von M eigentliche Teilmengen von M genannt wurden. — Die eigentlichen Teilmengen von M und die Nullmenge von M sollen von nun ab auch wirkliche Teilmengen von M heißen.

zwischen diesen „Mengen“ unmöglich ist; allerdings ist in diesem Falle auch jede Zuordnung von Z_2 zur Nullmenge unmöglich, weil kein Element der Nullmenge vorhanden ist, und die Zuordnung ein Ding statuieren würde, das Element der Nullmenge, d. h. von sich selbst verschieden wäre.

So erhalten wir endlich die Tatsache, daß die Numeratorenmenge Z_2 keiner ihrer wirklichen Teilmengen äquivalent ist.

Denselben Satz können wir auch für Z_1 aussprechen; obwohl er in diesem Falle seinen wesentlichsten Inhalt, der sich doch nur auf eigentliche Teilmengen bezieht, verloren hat.

Die vollständige Induktion für endliche Mengen liefert uns jetzt leicht folgendes Anschauungsgesetz: Ist k ein beliebiger, aber bestimmter Numerator, so ist die Numeratorenmenge Z_k keiner ihrer wirklichen Teilmengen äquivalent.

Offenbar haben wir uns nur davon zu überzeugen, daß, unter Annahme des Anschauungsgesetzes für k, uns die Anschauung denselben Satz für den auf k unmittelbar folgenden Numerator k' bzw. für die Numeratorenmenge $Z_{k'}$ liefert.

Sei zuerst A eine Teilmenge von $Z_{k'}$, die das Element k' nicht enthält. Eine Zuordnung von A zu $Z_{k'}$, die das Element k' von $Z_{k'}$ nicht verwendet, gibt gewiß keine Äquivalenzbeziehung. Ebensowenig erhalten wir eine solche, wenn dem Elemente a, und auch dem Elemente b von A das Element k' von $Z_{k'}$ zugeordnet ist. Äquivalenzbeziehungen ergeben sich demnach nur aus solchen Zuordnungen, bei denen einem und nur einem Elemente von A, z. B. dem Elemente a das Element k' von $Z_{k'}$ zugeordnet ist. Wenn wir in diesem Falle die Festsetzung, nach der dem a das k' zugeordnet ist, weglassen (nicht berücksichtigen), so ist das, was weiter als Festsetzung betrachtet wird, die Zuordnung einer eigentlichen Teilmenge von A, die weder a noch k' als Element enthält, also auch einer wirklichen Teilmenge von Z_k zu Z_k. Der Annahme nach ist diese Zuordnung keine Äquivalenzbeziehung; sie verwendet gewisse Elemente von Z_k überhaupt nicht oder ordnet verschiedenen Elementen der Teilmenge dasselbe Element von Z_k zu. Diese Eigenschaft zeigt sich aber dann ebenso für A und $Z_{k'}$. Eine Zuordnung, die sich auf diese Mengen bezieht, ergibt also niemals eine Äquivalenzbeziehung.

Sei weiter A eine wirkliche Teilmenge von $Z_{k'}$, die das Element k' enthält. In der Zuordnung von A zu $Z_{k'}$ sei dem a und keinem anderen Elemente k', dem k' und keinem anderen Elemente b zugeordnet. Wenn diese Voraussetzung nicht eintrifft, so ist die Zuordnung gewiß keine Äquivalenzbeziehung. Trifft diese Voraussetzung ein, so soll wieder die Festsetzung, daß k' dem a, und b dem k' zugeordnet ist, weggelassen, nicht berücksichtigt werden. (In speziellen Fällen können a, b und k' auch nicht verschieden sein; offenbar wird aber, wenn a (bzw. b) von k' nicht verschieden ist — im Falle einer Äquivalenzbeziehung —, auch b (bzw. a) von k' nicht verschieden sein.) Statt dieser werde jetzt die Zuordnung von a, als Element von A zu b, als Element von $Z_{k'}$ festgesetzt. Wenn die übrigen Festsetzungen bleiben, wird dem Elemente a und nur diesem b zugeordnet. Man erhält so die Zuordnung einer wirklichen Teilmenge von Z_k zu Z_k, die gewiß keine Äquivalenzbeziehung ist; und die Eigenschaft, deren Anschauung in diesen Worten ausgedrückt ist, wird auch für die ursprüngliche Zuordnung von A zu $Z_{k'}$ evident.

Damit ist der behauptete Satz allgemein erhärtet. Er wird sich unmittelbar auf jede endliche Menge übertragen. Ist diese Menge M der Numeratorenmenge Z_k äquivalent, so ist eine wirkliche Teilmenge M' von M einer wirklichen Teilmenge Z' von Z_k äquivalent. Die Äquivalenz von M' und M würde aber auch die Äquivalenz von Z' und Z_k, d. h. eine unmögliche Anschauung ergeben. Unsere Betrachtungen ergeben demnach das Anschauungsgesetz, daß keine endliche Menge einer ihrer wirklichen Teilmengen äquivalent ist.[1]

10. Es ergibt sich noch leicht das Anschauungsgesetz, demgemäß jede Teilmenge einer endlichen Menge abermals eine endliche Menge, d.h. einer geschlossenen Numeratorenmenge Z_k äquivalent ist.

Dabei haben wir den Ausnahmefall, wenn die Teilmenge die Nullmenge ist, der Bequemlichkeit wegen nicht ausgeschlossen. Um dies tun zu können, führen wir Z_0 als uneigentliche geschlossene Numeratorenmenge ein, genau z. B. als Nullmenge, die Teilmenge von Z_1 ist, und nennen alle Nullmengen, die Teilmengen von Numeratorenmengen sind, äquivalent mit Z_0 und dementsprechend auch untereinander äquivalent.

Jede endliche Menge ist der Definition nach einer Menge Z_k äquivalent; und es ist unmittelbar evident, daß es genügt, das ausgesprochene Gesetz für die Mengen Z_k zu erhärten.

[1] Mit diesem Satze beginnt die Cantorsche Mengenlehre. Es wird Aufgabe des nächsten Kapitels sein, die Fundamentalsätze dieser mathematischen Disziplin auf Grund unsrer scharfen Fassung des Mengenbegriffs endgültig zu begründen und insbesondere von den noch nicht behandelten „Antinomien“ zu säubern.

Für Z_1 hat man als Teilmengen nur Z_1 und Z_0; der ausgesprochene Satz ist in diesem Falle evident. Um uns von der Evidenz für das volle Gesetz zu überzeugen, benutzen wir wieder die vollständige Induktion für endliche Mengen.

Sei das Gesetz für Z_k evident und k' der auf k unmittelbar folgende Numerator. Die bei $Z_{k'}$ auftretenden Verhältnisse sind dann leicht zu überblicken. Eine Teilmenge von $Z_{k'}$, die das Element k' nicht enthält, ist auch Teilmenge von Z_k; für diese ist der Satz, wie angenommen, schon evident. Ist aber A eine Teilmenge von Z_k, die auch das Element k' enthält, so ergibt diese durch Weglassung von k' eine Teilmenge A', für welche die Äquivalenz mit einer geschlossenen Numeratorenge, z. B. Z_m schon erhärtet ist. Offenbar ist aber dann A selbst mit $Z_{m'}$ äquivalent.

Wir haben ferner das Anschauungsgesetz: Es sei N eine endliche Menge, deren Elemente durchweg endliche Mengen sind. Dann ist auch $\mathfrak{V}_s N$, die Vereinigungsmenge von N, eine endliche Menge.

Es sei N' jene Teilmenge von N, die alle Elemente des N mit Ausnahme eines einzigen, mit M_1 bezeichneten enthält. Dann ist $\mathfrak{V}_s N$ offenbar die Vereinigungsmenge von $\mathfrak{V}_s N'$ und M_1. Es genügt demnach, den Satz für den Fall zu erhärten, wo $N \sim Z_2$, um hieraus durch vollständige Induktion den allgemeinen Satz abzuleiten. Auch dieser spezielle Fall wird der Anschauung durch vollständige Induktion zugänglich. Ist zuerst $M_1 \sim Z_1$ und $\mathfrak{V}_s N' \sim Z_k$ so wird die Vereinigungsmenge $\mathfrak{V}_s N$ offenbar $\sim Z_{k'}$ oder Z_k, je nachdem M_1 und $\mathfrak{V}_s N'$ elementenfremd sind oder nicht. Ist aber $M_1 \sim Z_{l'}$, so ist M_1 Vereinigungsmenge einer mit Z_1 und einer mit Z_l äquivalenten Menge. Die „Vereinigung" erfolgt, indem wir N' mit der Z_l äquivalenten Menge vereinigen und dann die so erhaltene Menge wieder mit derjenigen Menge, die $\sim Z_1$ ist. Jeder dieser Schritte ergibt der Annahme nach eine endliche Menge.

In analoger Weise überzeugen wir uns auch davon, daß, wenn N eine endliche Menge ist, deren Elemente durchweg endliche Mengen sind, auch $\mathfrak{V}_p N$, die Verbindungsmenge (Produktmenge) von N, eine endliche Menge ist.

Der endliche Denkprozeß, in dem wir die Anschauung erlangen, daß M einer geschlossenen Numeratorenmenge, z. B. Z_k äquivalent ist, wird als Zählen bezeichnet; wir nennen k das „Resultat" dieses Zählprozesses, womit nur gesagt ist, daß wir in dieser Anschauung die „Bestimmung" des Numerators k zum Gegenstande unsrer besonderen Aufmerksamkeit machen. In diesem Sinne nennen wir k die „Anzahl der Elemente von M" (also auch von Z_k). Insofern dieser Begriff der Anzahl später zu dem „allgemeinen" Begriff der Mächtigkeit erweitert wird, kommen wir noch auf ihn zurück. Hier genügt es kurz zu bemerken, daß, indem wir den Numeratoren diese Interpretation beilegen, die „reine Arithmetik" sich zur „Arithmetik der (endlichen) Kardinalzahlen" umwandelt. Man überzeugt sich dabei leicht, daß die axiomatischen Formen, die in Art. 3 aufgezählt wurden, auch jetzt unmittelbar evidente Anschauungsgesetze „axiomatisieren" und jener Formenbereich demnach auch die exakte Beschreibung der endlichen Kardinalzahlen, d. h. der gewöhnlichen Arithmetik, liefert, was hier nicht weiter ausgeführt werden soll (siehe Kap. VIII).

Jedenfalls sind wir aber voll berechtigt, von nun ab den Anzahlbegriff zu benützen und demgemäß von Mengen zu sprechen, die „zwei", „drei" oder mehr Elemente enthalten.

Ferner können wir, wenn die endliche Menge M und Z_k äquivalent sind, die Elemente von M mit $a_i (i \prec k')$ bezeichnen, wo eben a_i das dem Elemente i von Z_k umkehrbar eindeutig zugeordnete Element von Z_k bezeichnet. Setzen wir dann fest, daß sobald $x \prec y$, auch $a_x \prec a_y$ gesetzt werde[1]; so werden die Elemente von M geordnet und wir können dann, dem gewöhnlichen Sprachgebrauche entsprechend, von dem „ersten", „zweiten" oder auch „i-ten" Elemente von M sprechen. In diesem Sinne werden aus den Numeratoren die sog. „Ordinalzahlen" und aus dem Denkbereiche der „reinen" Arithmetik: der Denkbereich der Arithmetik der Ordinalzahlen, in dessen Axiomen wieder Tatsachen der Anschauung axiomatisiert werden und der sich genau wie früher als exakter Wahrheitsbereich erweist.

Es mag aber bemerkt werden, daß diese Ordinalzahlen mit den später einzuführenden „Cantorschen Ordnungszahlen" durchaus nicht übereinstimmen; allerdings geben aber auch die endlichen Cantorschen Ordnungszahlen eine „mögliche" Interpretation des A-Bereichs.

Die Menge aller Numeratoren.

11. Wenn wir dem Formenbereiche der reinen Arithmetik weitere axiomatische Formen durch die Festsetzung hinzufügen, daß dann und nur dann, wenn x Eigenname eines Numerators ist,

$$x \text{ rel. } Z$$

[1] Es müßte eigentlich in $a_x \prec a_y$ das $\prec$-Zeichen von dem in $x \prec y$ gebrauchten verschieden sein, was aber hier nur kurz erwähnt werden soll.

axiomatische Form des Bereichs sei, entsteht aus jenem Formenbereiche ein neuer Formenbereich, der in bekannter Weise eine Menge, die Menge aller Numeratoren, Z definiert. (Der axiomatischen Form „x rel. Z" entspricht das „Axiom": x steht in bestimmter Relation zu dem [durch die Axiome definierten] Dinge Z, oder auch: x ist Element der Menge Z.) Indem wir festsetzen, daß „x rel. Z" dann und nur dann P-Form sei, wenn für x ein Numerator gesetzt wird, überzeugen wir uns — genau wie für den Bereich A — daß der Denkbereich ein widerspruchsloser Wahrheitsbereich, die Menge Z demnach konsistent ist. (Auch die weiteren Deduktionen bleiben gültig, z. B. daß $2 + 3 = 4$ keine Form des Bereichs ist usw.)

Um hierauf später verweisen zu können, sei noch bemerkt, daß, wenn wir den Axiomen, die ausdrücken, daß jeder Numerator Element der Menge Z ist, nicht die in A gegebenen Axiome hinzufügen, sondern nur diejenigen, die in Kap. VI, Art. 10 entwickelt wurden, wir offenbar eine andere Menge erhalten, deren Elemente jene als „Mengenbegriffe" gefaßten Numeratoren sind und denen eben die weiteren Eigenschaften der Numeratoren nicht beigelegt werden. Die so definierte Menge Z_a, die wir als abstrakte Numeratorenmenge bezeichnen wollen, ist offenbar der Z-Menge äquivalent, und auch konsistent, was jetzt einfach erhärtet wird, indem wir uns darauf berufen, daß diese Menge eine Cantorsche Menge ist. Ebenso ist es damit unmittelbar ersichtlich, daß die Potenzmenge (s. Kap. VI, Art. 16) dieser Menge, $\mathfrak{P}Z_a$, die wir auch mit $\mathfrak{C}_a$ bezeichnen, eine Zermelosche Menge und ebenfalls konsistent ist. Aus naheliegenden Gründen soll diese Menge als abstraktes Kontinuum bezeichnet werden. Auch ihre Teilmengen bilden eine konsistente (weil Zermelosche) Menge, auf die — wie wir gesehen haben — das Auswahlprinzip unbedingt Anwendung findet.

Ebenso bemerken wir sogleich, daß jede Ordnungsbeziehung von den Dingen, die durch eine G-Eigenschaft gegeben sind, auf die durch eine H-Eigenschaft gegebenen Dinge übertragen werden kann, wenn zwischen den in dem einen und dem andern Falle gegebenen Dingen eine umkehrbar eindeutige Zuordnung hergestellt wurde. Selbstverständlich findet das auch in bezug auf Äquivalenzbeziehungen (Teilmengen usw.) statt.

Es ist hier — wie man sieht — eine ganze Reihe von Mengenbildungen nebeneinander zu betrachten, die sich nur wenig unterscheiden und darum öfter verwechselt werden. So ist jene Z-Menge, in deren Beschreibung auch die Axiome nach Kap. VI, Art. 10 aufgenommen sind, von der jetzt definierten zu unterscheiden. Wohl ist es aber überflüssig, für sie eine besondere Bezeichnung einzuführen.

Wichtiger ist, daß der Denkbereich, der die Z-Menge definiert, in zwei Schritten beschrieben werden kann. Wir führen zuerst die arithmetischen Axiome — mit Ausschluß der Ordnungsaxiome — ein; die so definierte Menge nennen wir die ungeordnete Z-Menge, Z_u. Diese Menge Z_u ordnen wir nun im Sinne von Kap. III, Art. 6 durch Einführung der Bestimmung, daß, wenn x ein Numerator und y ein Glied der $S_{x,\mathfrak{f}}$-Reihe ist, auch immer $x \prec y$ dem Denkbereiche angehöre. In der so definierten Menge $O(Z_u)$ ist Z_u geordnet. Offenbar können aber auch andere Ordnungen bestimmt werden. Es sei z. B. $x \prec y$ wie früher, wenn x von 1 verschieden ist; aber für jeden von 1 verschiedenen Numerator x die Ordnungsrelation $x \prec 1$ gegeben.[1] Um diese Fälle unterscheiden zu können, müssen verschiedene O-Zeichen benutzt werden. So schreiben wir für die zuerst beschriebene „natürliche" Ordnung $O_\omega(Z_u)$, was wir mit dem kürzeren Zeichen Z_ω vertauschen. Z_ω ist die im ω-Typus (natürlich) geordnete Z-Menge. Die weiter beschriebene geordnete Menge nennen wir $Z_{\omega+1}$, die im $\omega + 1$-Typus geordnete Z-Menge.

Die so beschriebenen Z-Mengen besitzen durchweg die Eigenschaft, daß sie keiner endlichen Menge äquivalent sind, kürzer „nicht-endlich" sind. Wegen der Äquivalenz der verschiedenen Z-Mengen ist die „Unmöglichkeit" einer solchen Äquivalenz nur an irgend einem dieser Mengenbegriffe zu erhärten. Mit dem Erlebnisse, daß Z einer endlichen Numeratorenmenge Z_k äquivalent ist, erleben wir auch die Tatsache, daß jede eigentliche Teilmenge von Z einer eigentlichen Teilmenge von Z_k äquivalent ist. So auch die Menge Z_k selbst, die dann einer ihrer eigentlichen Teilmengen äquivalent wäre; was aber schon in Art. 9 als „unmöglich" erkannt wurde.

Bilden wir eine Z'-Menge, die alle Numeratoren mit Ausschluß der 1 als Elemente enthält, so zeigt die Anschauung unmittelbar, daß $Z \sim Z'$ ist. Eine (umkehrbar eindeutige) Äquivalenzbeziehung zwischen Z und Z' ist unmittelbar herzustellen, indem wir irgend einem Elemente z von Z das Element $\mathfrak{f}z$ von Z' und umgekehrt jedem Element $\mathfrak{f}z$ von Z' das Element z von Z zuordnen. (Jedes Element von Z' ist ein $\mathfrak{f}$-Bild, dessen Hauptteil ein Numerator ist.)

Wir nennen eine Menge, die einer ihrer eigentlichen Teilmengen äquivalent ist, „unendlich". Demnach ist Z eine unendliche Menge.

[1] Es ist damit die Reihe der Numeratoren von 2 ab in ihrer „natürlichen Ordnung" gegeben und nach allen diesen 1 als „letztes" Element hinzugefügt (2, 3, ..., 1).

Dabei ist aber zwischen der (negativen) Eigenschaft „nicht endlich" und der (positiven) Eigenschaft „unendlich" (wenigstens vorläufig) genau zu unterscheiden.

Eine Menge, die $\sim Z$ ist, wird „abzählbar unendlich" genannt; jedem Elemente einer solchen Menge ist offenbar ein Numerator umkehrbar eindeutig zugeordnet; die Elemente können noch in gewissem Sinne „gezählt" werden, allerdings ohne daß dieser Zählprozeß zu einem Abschlusse gelangt. Auch in diesem Falle könnte man sagen, daß die „Anzahl" der Elemente von Z und z. B. Z' „dieselbe" ist; es verliert aber dabei der Anzahlbegriff jene fundamentale Eigenschaft, daß die Anzahl der Elemente sich bei Hinzufügung eines neuen Elementes ändert. Man gebraucht deshalb nach Cantor den neuen Ausdruck Mächtigkeit und sagt z. B., daß Z und Z' (die Elemente von Z und Z') „gleiche Mächtigkeit besitzen". Die Mächtigkeit der abzählbar unendlichen Mengen wird mit $\aleph_0$ bezeichnet.

12. Für die natürlich geordnete (im ω-Typus geordnete) Menge Z_ω ergibt eine genauere Betrachtung folgende Anschauung.

Jede Teilmenge[1] von Z_ω, falls sie nicht die Nullmenge ist, besitzt ein erstes Element, d. h. ein Element p, für welches, wenn x ein von p verschiedenes Element jener Teilmenge von Z_ω bezeichnet, den ursprünglichen Festsetzungen nach die Ordnungsrelation $p \prec x$ besteht. Ist nur ein einziges Element vorhanden, so ist dieses das erste.

Es erhellt dies zuerst für die Teilmenge Z_1, deren „erstes" Element die 1 ist. Weiter für diejenigen Teilmengen, die zugleich Teilmengen einer geschlossenen Numeratorenmenge sind; für die Teilmengen von Z_2 oder Z_3 ist das unmittelbar ersichtlich. Mit der an Z_k errungenen Anschauung ergibt sich aber auch dieselbe Anschauung für $Z_{k'}$. Die zu betrachtende Teilmenge von $Z_{k'}$ mag das Element k' nicht enthalten; sie ist demnach auch Teilmenge von Z_k und enthält ein erstes Element. Wenn aber jene Teilmenge von $Z_{k'}$ das Element k' enthält, kann k' das einzige Element dieser Teilmenge sein und ist dann auch ihr erstes Element. Enthält endlich jene Teilmenge von $Z_{k'}$ neben k' auch andere Elemente, so kann k' weggelassen werden; man erhält in dieser Weise eine Teilmenge von Z_k, die gewiß ein erstes Element besitzt, z. B. p. Es ist dann aber auch $p \prec k'$ und demnach p auch erstes Element der ursprünglich betrachteten Teilmenge.

[1] Eine „Teilmenge von Z_ω" ist eine Teilmenge von Z, für deren Elemente dieselben Ordnungsrelationen gelten, wie in Z_ω.

Eine ganz beliebige Teilmenge von Z_ω kann nun das Element 1 enthalten und dieses ist dann auch das erste Element. Ist dies nicht der Fall, so sei k' eines ihrer Elemente, und sie besitzt dann als eigentliche Teilmenge eine Teilmenge von $Z_{k'}$. Das erste Element dieser Teilmenge ist dann auch erstes Element jener gegebenen Teilmenge.[1]

Eine geordnete Menge, in der jede Teilmenge mit Ausnahme der Nullmenge ein erstes Element besitzt, wird nach Cantor „wohlgeordnet" genannt; die Menge selbst ist, soweit wir von den festgesetzten Ordnungsaxiomen absehen, „der Wohlordnung fähig". So ist: Z der Wohlordnung fähig, Z_ω wohlgeordnet. Eine Menge kann durch verschiedene Ordnungsaxiome in verschiedener Weise wohlgeordnet werden; so z. B. wird Z auch im $\omega + 1$-Typus als $Z_{\omega+1}$ wohlgeordnet. Diese verschiedenen Ordnungen können sich nicht bloß in der Benennung der Elemente, sondern — wie im letztgenannten Beispiele — auch „wesentlich" unterscheiden. So enthält z. B. Z_ω nur ein Element, zu dem kein unmittelbar vorhergehendes angegeben werden kann, nämlich die 1; dagegen $Z_{\omega+1}$ zwei solche Elemente, die 2 und die 1.

Man sieht unmittelbar, daß jede abzählbar unendliche Menge M durch ihre Äquivalenzbeziehung zu Z (und damit auch zu Z_ω) wohlgeordnet wird. Die Elemente von M können offenbar durch a_i bezeichnet werden, wenn a_i das dem Numerator i umkehrbar eindeutig zugeordnete Element von M bedeutet. Die Festsetzung, daß dann und nur dann, wenn $i \prec j$ ist, $a_i \prec a_j$ sei, ergibt unmittelbar M als wohlgeordnete Menge.

---

[1] Die Betrachtungen des Textes enthalten übrigens eine Annahme, deren Inhalt genau präzisiert folgender ist. Wenn eine Teilmenge von Z_ω, die nicht die Nullmenge ist, das Element 1 nicht enthält, enthält sie einen Numerator, der unmittelbar auf einen andern Numerator folgt und demgemäß mit k' bezeichnet werden kann. Wenn wir auch nicht wissen, „welchen" Numerator k' bezeichnet, so können wir doch die oben beschriebenen Anschauungen erzeugen, geradeso, wie wenn k' „bekannt" wäre. Offenbar kann dies als eine „Anwendung" des Auswahlprinzips auf jene eigentliche Teilmenge gefaßt werden; allerdings so, daß mit dem vorausgesetzten Erlebnisse, daß jene Teilmenge keine Nullmenge ist, die „Auswahl" eines k' evident wird. Ich halte es für klarer, wenn wir uns hier eben nicht auf das Auswahlprinzip „berufen", sondern die Evidenz der so beschriebenen Anschauungen unmittelbar konstatieren. Soviel ich weiß, wird diese Evidenz auch von Borel und seinen Anhängern nicht bestritten. — Dem Kantschen Ausdrucke nach ist hier von einem synthetischen Urteile die Rede, ohne dessen Evidenz Mathematik nicht möglich ist. Man denke z. B. an die Menge der Primzahlen p, deren Darstellung im dekadischen Zahlensysteme mehr als 15 Ziffern erfordert und die die Eigenschaft besitzen, daß mit p auch $p+2$ Primzahl ist. Diese Menge ist eine Teilmenge von Z, und zwar „entweder" die Nullmenge, oder eine solche Teilmenge, die ein erstes Element besitzt.

13. Im Anschluß an Art. 10 ergeben sich für abzählbar unendliche Mengen eine Reihe von Sätzen. Wir beginnen mit dem folgenden.

Es sei N eine abzählbar unendliche Menge endlicher Mengen, die untereinander durchweg elementenfremd sind. Dann ist $\mathfrak{V}_s N$, die Vereinigungsmenge dieser Mengen, gleichfalls abzählbar unendlich.

Jene endliche Mengen bezeichnen wir mit M_i, wo M_i dem Numerator i auf Grund der Tatsache $N \sim Z$ umkehrbar eindeutig zugeordnet ist. Die Menge M_i ist endlich, also einer abgeschlossenen Numeratorenmenge äquivalent, die mit Z_{k_i} bezeichnet werden kann, wo eben dem i ein k_i (Anzahl der Elemente von M_i) umkehrbar eindeutig zugeordnet ist. Die Äquivalenzbeziehung zwischen $\mathfrak{V}_s N$ und Z kann mit Hilfe dieser Festsetzung leicht angegeben werden.

Die Elemente von M_1 und die in Z_{k_1} als Elemente enthaltenen Numeratoren werden einander zugeordnet. Seien alle Numeratoren x, für die $x \prec p$ ist, gewissen Elementen von $\mathfrak{V}_s N$ umkehrbar eindeutig zugeordnet, so soll das dem Numerator p zugeordnete Element von $\mathfrak{V}_s N$ durch folgende Regel bestimmt werden. Es sei $M^{(p)}$ die erste Menge unter den Elementen von N, die in der Zuordnung noch nicht aufgenommene Elemente besitzt; das erste dieser Elemente wird dem p zugeordnet. Offenbar ist diese Zuordnung umkehrbar eindeutig. Dabei betrachten wir N auf Grundlage der Äquivalenz $N \sim Z$ und M_i auf Grundlage der Äquivalenz $M_i \sim Z_{k_i}$ als wohlgeordnet.

Die vollständige Induktion zeigt endlich, daß durch diese Regel in der Tat alle Numeratoren und alle Elemente von $\mathfrak{V}_s N$ einander umkehrbar eindeutig zugeordnet werden; d. h. daß wir eine Äquivalenzbeziehung erhalten. Mit jedem Numerator ist auch der unmittelbar folgende in die Zuordnung aufgenommen. Andrerseits, wenn die Beziehung alle Mengen M_i umfaßt, für die $i \prec q$ ist, werden auch die Elemente von M_q in der beschriebenen Zuordnung auftreten, was allerdings abermals die Anwendung der vollständigen Induktion, aber nur für endliche Mengen, erfordert.

Ferner gilt der Satz:

Es sei N eine abzählbar unendliche Menge abzählbar unendlicher, untereinander durchweg elementenfremder Mengen. Dann ist auch $\mathfrak{V}_s N$, die Vereinigungsmenge dieser Mengen, abzählbar unendlich.

Wir bezeichnen die Mengen, die Elemente von N sind, mit M_i, wo wegen $N \sim Z$ das i jeden Numerator bedeuten kann. Die Elemente von M_i können wegen $M_i \sim Z$ mit a_{ij} bezeichnet werden, so daß

a_{ij} jenes Element von M_i bedeutet, das in der Äquivalenzbeziehung $M_i \sim Z$ dem Numerator j umkehrbar eindeutig zugeordnet ist.

Wir setzen weiter fest, daß, wenn k einen bestimmten Numerator bedeutet, die Elemente a_{ij}, in denen

$$i = k, \quad j \prec k' \qquad \text{oder} \qquad j = k, \quad i \prec k'$$

ist, Elemente einer Menge M_k' sein sollen.

Es ist unmittelbar klar, daß M_1' nur das Element a_{11}, ebenso M_2' die Elemente a_{12}, a_{21}, a_{22} und nur diese enthält. Die vollständige Induktion zeigt unmittelbar, daß die Mengen M_k' durchweg endliche Mengen sind. (Die Anzahl der Elemente in M_k' ist $2k - 1$, was aus den bisher entwickelten Prinzipien folgt.) Der Augenschein lehrt auch, daß irgendwelche dieser Mengen, z. B. M_k' und M_l' elementenfremd sind; sowie endlich, daß a_{ij}, wenn $i \prec j$ oder $i = j$, der Menge M_j' und, wenn $j \prec i$, der Menge M_i' angehört. Demnach ist jedes a_{ij} in eine und nur eine der Mengen M_i' aufgenommen, womit endlich erhärtet ist, daß N', die Menge der Mengen M', und N dieselbe Vereinigungsmenge liefert. Da die Elemente von N' endliche Mengen sind, ist nach dem vorangehenden Satze $\mathfrak{B}_s N'$ — und damit auch $\mathfrak{B}_s N$ — abzählbar unendlich.

Ganz ähnliche Betrachtungen, deren Ausführung wohl überflüssig ist, ergeben noch den Satz:

Es sei N eine endliche Menge abzählbar unendlicher, untereinander durchweg elementenfremder Mengen. Dann ist auch $\mathfrak{B}_s N$, die Vereinigungsmenge dieser Mengen, abzählbar unendlich.

Man sieht leicht, daß diese Sätze auch dann richtig sind, wenn N endliche und abzählbar unendliche Mengen enthält. Daß der Zusatz „elementenfremd" in allen diesen Fällen wegbleiben kann, wird sich aus dem nächsten Artikel unmittelbar ergeben.

14. Jede eigentliche Teilmenge von Z_ω ist, wie wir gesehen haben, abermals wohlgeordnet. Wir müssen es wohl auch als evident betrachten, daß, wenn eine Teilmenge von Z_ω „gegeben" ist, wir auch wissen, ob sie überhaupt Elemente enthält oder aber die Nullmenge von Z_ω ist. Es kann nichts dagegen eingewendet werden, wenn wir diese Tatsache als Anschauungspostulat oder auch als „neues" synthetisches Urteil fassen.[1]

[1] Offenbar treten hier wieder Betrachtungen ein, mit denen wir es in der zweiten Anmerkung des Art. 12 zu tun hatten.

Enthält eine Teilmenge T von Z_ω ein Element, so hat sie nach dem Vorhergehenden ein erstes Element n_1, und mit T ist auch T', das alle Elemente von T mit Ausschluß von n_1 enthält, gegeben. T' ist nun entweder die Nullmenge von Z_ω oder nicht. In diesem letzteren Falle sei n_2 ihr erstes Element, T'' die Teilmenge, die durch Ausschluß von n_2 aus T' entsteht. In der Reihe der so entstehenden Teilmengen erhalten wir die Nullmenge oder wir erhalten sie nicht. In dem ersten Falle ist T eine endliche Teilmenge. In dem anderen Falle ist T der Menge Z äquivalent; wir erfahren dies, indem wir n_1 der 1, n_2 der 2 zuordnen und uns überzeugen, daß, wenn n_k dem k zugeordnet war, $n_{k'}$ dem k' zugeordnet wird, und daß bei dieser Zuordnung jedes Element von T zur Verwendung gelangt. Wäre $n_{l'}$ das erste Element, das nicht zur Verwendung gelangt, so müßte doch wegen der umkehrbar eindeutigen Zuordnung von n_l und l auch $n_{l'}$ dem l' zugeordnet sein. Das ist im strengen Sinne des Wortes „unmöglich"; $n_{l'}$ wäre eben von sich selbst verschieden.

Damit ergibt sich offenbar der Satz, daß jede eigentliche Teilmenge von Z endlich oder aber $\sim Z$ ist.

Wenn man jetzt in den Betrachtungen des vorhergehenden Artikels auch nicht elementenfremde Mengen als Elemente von N zuläßt, und das Element a, das z. B. in M_1 und M_2 auftritt, als das „zu M_1 gehörige Element a" von dem „zu M_2 gehörigen Elemente a" unterscheidet, so wird die bei dieser Unterscheidung gebildete Vereinigungsmenge abzählbar unendlich, und das bei Zulassung nicht elementenfremder Mengen zu bildende $\mathfrak{B}_s N$ eine eigentliche Teilmenge jener Vereinigungsmenge, also nach dem eben erhärteten Satze endlich oder $\sim Z$. Es kann aber in keinem der drei Sätze des Art. 13 die Menge $\mathfrak{B}_s N$ endlich sein, sonst müßte auch jede ihrer Teilmengen nach Art. 10 endlich sein, während sie doch auch abzählbar unendliche Teilmengen enthält, die, wie wir wissen, „nicht-endlich" sind (Art. 11). Es kann also — der Schlußbemerkung des vorstehenden Artikels entsprechend — in den erwähnten Sätzen die Beschränkung auf elementenfremde Mengen wegbleiben.

Unendliche Mengen.

15. Daß eine Menge M „unendlich" ist, sagt in kürzerem Ausdruck, daß die Anschauung uns eine Äquivalenzbeziehung zwischen der Menge M und einer eigentlichen Teilmenge T derselben ergibt. Es ist ein evidentes Teilerlebnis dieser Anschauung, daß gewisse Elemente von M nicht Elemente von T sind. Es sei a ein solches

Element[1], $a^{(1)}$ das in T dem a umkehrbar eindeutig zugeordnete Element.

Auf Grund der Äquivalenz $M \sim T$ sehen wir, daß auch $T \sim T^{(1)}$, wo $T^{(1)}$ eine eigentliche Teilmenge von T, und daß das Element $a^{(1)}$ von T kein Element von $T^{(1)}$ ist. Das in $T^{(1)}$ dem Elemente $a^{(1)}$ aus T umkehrbar eindeutig zugeordnete Element kann mit $a^{(2)}$ bezeichnet werden. Dabei ist eben die Äquivalenz $T \sim T^{(1)}$ durch die Bestimmung festgelegt, daß, wenn auf Grund der Äquivalenz $M \sim T$ die Elemente u und v einander zugeordnet sind, diese auch in der Äquivalenzbeziehung $T \sim T^{(1)}$ einander zugeordnet seien, insofern u ein Element von T ist.

Die vollständige Induktion zeigt, daß man in dieser Weise jedem Numerator k entsprechend eine Teilmenge von M bilden kann, die mit $T^{(\mathfrak{f}k)}$ bezeichnet werden möge und die das Element $a^{(\mathfrak{f}k)}$ von $T^{(k)}$ nicht enthält, also eine eigentliche Teilmenge von $T^{(k)}$ ist. Dabei ist offenbar $a^{(\mathfrak{f}k)}$ von a und jedem $a^{(i)}$ $(i \prec \mathfrak{f}k)$ verschieden, und immer Element von M. Man kann die so bestimmte, aus den Elementen $a^{(i)}$ bestehende Teilmenge A von M den Elementen der Numeratorenmenge von Z umkehrbar eindeutig zuordnen; d. h. es ist $A \sim Z$. Damit ist das Anschauungsgesetz gewonnen, daß *jede unendliche Menge eine der Z-Menge äquivalente Teilmenge A enthält.* Es ist dabei aber durchaus nicht ausgeschlossen, daß A alle Elemente von M enthält und demnach eine uneigentliche Teilmenge von M ist.

Es seien A_1 und A_2 abzählbar unendliche, elementenfremde Mengen; wir sahen, daß ihre Vereinigungsmenge auch abzählbar unendlich ist; und zwar ist mit der Anschauung $A_1 \sim Z$ und $A_2 \sim Z$ auch die Äquivalenzbeziehung für

$$\mathfrak{B}_s(A_1, A_2) \sim Z$$

durch die Anweisungen des Art. 13 gegeben. Offenbar können wir das auch so ausdrücken, daß die Elemente von Z in zwei Teilmengen zerlegt sind, von denen die eine die den Elementen von A_1, die andere die den Elementen von A_2 zugeordneten Elemente enthält. D. h.:

Jede abzählbar unendliche Menge kann auch als Vereinigungsmenge zweier elementenfremder abzählbar unendlicher Mengen beschrieben werden.

Ebenso ergibt sich das allgemeine Anschauungsgesetz, daß jede abzählbar unendliche Menge als Vereinigungsmenge einer endlichen, oder aber auch abzählbar unendlichen Menge abzählbar unend-

---

[1] Siehe abermals die Anmerkung zu Art. 12.

lichen Mengen beschrieben werden kann; ebenso als Vereinigungsmenge einer abzählbar unendlichen Menge endlicher Mengen; oder endlich als Vereinigungsmenge einer endlichen oder abzählbar unendlichen Menge endlicher und abzählbar unendlicher Mengen.

In Anwendung dieser Bemerkungen führen wir neue Zeichenformen ein, die den Hauptnamen „Bruchform“ und die Teilnamen „den ersten Teil (oder Zähler) x enthaltend“ und „den zweiten Teil (oder Nenner) y enthaltend“ führen sollen. Wir kommen weiter überein, eine Bruchform mit x/y zu bezeichnen und diese, wenn x und y Numeratoren sind, „positive Brüche“ oder „positive rationale Zahlen“ zu nennen.

Die Menge der positiven rationalen Zahlen ist demnach abzählbar unendlich; offenbar sind jene positiven rationalen Zahlen, deren Nenner durch denselben Numerator gegeben wird, Elemente einer abzählbar unendlichen Menge, und die Menge aller positiven rationalen Zahlen die Vereinigungsmenge dieser Mengen, also auch abzählbar unendlich.

Wie hieraus die Arithmetik der rationalen Zahlen als exakter Wahrheitsbereich beschrieben wird, soll nicht weiter ausgeführt werden; allerdings gehören dazu noch weitere Festsetzungen, so vor allem die Bestimmungen, daß $a/b = c/d$ dann und nur dann gesetzt werden soll, wenn $ad = bc$ ist. Hier treten keine weiteren prinzipiellen Fragen auf, und es wäre wohl überflüssig, diese Erörterungen hier ausführlich wiederzugeben.

Nur daß wir dann und nur dann $a/b \prec c/d$ setzen, wenn $ad \prec bc$ ist, mag noch erwähnt werden, da damit die „natürliche“ Ordnung der positiven Zahlen gegeben wird, bei der es bekanntlich keine auf eine gegebene Zahl unmittelbar folgende Zahl gibt. Ist $a/b \prec c/d$, so gibt es immer eine positive rationale Zahl r, so daß $a/b \prec r$ und $r \prec c/d$ ist. Damit ist aber, wegen der Äquivalenz mit Z, auch für die Numeratorenmenge eine ähnliche Ordnung gegeben.

Endlich sei noch bemerkt, daß die Arithmetik der rationalen Zahlen weiter noch durch Einführung der 0 und der negativen rationalen Zahlen zu erweitern ist, was aber gleichfalls keine prinzipiell neuen Gesichtspunkte erfordert.

Allgemeine Arithmetik. Theorie der reellen Zahlen.

16. Die Betrachtungen, die wir an dem in Art. 11 definierten abstrakten Kontinuum $\mathfrak{C}_a$ anstellen können, führen zu Resultaten, die für die Arithmetik von grundlegender Bedeutung sind, insbesondere die allgemeine Theorie der reellen Zahlen ergeben.

Eine Teilmenge T der abstrakten Numeratorenmenge Z_a, die demnach ein Element von $\mathfrak{C}_a$ ist, kann vor allem zur umkehrbar eindeutigen Bestimmung (Erzeugung) von Dingen benutzt werden, die wir als echte dyadische Brüche bezeichnen. Es soll nämlich jedem in T enthaltenen Numerator die Ziffer 1, jedem in der Teilmenge nicht enthaltenen Numerator die Ziffer 0 zugeordnet sein. Diese Zuordnung, die durch T bestimmt ist, und umgekehrt auch T bestimmt, wird eben als „Ding" ein echter dyadischer Bruch genannt. Wenn eine solche Zuordnung gegeben ist, kann man die dem Numerator k zugeordnete Ziffer mit e_k bezeichnen; für eine „gegebene" Zuordnung wissen wir dann, ob e_k die 0 oder aber die 1 bezeichnet. Man benutzt zur Bezeichnung dieses Dinges $\cdot e_1 e_2 e_3 \ldots$, wo die Punkte auf eine „gegebene" Zuordnung verweisen. Nennen wir kurz einen bestimmten echten dyadischen Bruch E, so sagen wir auch, daß an „der k-ten Stelle von E die Ziffer e_k steht", womit der Ausdruck einer ungenauen räumlichen Anschauung, wie sie in den Elementen üblich ist, präzisiert wird. Die Menge der echten dyadischen Brüche ist eine Cantorsche Menge und offenbar $\sim \mathfrak{C}_a$.

Wenn wir eine Stelle (einen Numerator) m angeben können, so daß e_i, sobald $m \prec i$ ist, immer die 0 bedeutet, nennen wir das entsprechende E „endlich", in jedem anderen Falle ist E ein „unendlicher" dyadischer Bruch. Die Menge aller endlicher echten dyadischen Brüche ist, wie man unmittelbar sieht, abzählbar unendlich.

Es sei e_r ein Stellenzeichen in E, das die 1 bedeutet; dann gibt es offenbar, wenn E unendlich ist, ein erstes Stellenzeichen e_s von der Beschaffenheit, daß $r \prec s$ und e_s wieder die 1 bedeutet. Auch wenn E endlich ist, kann es ein solches e_s geben; es kann aber auch e_r das „letzte" von 0 verschiedene Stellenzeichen sein. Schließlich kann auch jedes Stellenzeichen die 0 bedeuten (wenn T die „Nullmenge" O ist). Dieses E bezeichnen wir mit $E(O)$. Allgemein kann auch der T entsprechende dyadische Bruch mit $E(T)$ bezeichnet werden.

Ist e_r ein Stellenzeichen in E, das die 1 bedeutet, und e_s das erste Stellenzeichen, für welches $r \prec s$ ist und das gleichfalls die 1 bedeutet, so ist offenbar die Menge der Numeratoren i, für die $r \prec i \prec s'$ ist, endlich und es entspricht dieser Menge als „Anzahl" ihrer Elemente ein Numerator, der mit k_s bezeichnet werden mag. Dem ersten Stellenzeichen e_p, das in E die 1 bedeutet, soll der Numerator p entsprechen, die Anzahl der Numeratoren, für die $i \prec p'$ ist.

Jedem E (mit Ausnahme von $E(O)$) entspricht demnach eine endliche oder abzählbar unendliche Menge von Numeratoren $k_s, k_t, \ldots,$

die auch geordnet ist, wenn wir festsetzen, daß $k_s <' k_t$ sei, wenn $s < t$ ist. (Diese Ordnung ist selbstverständlich nicht die natürliche Ordnung, und es muß demnach für ihre Bezeichnung ein neues Zeichen, $<'$ benutzt werden. Präzis gesprochen muß dieses Zeichen die Verweisung auf E oder T enthalten.)

So wird jedes[1] E eine bestimmte „Numeratorenreihe" $(k_s, k_t, \ldots)$, kurz V, mit bestimmter Anordnung der Numeratoren ergeben; diese Numeratorenreihe kann aber denselben Numerator an verschiedenen Stellen wiederholt enthalten. Die Zuordnung der E und V ist offenbar umkehrbar eindeutig. Die so beschriebenen Dinge V nennen wir die Variationen von Z_a.

Die Menge aller Variationen von Z_a heiße $\mathfrak{C}_v$. Sie ist nach den entwickelten Prinzipien wieder konsistent, und wie aus ihrer Beschreibung unmittelbar ersichtlich, auch $\sim \mathfrak{C}_a$. Ist $(a_1, a_2, \ldots)$ eine solche Variation, so führt diese durch den (endlichen oder unendlichen) „Kettenbruch"

$$\cfrac{1}{a_1 + \cfrac{1}{a_2 + \ldots}}$$

offenbar schon auf die „Menge aller reellen Zahlen zwischen 0 und 1", was aber hier nicht weiter ausgeführt werden soll.

Die Verbindungsmenge von Z_a und $\mathfrak{C}_a$ ergibt sich aus diesen Anschauungen als $\sim \mathfrak{C}_a$. Ist a_1 ein Element von Z_a, und $(a_2, a_3, \ldots)$ ein Element von $\mathfrak{C}_v$, so ist $(a_1, a_2, a_3, \ldots)$ auch ein Element von $\mathfrak{C}_v$, das umgekehrt auch das Element $\{a_1, (a_2, a_3, \ldots)\}$ der Verbindungsmenge eindeutig bestimmt.

Es ist demnach auch die Verbindungsmenge von Z_a und der Menge aller dyadischen echten Brüche $\sim \mathfrak{C}_a$.

Um aber diese Verbindungsmenge zur genauen Darstellung der sog. reellen Zahlen zweckmäßig gebrauchen zu können, ist die Menge der dyadischen echten Brüche noch zu modifizieren. Diese Menge enthält offenbar z. B. ·100 ..., wo auf jeder weiteren Stelle die Ziffer 0 zu denken ist, und auch ·011 ..., wo auf jeder weiteren Stelle die Ziffer 1 zu denken ist. Will man durch dyadische Brüche die reellen Zahlen genau beschreiben, so sind diese an sich verschiedenen logischen Gebilde als „numerisch nicht verschieden" zu setzen. Es ist am bequemsten, solche unendliche dyadische Brüche in denen von einer bestimmten Stelle ab die 1 steht, ganz auszuschließen. Offenbar ist die Menge dieser Brüche abzählbar un-

[1] $E(O)$ ergibt die „Nullmenge", in der keine Verschiedenheit der Anordnung erschaut werden kann.

endlich. Dasselbe ist für die Vereinigungsmenge der Fall, die aus dieser Menge und der Menge der endlichen Brüche entsteht (letztere ist nämlich ebenfalls abzählbar unendlich); sie ist demnach äquivalent der Menge aller endlichen Brüche. Damit gelangen wir zur Anschauung der Tatsache, daß die Menge der dyadischen Brüche, auch nach Ausschluß jener speziellen unendlichen Brüche, wieder $\sim \mathfrak{C}_a$ ist.

Also ist auch die Verbindungsmenge von Z_a und dieser Menge $\sim \mathfrak{C}_a$. Ihre Elemente werden durch die Bezeichnung

$$k \cdot e_1 e_2 e_3 \ldots$$

angedeutet, wo aber der Fall auszuschließen ist, daß von einer bestimmten Stelle die Ziffer 1 steht. Endlich können wir noch den Numeratoren k die Ziffer 0 hinzufügen und statt Z jene Menge benützen, deren Elemente die 0 und alle Numeratoren sind. Diese Menge mag mit $Z^{(0)}$ bezeichnet werden.

So erhalten wir die Verbindungsmenge von $Z^{(0)}$ und der oben modifizierten Menge der echten dyadischen Brüche, in deren „allgemeinen" Zeichen $k \cdot e_1 e_2 e_3 \ldots$, k irgendeinen Numerator oder auch die 0 bedeutet. Die so definierte Menge bezeichnen wir — wenn noch gewisse Festsetzungen (s. den nächsten Artikel) getroffen werden — als Menge der positiven reellen Zahlen und der Null[1], $\mathfrak{C}_r$; die Äquivalenz $\mathfrak{C}_r \sim \mathfrak{C}_a$ ist aus dem Bisherigen unmittelbar ersichtlich.

17. Die reellen Zahlen entstehen aus den Elementen der beschriebenen Menge, indem wir diesen Elementen noch weitere Eigenschaften beilegen, die einesteils der Anschauung entstammen, anderteils als „Axiome" in den die Menge definierenden Denkbereich aufgenommen werden. Allerdings ist dabei die „Menge der Axiome" nicht endlich; trotzdem können diese durch einen endlichen Denkprozeß vollständig beschrieben werden. Ich muß mich hier — dem Plane dieses Buches entsprechend — auf eine kurze Andeutung beschränken.

Es werden — den Ausführungen zu Anfang dieses Kapitels entsprechend — Festsetzungen getroffen, nach denen arithmetische Summen und Produkte bestimmt werden. Hier steht uns aber das Hilfsmittel der vollständigen Induktion nicht mehr zur Verfügung. Die Festsetzung geschieht, wenn x und y irgendwelche reellen Zahlen sind, durch Beschreibung jenes Algorithmus, der $x + y$ und $x \times y$

[1] Die Zahl 0·000... wird kurz mit 0 bezeichnet und Null genannt. Die übrigen dyadischen Brüche werden positive reelle Zahlen genannt.

tatsächlich ergibt. Wenn $x+y$ in dieser Weise z. B. z ergibt, ist die arithmetische Gleichheit $x+y=z$ axiomatische Form des Bereiches und die Tatsache, daß aus x und y nach jenen Festsetzungen z entsteht, ein Erlebnis des Bereichs.

Wir sind auch umgekehrt in der Lage, wenn x, y, z irgendwelche reellen Zahlen sind, auf Grund jener Festsetzungen zu entscheiden, ob $x+y=z$ eine axiomatische Form des Bereichs ist oder nicht (d.h. dem gewöhnlichen Sprachgebrauche nach „richtig" ist oder nicht).

Die die weiteren Summen und Produkte betreffenden Festsetzungen sind analog den in Art. 1 dieses Kapitels getroffenen.

Ebenso wird, wenn x und y reelle Zahlen sind, eine (bekannte, hier nicht näher auszuführende) Festsetzung ergeben, daß $x<y$ oder $y<x$ (eine und nur eine dieser Formen) axiomatische Form des Bereichs ist. Auch hier fällt aber die vollständige Induktion fort, und es muß jede einzelne solche Form, die den Festsetzungen entspricht („richtig" ist), als axiomatische Form aufgenommen werden.

Endlich ist noch, der Tatsache entsprechend, daß x eine reelle Zahl ist, für jede reelle Zahl x die axiomatische Form „x qual. $\mathfrak{R}$" in den Bereich aufzunehmen.

Neben den fundamentalen axiomatischen Formen, deren „Typus" sich durch $x+y=z$, $x\times y=z$, $x<y$ charakterisieren läßt, sind die axiomatischen Formen der Rechnung und Anordnung aufzunehmen. Diese entstehen aus den Formen

I.

$$x+(y+z)=(x+y)+z \tag{1}$$
$$x+y=y+x \tag{2}$$
$$x\times(y\times z)=(x\times y)\times z \tag{3}$$
$$x\times(y+z)=(x\times y)+(x\times z) \tag{4}$$
$$(x+y)\times z=(x\times z)+(y\times z) \tag{5}$$
$$x\times y=y\times x \tag{6}$$

II.

$$[(x<y)\;\check{\times}\;(y<z)]\subset[x<z] \tag{1}$$
$$[x<y]\subset[(x+z)<(y+z)] \tag{2}$$
$$[(x<y)\;\check{\times}\;(0<z)]\subset[(x\times z)<(y\times z)] \tag{3}$$

wenn in der Implikation

$$[(x\text{ qual. }\mathfrak{R})\;\check{\times}\;(y\text{ qual. }\mathfrak{R})\;\check{\times}\;(z\text{ qual. }\mathfrak{R})]\subset U$$

für U eine der Formen (I 1—6), (II 1—3) gesetzt wird.

Damit ist ein axiomatischer Denkbereich vollständig beschrieben; ebenso der axiomatische Formenbereich, der ein genaues Bild jenes Denkbereichs ist. Es entsteht die Frage, ob wir es auch mit einem widerspruchslosen Wahrheitsbereiche zu tun haben. Die Anschauung, der gemäß dies der Fall ist, erwerben wir in Betrachtungen, die den in Art. 5 dieses Kapitels für den Bereich der elementaren Arithmetik angestellten völlig analog verlaufen und deshalb auch nur kurz angedeutet zu werden brauchen.

Den (bekannten und hier nicht näher ausgeführten) Festsetzungen entsprechend, nach denen arithmetische Summen und Produkte reelle Zahlen bestimmen oder aber die Wahl zwischen $x < y$ oder $y < x$ (als Form des Bereichs) geschah, nennen wir wieder arithmetische Gleichheiten und Ungleichheiten P-Formen; und wenden diese Benennungen auch auf andere Zeichenformen genau so an wie in Art. 5, allerdings jetzt statt „Numerator" immer „reelle Zahl" setzend. Die Anschauung lehrt uns dann, daß jede Form unseres Bereichs eine P-Form ist, womit eben evident wird, daß unser Bereich ein widerspruchsloser Wahrheitsbereich ist (in dem auch Sätze wie $2 + 2 = 5$, das eine $\bar{N}$-Form wäre, nicht vorkommen können). Die Theorie der reellen Zahlen wird damit eine exakte wissenschaftliche Disziplin.

18. Wie diese Theorie der reellen Zahlen sich einerseits zu dem „genetischen" Aufbau von Cantor[1] und Dedekind[2], andererseits zur „axiomatischen" Begründung von Hilbert[3] stellt, muß noch in einigen Worten auseinandergesetzt werden, wenn auch eine historisch-kritische Analyse dieser Begriffsentwicklung hier nicht gegeben werden soll. Da es sich doch immer um dieselben mathematischen „Dinge" handelt, müssen diese Theorien durchweg eine gewisse äußerliche Ähnlichkeit besitzen, trotzdem sie in der Tat ihrem Inhalte nach ganz verschieden sind, und untereinander inkommensurable wissenschaftliche Werte prägen. Bei Cantor und Dedekind werden Dinge als freie Schöpfungen unseres Geistes hergestellt, deren Eigenschaften sich dann als analog denen ergeben, die wir für die reellen Zahlen als in der Anwendung notwendig postulieren. Ob diese Dinge „logische Existenz" besitzen — was bekanntlich nicht nur als nicht erhärtet bezweifelt, sondern geradezu bestritten wurde — ist damit noch in Schwebe geblieben.

---

[1] Math. Ann. Bd. 5, S. 123. — Vgl. auch Heine, Crelles Journal Bd. 74, S. 172.
[2] Stetigkeit und irrationale Zahlen, Braunschweig 1872.
[3] Über den Zahlbegriff, Jahresber. der deutschen Mathematiker-Vereinigung Bd. 8 (auch Anhang VI zu den Grundlagen der Geometrie).

Wenn auch zuerst in genetischer Form beschrieben, sind unsere reellen Zahlen von vornherein Dinge, deren logische Existenz gesichert ist, und es wird diese logische Existenz dann Schritt für Schritt auch für die volle Theorie der reellen Zahlen erhärtet.

Ganz eigentümlich ist die Stellung der Hilbertschen Axiomatik, die in ihrer neuen Problemstellung unvergänglichen Wert besitzt, aber hier sich nicht einfügen läßt, da sie eben keine auf unabweisbare — oder als unabweisbar angenommene — Tatsachen sich aufbauende „Naturwissenschaft" ist. In der Hilbertschen Axiomatik werden weder die Dinge, noch die diese Dinge verknüpfenden Begriffe definiert. Im besten Falle definieren sie sich gegenseitig. Diese simultanen Definitionen heißen bei Hilbert „Axiome". Daß diese Axiome aus der Kenntnis unabweisbarer Tatsachen entstanden, wird geradezu absichtlich ignoriert. Es gibt demnach in diesen „Grundlagen" keine Evidenz und keine Wahrheit, die dann in der logischen Verkettung dieser Grundlagen wieder angenommen und gebraucht wird. Zum Schlusse soll dann eine — versprochene, aber nicht ausgeführte — Erhärtung der Widerspruchslosigkeit den notwendigen erkenntnistheoretischen Abschluß geben.

Dabei ist noch zu bemerken, daß Hilberts Axiome nicht durchweg Axiome im Sinne der hier angewandten Terminologie sind; so z. B. wenn es als Axiom hingestellt wird, daß „es ein Ding gibt, das eine gewisse Eigenschaft besitzt". Daß ein Ding logische Existenz besitzt, oder daß ein Ding eine reelle Zahl „ist", bedeutet für uns eine Anschauung, die an einem fertigen Denkbereiche erworben wird, aber kein Erlebnis, das dem Denkbereiche „angehört". Ebenso ist das „Vollständigkeitsaxiom" eine an dem fertigen Denkbereiche zu erlangende Anschauung; die „Vollständigkeit" ist ein Postulat, das in unserer Synthese überhaupt nicht als „Axiom" des Denkbereichs gefaßt werden kann; ebensowenig wie das Postulat der Widerspruchlosigkeit.

Nicht-endliche und unendliche Mengen.

19. Mit der Anschauung der Tatsache, daß eine Menge M „unendlich" ist, erleben wir auch (nach Art. 15) die Anschauung, daß diese Menge eine der Z-Menge äquivalente Teilmenge T besitzt. Wäre nun k ein bestimmter Numerator, und $M \sim Z_k$, so wäre damit auch die Anschauung gewonnen, daß jede Teilmenge von M, also auch Z, einer Teilmenge von Z_k äquivalent ist. In Art. 11 wurde diese Anschauung als „unmöglich" erkannt, d. h. jede unendliche Menge ist nicht-endlich.

Für eine „gegebene“ Teilmenge T von M, d. h. für eine tatsächlich beschriebene Teilmenge von M, lehrt auch die Anschauung, ob sie überhaupt noch Elemente enthält, oder aber Nullmenge ist. Man mag dies als selbständiges „Anschauungspostulat“ hinstellen, oder auch als Spezialisierung der die Mengen definierenden G-Eigenschaft auffassen. Jedenfalls sind G-Eigenschaften, die diesem Postulate nicht genügen, für uns undenkbar; allerdings nur in dem Sinne, daß jene Teilmenge von T eben nicht „gegeben“ wäre[1].

Bei Annahme dieses Anschauungspostulates zeigt sich, daß auch jede nicht-endliche Menge unendlich ist.

Sei M eine nicht-endliche Menge, also auch keine Nullmenge. Sie enthält Elemente, und danach auch eine mit Z_1 äquivalente Teilmenge. Dies kann für jeden Numerator k stattfinden. D. h., ist k ein beliebiger, aber bestimmter Numerator, so gibt es eine mit Z_k äquivalente Teilmenge von M. Wenn aber diese „Eigenschaft“ der Numeratoren nicht für jeden Numerator Tatsache der Anschauung ist, so gibt es einen „ersten“ Numerator l', für den dies nicht der Fall ist. Mit anderen Worten: Es besitzt M eine Teilmenge, die $\sim Z_l$, aber keine Teilmenge, die $\sim Z_{l'}$ ist. Die Teilmenge von M, die alle Elemente von M, mit Ausschluß der Elemente jener Z_l äquivalenten Teilmenge, enthält, ist gegeben; sie ist keine Nullmenge, sonst wäre M eben endlich. Es gibt also auch eine Teilmenge von M, die $\sim Z_{l'}$ ist. Die vollständige Induktion zeigt demnach, daß es für jeden Numerator i eine Teilmenge T_i von M gibt, die $\sim Z_i$ ist.

Aus der Existenz dieser T_i ergibt sich aber — wie wir gleich sehen werden — auch die Existenz einer Teilmenge von M, die $\sim Z$ ist, und damit, daß M eine „unendliche“ Menge ist.

Die Vereinigungsmenge aller T_i, für die $i \prec p$ ist, ist endlich, z. B. $\sim Z_q$. Demnach bilden diejenigen Elemente von $T_{q'}$, die auch in jener Vereinigungsmenge enthalten sind, eine Teilmenge von $T_{q'}$, die äquivalent einer Teilmenge von Z_q ist. Sie ist also eine eigentliche Teilmenge von $T_{q'}$; d. h. $T_{q'}$ enthält ein Element, das von allen Elementen der T_i $(i \prec p)$ verschieden ist. Die vollständige Induktion zeigt, daß dieses Verfahren nicht abbricht, und so eine Teilmenge von M erzeugt wird, die in der Tat $\sim Z$ ist.

[1] Undenkbar, ungefähr so, wie die Funkentelegraphie für Cicero undenkbar war; aber nicht „unmöglich“, indem eine Verletzung der Grundnorm unseres Denkens vorläge. Wenigstens sehe ich nicht, wie eine solche Verletzung zu konstatieren wäre.

Eine strenge Prüfung dieser Betrachtungen zeigt, daß auch hier noch Berufung auf die Evidenz gewisser neuer Anschauungen (die Bildung neuer synthetischer Urteile) stattfindet, die aber, wie es scheint, nicht vermieden werden kann.[1]

Schriftzeichen und Schriftsprache.

20. Es sei n ein bestimmter Numerator; $z_1, z_2, \ldots, z_n$, oder genauer $z_i (i \prec n')$ sollen dann einfache Zeichen bedeuten, die wir Schriftzeichen nennen wollen (Buchstaben, Ziffern, Interpunktionszeichen, zu denen aber noch ein Worttrennungszeichen hinzugefügt werden muß).

Den Elementen von Z_k, wo k ein beliebiger, aber bestimmter Numerator ist, können wir dann in beliebiger Weise bestimmte Schriftzeichen zuordnen, ohne aber eine umkehrbare Eindeutigkeit dieser Zuordnung vorauszusetzen. Insbesondere kann verschiedenen Elementen von Z_k auch dasselbe Schriftzeichen zugeordnet sein. Mit dieser Zuordnung sind auch die zugeordneten Schriftzeichen geordnet; oder, wie wir in Analogie zu bekannten Ausdrucksweisen sagen können: die Schriftzeichen können verschiedene Stellenwerte erhalten. (Es kann z. B. z_2 an erster und auch an dritter Stelle stehen usw.). Jede solche Zuordnung nennen wir einen Schriftnamen. Damit ist ein Schriftname — im gewöhnlichen Sinne des Wortes — ohne Zuhilfenahme einer räumlichen Anschauung genau beschrieben.

Die einem bestimmten k entsprechenden Schriftnamen bilden eine endliche Menge. Dies ist klar, wenn k die 1 ist. Die endliche Menge besteht aus den einzelnen z-Zeichen; sie ist demnach $\sim Z_n$. Die Ausführung der vollständigen Induktion ist unmittelbar zu übersehen. Es sei die Menge der einem bestimmten k entsprechenden Schriftnamen $\sim Z_N$. Wenn wir von k zu k' übergehen, kann eben dem k' wieder jedes z zugeordnet werden. Und die Menge der k' entsprechenden Schriftnamen ist geradezu äquivalent der Verbindungsmenge $\mathfrak{V}_p (Z_n, Z_N)$, demnach gewiß endlich.

Die Menge aller Schriftnamen ergibt sich hieraus als abzählbar unendlich; sie ist geradezu eine abzählbar unendliche Menge endlicher, elementenfremder Mengen.

Man gelangt zur Schriftsprache, wenn man jedem Elemente einer bestimmten Teilmenge der Menge aller Schriftnamen ein bestimmtes Ding umkehrbar eindeutig zuordnet; während jene Schriftnamen, die nicht Elemente jener Teilmenge sind, als „sinnlos" über-

[1] Auch in der sonst außerordentlich genauen Darstellung von Hessenberg a. a. O. § 120) wird dieser Teil der Betrachtung als selbstverständlich hingestellt.

haupt nicht gebraucht werden. Jene Zuordnung gewisser Schriftnamen und Dinge ist eine genaue Abbildung des die Dinge (als Erlebnisse, bzw. die Erzeugung der Dinge) umfassenden Denkbereichs in einer fertigen (idealen) Sprache.[1] Die einer so bestimmten Schriftsprache zugehörigen Schriftnamen sind Elemente einer Teilmenge der Menge aller Schriftnamen. Diese, als abzählbar unendliche Menge kann im ω-Typus geordnet werden, und es ist damit auch jene Teilmenge wohlgeordnet.

Dabei haben wir es mit einem Denkprozesse zu tun, der verschiedene Denkbereiche benutzt. Diese sind:

a) der Denkbereich Δ, dem die durch jene Sprache bezeichenbaren Erlebnisse (Dinge) angehören,

b) Der Denkbereich Σ, der die Menge der Schriftnamen definiert, und endlich

c) der Denkbereich $\{\Delta, \Sigma\}$, dessen Erlebnisse die Äquivalenzbeziehungen zwischen den Erlebnissen in Δ und den Elementen der in b) definierten Menge sind.

21. An diese „endliche Bezeichnung" der in einer bestimmten Sprache beschriebenen Erlebnisse schließen wir die Besprechung gewisser „Antinomien" an. Wenn auch diese Antinomien nichts anderes als Fehlschlüsse sind, in denen wir wieder verschiedene Dinge als nichtverschieden annehmen, wird ihre genauere Besprechung doch nicht überflüssig sein. Die genaue „Lösung" dieser Antinomien beseitigt nicht nur gewisse Zweifel an der Sicherheit unseres „notwendigen" Denkens; sie lehrt uns auch, die Präzision unseres Denkens sorgfältiger zu pflegen.

Die einfachste und eben darum lehrreichste solche Antinomie ist die von Dixon[2] besprochene.

In irgend einer Kultursprache, z. B. der deutschen Schriftsprache, besitzen wir für jede beliebige „ganze Zahl"[3] entsprechende Schriftnamen, z. B. „eins", „tausend" usw. Die Schriftnamen, die aus weniger als tausend Schriftzeichen bestehen, bilden eine endliche Menge; jene ganzen Zahlen, die in deutscher Sprache diesen aus weniger als tausend Schriftzeichen bestehenden Schriftnamen zu-

[1] Unter den Erlebnissen können und sollen sich auch die Erzeugung von Dingen, wie z. B. Numeratoren, befinden. Jedenfalls können wir in den sog. Kultursprachen jede natürliche ganze Zahl so „bezeichnen".

[2] Proceedings of the London Mathematical Society 1906. Eine davon prinzipiell kaum unterschiedene Fassung, die von Berry herrührt, wird ausführlich von Russell besprochen (American Journal of Mathematics, Bd. 30, 1908).

[3] Darunter die positiven ganzen Zahlen, wie immer — also als Numeratoren, oder auch als Kardinalzahlen — verstanden.

geordnet sind, bilden auch eine endliche Menge. Und „es gibt demnach eine bestimmte kleinste ganze Zahl, deren Schriftnamen sämtlich tausend oder mehr Schriftzeichen enthalten". (Dieselbe Zahl kann nämlich mehrere Schriftnamen besitzen.)

Offenbar — so heißt es weiter — ist aber dieser letzte Satz auch ein Schriftname dieser bestimmten Zahl. Und diese Zahl, deren Schriftnamen tausend oder mehr Schriftzeichen enthalten müssen, hat demnach auch einen Schriftnamen, der weniger als tausend Schriftzeichen enthält; womit ein „unlöslicher" Widerspruch gegeben scheint. Dieser „unlösliche Widerspruch" beruht aber auf einem ganz evidenten Fehlschlusse. Der angezogene Satz ist gar kein Schriftname jener Zahl, sondern Schriftname einer Definition dieser Zahl. Ihm zugeordnet ist nicht die Zahl, sondern eine Regel, nach der diese Zahl von jedem andern Dinge unterschieden, und demnach — bei den vorliegenden speziellen Verhältnissen — in einer endlichen Reihe von Schritten bestimmt werden kann. Wenn die Zuordnung $\{\Delta, \Sigma\}$ klar genug in unserm Bewußtsein vorhanden ist, wird der Schriftname jener Zahl unmittelbar die Vorstellung jener Zahl erzeugen. Der Schriftname der Regel erzeugt nur die Vorstellung des Denkprozesses, der die Zahl bestimmt. Die Antinomie entsteht, wenn wir diese Regel mit der durch sie bestimmten Zahl verwechseln; und es wird ein immenser Aufwand an Mühe notwendig sein, um mit Hilfe dieser Regel die gesuchte Zahl, d. h. ihren Schriftnamen, wirklich zu finden.

Daß das imprädikative Element des Satzes allein uns schon zwingt, den Satz als sinnlos zu verwerfen — wie Poincaré ursprünglich meinte — kann nicht richtig sein. Um dies einzusehen, genügt es, den folgenden deutschen Satz zu bilden: „Die kleinste ganze Zahl, deren Schriftnamen in deutscher Sprache sämtlich mehr als tausend Schriftzeichen enthalten, ist N" (wo für N der Schriftname jener Zahl zu setzen ist).

Später hat Poincaré seine Ansicht modifiziert und die Quelle der Dixonschen Antinomie in den folgenden Betrachtungen zu finden vermeint.[1]

Indem wir fragen, ob ein Schriftname weniger als tausend Schriftzeichen enthält oder nicht, nehmen wir implizite an, daß die entsprechende Einteilung der Schriftnamen schon gegeben und unveränderlich ist. Das wäre aber unmöglich. Eine solche Klasseneinteilung ist ja erst dann gegeben, wenn wir alle Schriftnamen mit weniger als tausend Schriftzeichen überblickt und alle jene ausge-

[1] Revue de Métaphysique et de Morale, 1909, S. 461—465.

schieden haben, die sinnlos sind. Unter diesen Schriftnamen „gibt es aber solche, die erst nach geschehener Klasseneinteilung einen Sinn erhalten, eben jene, wo die Klasseneinteilung selbst in Frage kommt“. Offenbar ist das aber falsch; die dem Schriftnamen entsprechende Denkregel hat einen bestimmten klaren Sinn, auch wenn die Klasseneinteilung uns nicht bekannt ist. Daß wir mangels der betreffenden Daten die Regel nicht benützen können, hat mit dem Sinne der Regel nichts zu tun.

Nach Poincaré „könnte dann endlich die Klasseneinteilung der Zahlen erst dann erfolgen, wenn die Auswahl der Schriftnamen schon erfolgt ist; aber auch umgekehrt die Auswahl der Schriftnamen erst dann erfolgen, wenn die Klasseneinteilung der Zahlen schon erfolgt ist. Und deshalb ist sowohl die Klasseneinteilung wie die Auswahl der Schriftnamen unmöglich“. Damit ist ein Denkprozeß als unmöglich hingestellt, den wir doch mit der größten Sicherheit ausführen! Es ist unmittelbar klar, daß dabei einem wichtigen Umstande nicht Rechnung getragen wurde. Die Schriftnamen der Sprache können auch solchen Erlebnissen entsprechen, die an der fertigen Sprache entstehen. Wer würde z. B. den Sinn eines Schriftnamens leugnen, wie z. B. „dieses Ding heißt in deutscher Sprache eine Rose“? Jede Sprache ist fähig, auf die Sprache bezügliche imprädikative Sätze zu bilden.

Das ganze „Problem“ ist mit der Bemerkung erledigt, daß der Schriftname der Definition eines Dinges durchaus nicht mit dem Schriftnamen des Dinges selbst verwechselt werden darf.

Als endlich-definiert, genauer als in einer bestimmten Sprache endlich definiert, hat man bisher — ich selbst in früheren Publikationen[1] — ein Ding bezeichnet, dem in der betreffenden Sprache ein Schriftname entspricht. Nach diesen Erörterungen werden wir ein Ding endlich-definiert nennen können und nennen müssen, wenn ein (endlicher) Schriftname für eine Definition des Dinges vorliegt. Andrerseits wird das aber von dem Falle, wo das Ding selbst einen (endlichen) Schriftnamen besitzt, wohl zu unterscheiden sein.

[1] Der Verfasser zieht hiermit die mengentheoretischen Folgerungen seiner Noten in Math. Ann., B. 61 u. 63 (Acta Mathematica, Bd. 30 u. 31) zurück. Seine endgültigen Ansichten über den Gegenstand sind in diesem Buche so ausführlich dargestellt, daß es wohl nicht nötig ist, auf die beachtenswerte Kritik besonders einzugehen, zu welcher diese Noten die Herren Hobson (Proceedings of the London Mathematical Society (2) Bd. 4 I), Vivanti (Rendiconti del Circolo Matematico di Palermo, Bd. 25) u. a. veranlaßt haben.

Achtes Kapitel.

Die Fundamentalsätze der Cantorschen Mengenlehre.

Der Äquivalenzsatz.

1. Die Tatsache, daß M und N äquivalente Mengen sind, d. h. die Tatsache, daß zwischen den Dingen, die Elemente von M bzw. N sind, eine umkehrbar eindeutige Beziehung hergestellt werden kann, ist ein unmittelbares Ergebnis der Anschauung, ein Erlebnis, das sich eigentlich gar nicht auf die Mengenbegriffe, sondern auf die diese Mengenbegriffe definierenden Dinge bezieht. Wenn wir trotzdem (bisher und auch weiterhin) von der Äquivalenz der Mengen sprechen, so geschieht dies einesteils, weil wir den damit verbundenen bequemen Ausdruck nicht missen wollen, andrenteils aber auch, weil wir ja die Äquivalenz für die Theorie der Mengen verwerten und nur ausnahmsweise die Äquivalenz solcher Denkbereiche $[G]$ und $[H]$ (Kap. III, Art. 9) in Betracht ziehen, die zur Bildung konsistenter Mengen nicht geeignet sind.

Mit der Anschauung, daß die Elemente von M und N, und auch die Elemente von N und P, in umkehrbar eindeutiger Beziehung zueinander stehen, d. h. mit der Anschauung, daß $M \sim N$ und $N \sim P$ ist, erleben wir auch die Anschauung $M \sim P$. Es ist „$M \sim P$“ ein Teilerlebnis von „$M \sim N$ und $N \sim P$“.

Statt dessen „berufen“ wir uns auf den „allgemein gültigen“ (Anschauungs-) Satz: Wenn $M \sim N$ und $N \sim P$, ist auch $N \sim P$. Wir werden diese Aussage vielfach statt der früher hingeschriebenen benützen, obwohl die logisch deduktive Form dieser Aussage ihrem Inhalte nicht völlig entspricht. Wenn wir die eigentliche Bedeutung des Satzes einmal betont haben, kann diese Form des Satzes keinen Schaden anrichten; es wäre aber richtiger die der logischen Deduktion entnommenen Wendungen der Sprache in Fällen, wo von logischer Deduktion eigentlich gar keine Rede ist, zu vermeiden. In diesen sprachlichen Wendungen geschieht durchweg ein unbewußtes „Axiomatisieren“ gewisser Anschauungen. Hätten wir festgesetzt, daß jeder Denkbereich, der Äquivalenzen enthält, auch die axiomatische Form

$$[(X \sim Y) \check{\times} (Y \sim Z)] \subset [X \sim Z]$$

enthält, so wäre diese „Axiomatisierung" klar zum Ausdrucke gelangt. Wenn dies nicht explizite geschieht, hat das seinen guten Grund. Um unser Denken endgültig zu beschreiben, muß auch das „Axiomatisieren" irgendwo aufhören, und die Schlußresultate ergeben sich als Anschauungen an einem möglichen und widerspruchslosen Denkbereiche. Damit müssen wir uns einmal zufrieden geben; nichts hindert uns, einen neuen Schritt zu fordern und die so erhaltenen Anschauungen in neuen Formen zu axiomatisieren und wieder die Möglichkeit und Widerspruchslosigkeit des so konstruierten neuen Denkbereichs zu konstatieren. Damit wird allerdings der Glaube an die Zuverlässigkeit unsres Denkens von neuem vertieft. Es ist aber für die hier in Betracht kommenden Gebiete die Anwendbarkeit der hier entwickelten Methoden unmittelbar klar und einleuchtend, so daß der Abschluß, der jetzt durch Berufung auf die Anschauung geschieht, uns als völlig natürlich erscheint, um so mehr, als jene (historisch jedenfalls sehr merkwürdige) Skepsis, die sich auf Grund der sog. Antinomien entwickelte, mit diesen selbst doch wieder verschwindet.

2. In dem sog. Äquivalenzsatze wird das Erlebnis, daß gewisse Mengen äquivalent sind, als Teilerlebnis eines anderen Erlebnisses erhärtet, das in gewissen Fällen der unmittelbaren Anschauung leichter zugänglich ist. Die Beschreibung der Verhältnisse, die jene Äquivalenz zur Evidenz bringen, pflegen wir „Beweis" des Äquivalenzsatzes zu nennen, obwohl durchaus keine logische Deduktion, sondern eine demonstratio ad oculos, eine Berufung auf gewisse Anschauungen erfolgt, die „unabweisbare Tatsachen" sind. Den erkenntnistheoretischen Inhalt dieser „Berufung" haben wir eben auseinandergesetzt. Es wird daher ohne weiteres gestattet sein, die „logische" Sprechweise zu benützen.

Der wesentliche Inhalt des Äquivalenzsatzes, dessen Verallgemeinerung dann ohne Schwierigkeiten erfolgt, ist in folgendem Anschauungsgesetze enthalten.

Ist A_2 eine Teilmenge von A_1, A_1 eine Teilmenge von A und $A_2 \sim A$, so ist auch $A_1 \sim A$.

Jene Elemente von A, die nicht Elemente von A_1 sind, bilden eine Teilmenge von A, die mit B_1 bezeichnet werden kann; jene Elemente von A_1, die nicht Elemente von A_2 sind, bilden eine Teilmenge von A_1 (und auch eine Teilmenge von A), die mit B_2 bezeichnet werden kann, und es ist offenbar A dann geradezu die Vereinigungsmenge von A_1 und B_1; und A_1 wieder die Vereinigungsmenge von A_2 und B_2; oder endlich A die Vereinigungsmenge von A_2, B_2 und B_1.

Mit A_2 muß auch A eine „Nullmenge" sein; ist A_2 eine uneigentliche Teilmenge von A, ohne „Nullmenge" zu sein, so daß A und A_2 dieselben Elemente enthalten, so ist dies auch mit A_1 der Fall und $A \sim A_1$ wird unmittelbar evident.

Es ist demnach nur der Fall genauer auseinanderzusetzen, in dem A_1 und A_2 eigentliche Teilmengen von A sind, und auch A_2 eigentliche Teilmenge von A_1 ist. Den eingeführten Bezeichnungen entsprechend ist dann auch B_1 eigentliche Teilmenge von A und B_2 eigentliche Teilmenge von A_1.

Es sei nun b ein Element von B_1, das demnach kein Element von A_1 und auch kein Element von A_2 ist. Die bekannte umkehrbar eindeutige Äquivalenzbeziehung zwischen A und A_2 bestimmt ein zu b gehöriges Element von A_2, das mit $b^{(1)}$ bezeichnet werden möge. Ebenso bestimmt dieselbe Äquivalenzbeziehung das zum Elemente $b^{(1)}$ von A gehörige Element $b^{(2)}$ von A_2. Ist man bei dieser Bestimmung zu einem Elemente $b^{(k)}$ gelangt, so bestimmt dies wieder ein Element von A_2, das mit $b^{(k')}$ bezeichnet werden möge. Die vollständige Induktion zeigt, daß in dieser Weise jedem Elemente b von B_1 eine abzählbar unendliche Menge von Elementen der Menge A entspricht, die der Numeratorenmenge Z umkehrbar eindeutig zugeordnet und mit dieser zugleich im ω-Typus geordnet ist. In dieser aus b erzeugten Menge ist b, das erste Element, ein Element von B_1, jedes andere Element ein Element von A_2. Diese Elemente sind durchweg verschieden; sonst gäbe es ein erstes Element $b^{(r)}$, das später als $b^{(s)}$ wieder auftritt. Dann müßte aber auch das dem $b^{(r)}$ unmittelbar vorangehende Element mit jenem Elemente übereinstimmen, das dem $b^{(s)}$ unmittelbar vorangeht. Das ist unmöglich; sonst wäre $b^{(r)}$ gar nicht das erste solche Element, und demnach von sich selbst verschieden. Es könnte also $b^{(r)}$ nur b selbst sein; auch das ist unmöglich; jedes auf b folgende Element ist Element von A_2, während dieses selbst nicht Element von A_2 ist.

Sind b und b_1 zwei verschiedene Elemente von B_1, so werden die aus b bzw. b_1 erzeugten Elemente durchweg verschieden sein. Wäre $b^{(k)}$ das erste Element, das von einem Elemente $b_1{}^{(l)}$ nicht verschieden ist, so müßte wegen der zugrunde gelegten umkehrbar eindeutigen Beziehung das dem $b^{(k)}$ unmittelbar vorangehende Element von dem $b_1{}^{(l)}$ unmittelbar vorangehenden Elemente nicht verschieden sein. Das ist „unmöglich", es müßte also $b^{(k)}$ oder $b_1{}^{(l)}$ das erste Element der Menge, d. h. b bzw. b_1 sein; aber auch in diesem Falle ist die Unmöglichkeit unmittelbar evident.

Die Elemente von B_1 bestimmen demnach eine Teilmenge von A_2, die mit A_3 bezeichnet werden mag — nämlich die Menge derjeniger Elemente von A_2, die der aus irgend einem Elemente b von B_1 entstammenden Reihe angehören; A_3 wird im allgemeinen auch eine eigentliche Teilmenge von A_2 sein.

Jedenfalls ist es für jedes Element von A_2 entschieden, ob es Element von A_3 ist oder nicht.

Um diese Entscheidung für irgend ein Element a von A_2 zu treffen, hat man auf Grund der umkehrbar eindeutigen Äquivalenzbeziehung zwischen A und A_2 das Element aus A zu bestimmen, das dem a als Element von A_2 entspricht. Dies sei das „dem a unmittelbar vorangehende Element von A"; ist dieses ein Element von A_2, so kann dieser Prozeß wiederholt werden; ist aber a ein Element von A_3, so muß die Möglichkeit der Wiederholung des Prozesses nach einer endlichen Anzahl von Schritten aufhören, indem wir zu einem Elemente b von B_1 gelangen. Dann ist eben a ein Element von A_3, das bei Erzeugung der aus b entstammenden Reihe auftritt.

Die Möglichkeit der Bestimmung eines „unmittelbar vorangehenden" Elementes kann auch so aufhören, daß wir zu einem Elemente von B_2 gelangen; oder es kann auch bei jedem endlichen Schritte ein unmittelbar vorangehendes Element bestimmt werden. In diesen Fällen ist es evident, daß das Element a von A_2 kein Element von A_3 ist.

Wir können auf Grund dieser Tatsachen folgende umkehrbar eindeutige Äquivalenzbeziehung zwischen A und A_1 statuieren. Ist x ein Element der als B_1 oder A_3 bestimmten Teilmengen von A, so soll diesem Elemente dasselbe Element von A_2 entsprechen, wie in der supponierten Äquivalenzbeziehung zwischen A und A_2. Ist aber x ein Element von A, das weder in B_1 noch in A_3 enthalten ist, so soll es sich selbst als Element entsprechen. Dies ist demnach für jedes Element der Fall, das Element von B_2 oder A_2 ist, ohne jedoch in letzterem Falle Element von A_3 zu sein.

Es ist evident, daß die so gegebene Zuordnung umkehrbar eindeutig ist, und daß die allen Elementen von A zugeordneten Elemente alle Elemente von A, mit Ausnahme der in B_1 enthaltenen Elemente, d. h. die Elemente von A_1 sind. Man hat demnach in der Tat $A \sim A_1$, q. e. d. Das „quod erat demonstrandum" ist dabei im engsten Sinne des Wortes als Demonstrieren des Augenscheins zu verstehen.

3. Der allgemeine Äquivalenzsatz[1] ist ein Anschauungsgesetz, dessen Evidenz sich beinahe unmittelbar aus dem soeben erhärteten Satze ergibt. Er lautet:

Sind M und N irgendwelche Mengen und hat man $M \sim N_1$ sowie $N \sim M_1$, wo M_1 eine Teilmenge von M, und N_1 eine Teilmenge von N bedeutet, so ist auch $M \sim N$.

Wegen $M \sim N_1$ gibt es eine Teilmenge N_2 von N_1, für die $N_2 \sim M_1$ ist; es ist aber dann auch $N_2 \sim N$. Es ist demnach N_2 Teilmenge von N_1, N_1 Teilmenge von N und $N_2 \sim N$; dies ergibt nach den Erörterungen in Art. 2 auch $N_1 \sim N$ und wegen $M \sim N_1$ in der Tat auch

$$M \sim N.$$

So erkennen wir z. B. auf Grund des eben entwickelten Satzes, daß die Menge der (echten endlichen oder unendlichen) dyadischen Brüche D, und die Menge der echten (endlichen oder unendlichen) Dezimalbrüche X äquivalent sind, und zwar erlangen wir diese Anschauung in rein formaler Weise, ohne Berufung auf die „Bedeutung" jener Gebilde als reelle Zahlen. Jeder dyadische Bruch kann geradezu als Dezimalbruch interpretiert werden, und es ist auf Grund dieser Interpretation D einer Teilmenge von X äquivalent. Umgekehrt kann aber aus jedem Dezimalbruch ein dyadischer Bruch hergestellt werden, wenn wir festsetzen, daß an die Stelle der Ziffer „k" immer

---

[1] Der allgemeine Äquivalenzsatz ist zuerst von Cantor ausgesprochen (Zeitschr. f. Philosophie, Bd. 91; Math. Annalen Bd. 46) und bald darauf von Bernstein bewiesen worden. Der Beweis von Bernstein findet sich zuerst in einem Borelschen Buche: Leçons sur la théorie des fonctions, Paris 1898, S. 103. Der lange Zeit als richtig anerkannte „Beweis" von Schröder (Nova Acta Leop., 71, 1898) wurde von ihm selbst als unrichtig erkannt; siehe: Korselt, Math. Ann. Bd. 70, S. 294. Ein für den „Mächtigkeitskalkül" prinzipiell wichtiger neuer Beweis rührt von Zermelo (Göttinger Nachr. 1901) her.

Die im Jahre 1906 unabhängig voneinander entstandenen Beweise von Hessenberg (Grundbegriffe der Mengenlehre, Göttingen 1906) und mir (Comptes rendus, Juli 1906) vermeiden die Bezugnahme auf das explizite Prinzip der vollständigen Induktion und benutzen nur den in Kap. III, Art. 1 erörterten Bildprozeß, sowie den daraus entstehenden Reihenbegriff. Allerdings zeigen gerade die Entwicklungen dieses Buches, daß diese Unterscheidung durchaus nicht wesentlich ist. Im Texte ist der Hessenbergsche Grundgedanke benutzt.

Ein neuer Beweis von Zermelo (Math. Annalen Bd. 65, S. 272; zuerst publiziert in einem Artikel von Poincaré in Revue de Métaphysiquè et Morale, 1906, S. 314—315) vermeidet aus prinzipiellen Gründen jede Bezugnahme auf geordnete Reihen vom Typus ω oder das Prinzip der vollständigen Induktion, und setzt dafür die — von ihm sogenannte — „Dedekindsche Kettentheorie"; womit aber, wie ich glaube, viel weitergehende neue Anschauungspostulate gesetzt werden, als es für diesen Teil der Mengenlehre notwendig ist. (Siehe diesbezüglich Kap. III, Art. 12.) Der ebenfalls 1906 veröffentlichte Beweis von Peano (Rendiconti del Circolo Matematico di Palermo, Bd. 21, S. 360) ist von diesem Zermeloschen Beweis nicht wesentlich verschieden.

eine 1 gesetzt werde, der k Nullen vorangehen. So entsteht z. B. aus

$$\cdot 30501\ldots.$$

der dyadische Bruch

$$\cdot 00011000001101\ldots.$$

Diese Beziehung ist umkehrbar eindeutig und ergibt offenbar, daß X einer Teilmenge von D äquivalent ist. Damit ist aber nach dem Äquivalenzsatze auch eine Äquivalenz $D \sim X$ festgelegt.

4. Die Äquivalenzsätze beziehen sich, wie schon bemerkt wurde, de facto nicht auf Mengen, sondern auf gewisse Denkbereiche $[G]$ $[H]$, ... die so definiert sind, daß „x qual.G" dann und nur dann dem Denkbereiche angehört, wenn x durch die G-Eigenschaft „gegeben" ist, d. h. wenn es eine unabweisbare Tatsache ist, daß x die G-Eigenschaft besitzt. (Ähnlich für $[H]$ usw.) Offenbar ist nun eine leicht ersichtliche, aber im sprachlichen Ausdrucke doch kompliziertere Formulierung notwendig, um die Äquivalenzsätze in dieser allgemeinen Gestalt auszusprechen, wo sie so ziemlich alles enthalten, was wir von den allgemeinsten Kollektivbegriffen wissen.

Insbesondere wird der in Art. 2 behandelte Satz folgende Gestalt annehmen:

Es seien durch unmittelbare Anschauung die Dinge bekannt („gegeben"), welche die A-Eigenschaft, die A_1-Eigenschaft oder die A_2-Eigenschaft besitzen. Diese Eigenschaften seien ferner so beschaffen, daß jedes Ding, das die A_2-Eigenschaft besitzt, auch die A_1-Eigenschaft besitzt, und jedes Ding, das die A_1-Eigenschaft besitzt, auch die A-Eigenschaft besitzt. Es sei endlich $[A] \sim [A_2]$, d. h. es bestehe eine umkehrbar eindeutige Zuordnung (eine Äquivalenzbeziehung) zwischen allen Dingen, welche die A-Eigenschaft besitzen, einerseits, und allen Dingen, welche die A_2-Eigenschaft besitzen, andererseits.

Dann ist auch $[A] \sim [A_1]$, d. h. es besteht auch eine umkehrbar eindeutige Zuordnung zwischen den Dingen, welche die A-Eigenschaft besitzen, einerseits, und den Dingen, welche die A_1-Eigenschaft besitzen, andererseits. Und es kann eine solche „Äquivalenzbeziehung", so wie früher, aus der Äquivalenzbeziehung $[A] \sim [A_2]$ direkt abgeleitet werden.

Für die neue Fassung der in Art. 2 beschriebenen Denkprozesse wird es vielleicht noch gut sein, zu bemerken, daß wenn wir dort jene Elemente von A, die nicht Elemente von A_1 waren, als Elemente einer Teilmenge B_1 von A auffaßten, wir jetzt von einer B_1-Eigenschaft sprechen müssen, die wir jedem Dinge beilegen, welches die A-Eigenschaft besitzt, ohne die A_1-Eigenschaft zu besitzen usw.

Für den in Art. 3 behandelten „allgemeinen Äquivalenzsatz" erhalten wir ebenso die folgende, von dem Begriffe der (gewöhnlichen) Menge unabhängige Fassung:

Wenn jedem Dinge, das die G-Eigenschaft besitzt, in umkehrbar eindeutiger Weise ein Ding zugeordnet ist, das die H-Eigenschaft besitzt, und auch umgekehrt jedem Dinge, das die H-Eigenschaft besitzt, in umkehrbar eindeutiger Weise ein Ding zugeordnet ist, das die G-Eigenschaft besitzt, so besteht zwischen allen Dingen, welche die G-Eigenschaft besitzen, und allen Dingen, welche die H-Eigenschaft besitzen, eine umkehrbar eindeutige Zuordnung, d. h. eine Äquivalenzbeziehung.

Der Cantorsche Satz.

5. Es sei M irgendeine konsistente α-Menge; T irgendeine ihrer Teilmengen, die selbstverständlich auch α-Menge ist. T ist, wie wir schon gesehen haben, dann jedenfalls auch eine konsistente Menge (Kap. VI, Art. 16). Wir erhärten dann ohne Schwierigkeit die Evidenz des als „Cantorscher Satz" bekannten Anschauungsgesetzes:

Wenn man jedem Elemente von M eine und nur eine Teilmenge von M zuordnet, so kann diese Zuordnung niemals eine Äquivalenzbeziehung zwischen allen Elementen von M einerseits, und allen Teilmengen von M andererseits ergeben.

Oder in etwas einfacherer, wenn auch nicht so präziser Gestalt:

Die Äquivalenzbeziehung zwischen allen Elementen und allen Teilmengen einer konsistenten Menge M ist unmöglich.

Unter der engeren Voraussetzung, daß auch die Menge aller Teilmengen von M konsistent ist, d. h. daß die Potenzmenge $\mathfrak{P}M$ von M „existiert", erhält der Satz endlich noch die Gestalt:

Sind M und $\mathfrak{P}M$ konsistente Mengen, so ist die Äquivalenzbeziehung $M \sim \mathfrak{P}M$ unmöglich.

Die Unmöglichkeit einer bestimmten Anschauung ergibt sich aus der Unmöglichkeit einer Anschauung, die Teilerlebnis jener bestimmten Anschauung ist. Der Nachweis eines solchen Teilerlebnisses ist einer der einfachsten und doch außerordentlich fruchtbaren Denkprozesse, die in der Mengenlehre zur Anwendung gelangen.

Jener vorausgesetzten Äquivalenzbeziehung entsprechend, gehört zu jedem Dinge x, das Element von M ist, eine bestimmte Teilmenge von M, der wieder das Element x von M entspricht. Dies gestattet uns eine bequeme Bezeichnungsweise. Die der supponierten Äquivalenzbeziehung nach dem Elemente x von M umkehrbar eindeutig zugeordnete Teilmenge von M bezeichnen wir mit T_x. Der Voraussetzung nach erhalten wir aus T_x alle Teilmengen von M, wenn für x alle Elemente von M gesetzt werden.

Die beschriebenen Anschauungen gestatten jetzt die Bildung einer bestimmten Teilmenge U von M in folgender Weise. Ein Element u von M soll dann und nur dann Element von U sein, wenn u kein Element von T_u ist. Wegen der Konsistenz von M ist diese Teilmenge von M wieder durch einen möglichen und widerspruchslosen Denkbereich definiert, sie „existiert", wie wir diese Tatsache kurz auszudrücken pflegen; und muß, da alle Teilmengen in dieser Bezeichnung erscheinen, von einer durch T_v bezeichneten Teilmenge nicht verschieden sein. Das ist aber in der Tat unmöglich; denn U und T_v unterscheiden sich gewiß in dem Verhalten des Elementes v von M. Es ist v dann und nur dann Element von U, wenn v kein Element von T_v ist. Die Teilmenge U wäre von jeder Teilmenge T_v, d. h. von allen Teilmengen verschieden, und das ist eben im formalen und auch im dogmatischen Sinne des Wortes „unmöglich".

Damit ist die Evidenz des Cantorschen Satzes erhärtet. Offenbar ist aber diese Unmöglichkeit nur dann tatsächlich Gegenstand der Anschauung, wenn die Anweisung zur Bildung der Teilmenge U einwandfrei ist. Dies ist nur dann der Fall, wenn M konsistent ist. Die Anweisung zur Bildung von U kann dann ausgeführt werden; sobald aber M nicht konsistent ist, kann eben jene Anweisung eine „unmögliche" Forderung enthalten, und die Teilmenge U „existiert" nicht. Jene Anweisung „muß" wenigstens nicht ausführbar sein; und wenn wir dies trotzdem annehmen, konstatieren wir eine Tatsache als unabweisbar, die eben nicht unabweisbar ist; d. h. „wir begehen einen Irrtum". Dieser „Irrtum" ist die Grundlage der sog. „Antinomie der Menge aller Dinge", mit der wir uns alsbald noch näher beschäftigen werden.

Die Bildung der Teilmenge U wird (nach einem der räumlichen Anschauung zugänglichen speziellen Falle) als das „Cantorsche Diagonalverfahren" bezeichnet. Wenn nämlich die Menge M abzählbar unendlich ist, und ihre Elemente, auf Grund der Äquivalenzbeziehung zu Z_ω, geordnet gedacht werden, können wir eine Tafel

	T_a	T_b	T_c	...
a	0	1	1	...
b	1	0	0	...
c	0	0	1	...
⋮	⋮	⋮	⋮	

konstruieren, wo die Zeichen 0, 1 andeuten, daß z. B. b in T_a enthalten, b in T_b nicht enthalten ist usw. Wenn wir dann in der „Diagonale" für 0 die 1 und für 1 die 0 setzen, erhalten wir offenbar die Bestimmung von U.

Das Kontinuum $\mathfrak{C}_a$ kann nach dem Cantorschen Satze keiner abzählbar unendlichen Menge äquivalent sein, es ist ja die Potenzmenge von Z_a. Daß $\mathfrak{C}_a$ als unendliche Menge keiner endlichen Menge äquivalent ist, haben wir schon früher erhärtet.

Der Cantorsche Satz zeigt demzufolge die Existenz „transzendenter" Zahlen, d. h. solcher Zahlen, die nicht algebraisch sind. Dazu ist noch der Nachweis notwendig, daß auch die Menge der „algebraischen" Zahlen abzählbar unendlich ist. Dem Plane dieser Darstellung entsprechend gehen wir aber auf diesen allerdings sehr wichtigen, aber doch speziellen Teil der Theorie des Zahlenkontinuums nicht weiter ein.

Die sogenannte „Antinomie der Menge aller Dinge".

6. Wir bezeichnen als A-Eigenschaft eines Dinges die Eigenschaft, eben „ein Ding zu sein". D. h. auf Grund dieser A-Eigenschaft ist jedes Ding als „gegeben" zu betrachten. Als A_1-Eigenschaft eines Dinges bezeichnen wir die Eigenschaft, eine (konsistente) a-Menge zu sein. Als A_2-Eigenschaft endlich die Eigenschaft eines Dinges, eine (konsistente) a-Menge zu sein, die ein und nur ein Element enthält; kürzer nach Kap. III, Art. 1: „das $\mathfrak{f}$-Bild eines bestimmten Dinges zu sein".

Die Anschauung erhärtet dann unmittelbar die Äquivalenz $[A] \sim [A_2]$. Die Beziehung, die irgendein Ding dem $\mathfrak{f}$-Bilde dieses Dinges zuordnet, und umgekehrt, ist ohne weiteres ersichtlich. Ebenso sehen wir, daß jedes Ding, das die A_2-Eigenschaft besitzt, d. h. ein und nur ein Element enthaltende a-Menge ist, auch die A_1-Eigenschaft besitzt, d. h. eben eine (konsistente) a-Menge ist. Die Anschauung zeigt ferner, daß jedes Ding, das die A_1-Eigenschaft besitzt, d. h. eine (konsistente) α-Menge ist, auch die A-Eigenschaft besitzt, d. h. ein Ding ist.

Die Voraussetzungen, die dem Äquivalenzsatze (in seiner ersten Gestalt) zugrunde liegen, sind durchweg erfüllt. Wir erhärten demnach nicht bloß die „Existenz" einer Äquivalenzbeziehung

$$[A] \sim [A_1];$$

wir können sie auch angeben. Ist x irgendein Ding, das die B_1-Eigenschaft besitzt, d. h. keine konsistente α-Menge ist, so bilde man die Reihe $S_{x,\mathfrak{f}}$. Jedem Elemente einer solchen $S_{x,\mathfrak{f}}$-Reihe, als einem die A-Eigenschaft besitzendem Dinge, ordnen wir das $\mathfrak{f}$-Bild dieses Dinges zu, das wieder das zugehörige Ding, das unmittelbar vorangehende Glied der Reihe bestimmt. Jedes Ding, das nicht Glied einer $S_{x,\mathfrak{f}}$-Reihe ist, wo x keine α-Menge ist, sei sich selbst zugeordnet.

Offenbar ergibt sich so eine umkehrbar eindeutige Zuordnung zwischen „allen Dingen" und „allen (konsistenten) α-Mengen".

Die Annahme, daß jeder wie immer geartete Kollektivbegriff eine Darstellung als konsistente α-Menge zuläßt, führt dann zu einem Widerspruche, der offenbar auch „unlöslich" sein wird, da wir eben von verschiedenen Dingen behaupten, daß sie nicht verschieden sind.

Die Annahme, daß es eine konsistente α-Menge gibt, die „jedes" Ding als Element enthält, verletzt offenbar die Grundnorm unseres Denkens. Mit dieser Menge wäre auch jede ihrer Teilmengen konsistent, so z. B. die α-Menge aller sich nicht enthaltenden α-Mengen, die eben nicht konsistent ist, keine logische Existenz besitzt. Die Anwendung des Cantorschen Satzes ergäbe nun allerdings, daß eine Äquivalenzbeziehung zwischen „jedem Dinge" und „jeder α-Menge" unmöglich ist, während wir doch diese Äquivalenzbeziehung tatsächlich hergestellt haben; es wird uns aber nach den genauen Begriffsbestimmungen, die uns jetzt zu Gebote stehen, wohl überhaupt nicht mehr einfallen, den Cantorschen Satz anzuwenden, wenn die Anweisung zur Bildung der Teilmenge U (in Art. 5) überhaupt nicht ausgeführt werden kann. Wenn man die gewöhnliche Ausdrucksweise benutzt, ist das, wenn man will, eine „Lösung" jener Antinomie, die seit zwei Jahrzehnten so viel Unheil angestiftet hat. Sie besteht eben darin, daß wir erkannt haben, daß nicht jeder Kollektivbegriff sich als α-Menge darstellen läßt, und daß der Cantorsche Satz eben nur für konsistente α-Mengen und durchaus nicht für jeden Kollektivbegriff erhärtet ist.

Die Geschichte der „Antinomien“ wird trotz ihrer meteorartigen Kürze für die Wissenschaft immer lehrreich bleiben; wenn nicht anders, so doch als Beispiel falschen Denkens (ungefähr wie das Dividieren mit der Null). Allerdings wird das wichtigste solcher Beispiele, die Menge aller Ordnungszahlen, noch später (Kap. IX, Art. 4) zu betrachten sein. Es ist beinahe unglaublich, welche Verwirrung diese sog. Antinomien angerichtet haben. So wurde z. B. mehrfach behauptet, daß, weil die „Menge aller Dinge“ auch mathematisch nicht definierbare Objekte enthält, ihre Paradoxie den Mathematiker „nicht sonderlich zu beunruhigen braucht“. Es hätte demnach die Tatsache, daß „notwendiges, unabweisbares Denken zu Widersprüchen führt“, für den Mathematiker kein Interesse! Um ein Hessenbergsches Scherzwort anzuwenden, ist diese „Lösung“ des Paradoxons „durch Festlegung im Druck für absehbare Zeit dem Schicksal entrissen, trotz ihrer Beliebtheit als mathematische Stammtischunterhaltung eines Tages in Vergessenheit zu geraten“ und mußte eben deshalb auch hier erwähnt werden.

Daß die Theorie der Kollektivbegriffe mit der Theorie der Mengen nicht erschöpft ist, versteht sich für uns jetzt wohl schon von selbst; die nächstliegende Erweiterung ist wohl die, daß nicht alle Elemente der „Menge“ in der Menge in „gleicher“ Weise enthalten sein müssen. Der Ausgangspunkt solcher Betrachtungen findet sich in der Verschiedenheit der Bedeutung des Wortes „enthalten“, wenn wir von „sich enthaltenden“ und „ein bestimmtes Element a enthaltenden“ Mengen sprechen (s. Kap. II, Art. 9).

Die Mächtigkeiten.

7. Die Tatsache, daß $X \sim M$, d. h. daß die Mengen X und M äquivalent sind, kann auch als „Eigenschaft“ der Menge X aufgefaßt werden. X besitzt die Eigenschaft „der Menge M äquivalent zu sein“. Wir nennen diese Eigenschaft „die Mächtigkeit von M“ und sagen dementsprechend, daß X die Mächtigkeit von M besitzt. Wenn $X \sim M$, sind die Aussagen, daß eine Menge die Mächtigkeit von X besitzt, und daß eine Menge die Mächtigkeit von M besitzt, gleichbedeutend. Wir bezeichnen die Mächtigkeit von X, M usw. mit $\overline{\overline{X}}$, $\overline{\overline{M}}$ usw. und können dann, indem wir das Zeichen der (verallgemeinerten) arithmetischen Gleichheit einführen, statt $X \sim M$ auch

$$\overline{\overline{X}} = \overline{\overline{M}}$$

schreiben. Offenbar wird das Anschauungsgesetz, daß mit $M \sim N$ und $N \sim P$ auch $M \sim P$ ist, sich jetzt folgendermaßen ausdrücken.

Mit $\overline{\overline{M}} = \overline{\overline{N}}$ und $\overline{\overline{N}} = \overline{\overline{P}}$ ist auch $\overline{\overline{M}} = \overline{\overline{P}}$.

Daß es sich auch hier nicht eigentlich um Mengen im strengen Sinne des Wortes handelt, sondern um Denkbereiche $[G]$, $[H]$ usw., soll eben nur erwähnt werden.[1]

Wenn eine „Mächtigkeit" als solche angegeben werden soll, werden wir kleine gotische Buchstaben anwenden, so daß z. B.

$$\mathfrak{a} = \mathfrak{b}$$

uns sagt, daß $\mathfrak{a}$ und $\mathfrak{b}$ Zeichen der Mächtigkeiten äquivalenter Mengen (Denkbereiche) sind.

Als (verallgemeinerte arithmetische) Summe der M und N zukommenden Mächtigkeiten

$$\overline{\overline{M}} + \overline{\overline{N}}$$

bezeichnen wir die Mächtigkeit der Vereinigungsmenge von M und N, insofern diese als elementenfremd angenommen werden. Man kann demzufolge die „Gleichheit"

$$\overline{\overline{\mathfrak{V}_s(M, N)}} = \overline{\overline{M}} + \overline{\overline{N}}$$

als Definition der Summe von Mächtigkeiten ansehen. Ebenso ist das (verallgemeinerte arithmetische) Produkt der M und N zukommenden Mächtigkeiten

$$\overline{\overline{M}} \times \overline{\overline{N}}$$

die Mächtigkeit der Verbindungsmenge von M und N, insofern diese als elementenfremd angenommen werden. Die Gleichheit

$$\overline{\overline{\mathfrak{V}_p(M, N)}} = \overline{\overline{M}} \times \overline{\overline{N}}$$

definiert das Produkt von $\overline{\overline{M}}$ und $\overline{\overline{N}}$. Selbstverständlich haben diese Aussagen auch in ihrer gekürzten (symbolischen) Form nur dann einen „Sinn", können nur dann gebraucht werden, wenn die Ver-

[1] Nach Russell soll „die Mächtigkeit von M" die Menge aller zu M äquivalenten Mengen sein. Insofern ja jeder Eigenschaftsbegriff als besonderer Mengenbegriff aufgefaßt werden kann, ist gegen diese Beschreibung des Mächtigkeitsbegriffs in erster Reihe nur einzuwenden, daß diese abermalige Verwendung des Wortes „Menge" in anders als bisher nuancierter Bedeutung unser Denken erschwert. Daß X die Mächtigkeit von M besitzt, ist eine Anschauung, bei deren Erzeugung nur X und M zur Verwendung kommen; die Russellsche Definition gibt also gewiß nicht die einfachste Anschauung, die dem Mächtigkeitsbegriff zugrunde liegt. Die Russellsche Mächtigkeit und der gewöhnliche Mächtigkeitsbegriff sind in bezug aufeinander Funktionsbegriffe, die sich gegenseitig bestimmen. Die Einführung des Russellschen Mächtigkeitsbegriffs erklärt sich durch sein Bestreben, alle Kollektivbegriffe möglichst extensional aufzufassen; womit jedoch eine gewisse Einseitigkeit in der Beschreibung unseres Denkens unvermeidlich wird (siehe Kap. III, Art. 3 u. 5).

einigungsmengen $\mathfrak{B}_s$ bzw. $\mathfrak{B}_p$ oder wenigstens die entsprechenden Denkbereiche logische Existenz besitzen.

Allgemein werden wir die Zeichen

$$\mathfrak{a} + \mathfrak{b}\,, \quad \mathfrak{a} \times \mathfrak{b}$$

für die Mächtigkeit der Vereinigungs- bzw. Verbindungsmenge zweier als elementenfremd gedachter Mengen benutzen, wenn diesen Mengen die Mächtigkeiten $\mathfrak{a}$ bzw. $\mathfrak{b}$ zukommen. Die Anschauung lehrt (es ist unmittelbar evident), daß bei einer den Festsetzungen entsprechenden verschiedenen Annahme dieser Mengen die Mächtigkeit sich nicht ändert.

Daraus ergeben sich für Mächtigkeiten die unmittelbar evidenten Anschauungsgesetze:

$$\mathfrak{a} + \mathfrak{b} = \mathfrak{b} + \mathfrak{a}\,,$$
$$\mathfrak{a} + (\mathfrak{b} + \mathfrak{c}) = (\mathfrak{a} + \mathfrak{b}) + \mathfrak{c}\,,$$
$$\mathfrak{a} \times \mathfrak{b} = \mathfrak{b} \times \mathfrak{a}\,,$$
$$\mathfrak{a} \times (\mathfrak{b} \times \mathfrak{c}) = (\mathfrak{a} \times \mathfrak{b}) \times \mathfrak{c}\,,$$
$$\mathfrak{a} \times (\mathfrak{b} + \mathfrak{c}) = (\mathfrak{a} \times \mathfrak{b}) + (\mathfrak{a} \times \mathfrak{c})\,.$$

Die Zeichen $=$, $+$, $\times$ sind vorläufig als verschieden von den in den Grundlagen der Arithmetik eingeführten anzunehmen. Daß aber jene Zeichen auch dort so interpretiert werden können, daß sie eben die jetzige Bedeutung erlangen, wird sich sehr bald ergeben.

8. Wir können jedem Elemente einer Menge B ein und nur ein bestimmtes Element der Menge A zuordnen, ohne aber zu fordern, daß diese Zuordnung umkehrbar eindeutig sei; so daß also auch verschiedenen Elementen von B dasselbe Element von A zugeordnet sein kann. Eine solche Zuordnung ist selbst Gegenstand der Anschauung und kann demnach als Ding aufgefaßt werden, das wir eine A-Belegung von B nennen. Offenbar genügt es für diese Begriffsbildung, statt von Mengen A und B von durch eine A-Eigenschaft und eine B-Eigenschaft „gegebenen Dingen" auszugehen. Wir sprechen dann von der Menge der A-Belegungen von B, insofern diese Menge konsistent ist. Sollte dies nicht der Fall sein, so ist statt der Menge wieder der Eigenschaftsbegriff „eine A-Belegung von B sein" zu setzen. Wir wollen diese Menge mit A^B, bzw. den Eigenschaftsbegriff mit $[A^B]$ bezeichnen; sind endlich $\mathfrak{a}$ und $\mathfrak{b}$ die Mächtigkeiten von A und B, so soll die Mächtigkeit von A^B mit $\mathfrak{a}^\mathfrak{b}$ bezeichnet werden.

A^B heißt „die A-Belegungsmenge von B“, und ihr der Potenzbezeichnung nachgebildetes Mächtigkeitssymbol genügt den formalen Regeln der Rechnung mit Potenzen.

Die Gleichheiten

$$\mathfrak{a}^{\mathfrak{b}} \times \mathfrak{a}^{\mathfrak{c}} = \mathfrak{a}^{\mathfrak{b}+\mathfrak{c}}, \tag{I}$$

$$(\mathfrak{a} \times \mathfrak{b})^{\mathfrak{c}} = \mathfrak{a}^{\mathfrak{c}} \times \mathfrak{b}^{\mathfrak{c}}, \tag{II}$$

$$(\mathfrak{a}^{\mathfrak{b}})^{\mathfrak{c}} = \mathfrak{a}^{\mathfrak{b} \times \mathfrak{c}} \tag{III}$$

sind abgekürzte (symbolische) Schreibweisen für unmittelbar evidente Tatsachen.

Sind A, B, C irgendwelche Mengen, deren Mächtigkeiten durch $\mathfrak{a}$, $\mathfrak{b}$, $\mathfrak{c}$ bezeichnet werden, so ist $\mathfrak{a}^{\mathfrak{b}+\mathfrak{c}}$ die Mächtigkeit der A-Belegungsmenge der Vereinigungsmengen von B und C, insofern diese als elementenfremd gedacht werden. Die A-Belegungen von $\mathfrak{V}_s(B,C)$ bestimmen aber in umkehrbar eindeutiger Weise eine A-Belegung von B und eine A-Belegung von C; also auch ein und nur ein Element von $\mathfrak{V}_p(A^B, A^C)$. Es ist demnach

$$\overline{\overline{\mathfrak{V}_p(A^B, A^C)}} = \overline{\overline{A^{\mathfrak{V}_s(B,C)}}};$$

ein Anschauungsgesetz, das genau den Inhalt von (I) ausdrückt.

Ebenso ist durch

$$\overline{\overline{(\mathfrak{V}_p(A, B))^C}} = \overline{\overline{\mathfrak{V}_p(A^C, B^C)}}$$

der evidente Anschauungsinhalt von (II) ausgedrückt. Eine A-Belegung von C und eine B-Belegung von C bestimmen eben in umkehrbar eindeutiger Weise eine Belegung von C mit Elementen der Verbindungsmenge von A und B.

Ebenso ergibt

$$\overline{\overline{(A^B)^C}} = \overline{\overline{A^{\mathfrak{V}_p(B,C)}}}$$

den evidenten Anschauungsinhalt von (III). Jede Belegung von C mit Elementen der Belegungsmenge A^B bestimmt in umkehrbar eindeutiger Weise eine Belegung der Verbindungsmenge $\mathfrak{V}_p(B,C)$ mit Elementen von A. Wenn zu jedem Elemente von C das zugehörige Element von A^B, d. h. eine A-Belegung von B gegeben ist, so ist damit offenbar jedem Elemente der Verbindungsmenge $\mathfrak{V}_p(B,C)$ ein Element von A zugeordnet, d.h. eine A-Belegung von $\mathfrak{V}_p(B,C)$ gegeben, aus der sich auch umgekehrt wieder die zu C gehörige A-Belegung von B, d. h. das entsprechende Element von $(A^B)^C$ ergibt.

Es sei (indem wir die Benutzung der Numeratoren als Mächtigkeitssymbole für endliche Mengen (siehe Art. 10) für den Augenblick schon als eingeführt annehmen) „2" die Mächtigkeit jener Menge A, deren Elemente die Schriftsymbole 0 und 1 und nur diese sind. Es sei ferner M irgendeine konsistente Menge; dann können wir zwischen den Teilmengen von M einerseits und den Elementen der Belegungsmenge A^M andererseits unmittelbar eine Äquivalenzbeziehung festsetzen. Einer Teilmenge T von M soll jene A-Belegung von M entsprechen, in der jedem Elemente von M, das Element von T ist, das Element 1 von A, jedem Elemente von M, das nicht Element von T ist, das Element 0 von A zugeordnet ist. Die Beziehung ist offenbar umkehrbar eindeutig und ergibt

$$\overline{\overline{\mathfrak{P} M}} = \overline{\overline{(A^M)}} = 2^{\overline{\overline{M}}}.$$

Die Vergleichung der Mächtigkeiten.

9. Sind M und N irgendwelche (konsistente) Mengen, zwischen denen eine Äquivalenzbeziehung stattfindet, so besitzen M und N „gleiche" Mächtigkeit, und wir drücken dies durch das Symbol

$$\overline{\overline{M}} = \overline{\overline{N}}$$

aus, dessen Anschauungsinhalt mit dem des Symbols

$$M \sim N$$

übereinstimmt.

Ist M einer Teilmenge von N äquivalent, ohne daß aber $M \sim N$ wäre, so nennen wir die Mächtigkeit von M „kleiner" als die Mächtigkeit von N, und schreiben dafür

$$\overline{\overline{M}} < \overline{\overline{N}}, \quad \overline{\overline{N}} > \overline{\overline{M}},$$

oder auch

$$M < N, \quad N > M.$$

Es kann aber auch vorkommen, daß wir wohl wissen, daß M einer eigentlichen Teilmenge von N äquivalent ist, aber nicht wissen, ob $M \sim N$ ist, d. h. die Anschauung einer Äquivalenzbeziehung zwischen M und N einfach fehlt, so daß weder ihr Vorhandensein, noch ihre Unmöglichkeit konstatiert ist. Wir schreiben dann

$$\overline{\overline{M}} \leqq \overline{\overline{N}},$$
$$M \leqq N.$$

Für spezielle Fälle (z. B. endliche Mengen) können wir uns denken, daß wir „alle" Zuordnungen der Elemente von M zu den Elementen von N kennen, und für „jede" dieser Zuordnungen entscheiden, ob diese Zuordnung eine Äquivalenzbeziehung ergibt oder nicht; so daß, wenn $M \leqq N$ ist, entweder die Anschauung $M < N$, oder aber die Anschauung $M \sim N$, und zwar eine und nur eine dieser Anschauungen auftritt.

Daß aber für beliebige konsistente Mengen mit $M \leqq N$ immer eine und nur eine der Anschauungen $M < N$ oder $M \sim N$ sich ergibt, ist eine durch diese Analogie (unvollständige Induktion) durchaus nicht erhärtete Behauptung. Ihre Evidenz ist Sache des Glaubens an die Zuverlässigkeit unseres Denkens, oder wenn wir wollen, ein Anschauungspostulat, in anderer Auffassung ein synthetisches Urteil a priori. Daß aber mit der Ablehnung jenes Satzes eine Verletzung der Grundnorm unseres Denkens stattfinden müßte, wird sich kaum erweisen lassen. Die erkenntnistheoretische Stellung des Satzes ist ungefähr die des „Auswahlprinzips". Er besitzt „logische Existenz", seine Aufnahme in den die Verhältnisse der Mächtigkeiten beschreibenden Denkbereich wird keinen Widerspruch ergeben. Es scheint — wenigstens bisher — nicht notwendig, auf die Erhärtung dieser Tatsache näher einzugehen.

Jedenfalls aber wird es der Genauigkeit wegen angezeigt sein, zwischen den Aussagen „$\mathfrak{a} \leqq \mathfrak{b}$" und „$\mathfrak{a} < \mathfrak{b}$ oder $\mathfrak{a} = \mathfrak{b}$"[1] zu unterscheiden.

Für endliche Mengen sieht man unmittelbar, daß immer einer und nur einer der Fälle

$$\mathfrak{a} < \mathfrak{b}, \quad \mathfrak{a} = \mathfrak{b}, \quad \mathfrak{a} > \mathfrak{b} \text{ (d. h. } \mathfrak{b} < \mathfrak{a})$$

eintritt; ob bei nichtendlichen Mengen dieselbe „Trichotomie" — wenigstens unter gewissen beschränkenden Bedingungen — stattfindet, bleibt hier noch fraglich. Wenn für zwei Mengen eine und nur eine jener Relationen stattfinden muß, nennen wir die Mengen „vergleichbar". Daß sich die gegebenen Relationen jedenfalls ausschließen, ist unmittelbar klar. Es konnte eben nur noch vorkommen, daß keine von ihnen zulässig ist.

Der Inhalt des Äquivalenzsatzes läßt sich nach diesen Festsetzungen in folgendem Satze aussprechen:

Ist $\mathfrak{a} \leqq \mathfrak{b}$ und $\mathfrak{b} \leqq \mathfrak{a}$, so muß auch $\mathfrak{a} = \mathfrak{b}$ sein.

---

[1] Daß $\mathfrak{a} < \mathfrak{b}$ und $\mathfrak{a} = \mathfrak{b}$ sich gegenseitig ausschließen, ist unmittelbar klar. Man bemerke noch, daß (bei der hier gegebenen präzisen Fassung für die Bedeutung von $\mathfrak{a} \leqq \mathfrak{b}$) mit $\mathfrak{a} < \mathfrak{b}$ immer auch $\mathfrak{a} \leqq \mathfrak{b}$ ist.

Dagegen ist $\mathfrak{a} \leqq \mathfrak{b}$ nicht immer ein Teilerlebnis von $\mathfrak{a} = \mathfrak{b}$. Dem ist so, wenn $\mathfrak{a}$ und $\mathfrak{b}$ unendliche Mengen sind. Dann ist eben mit $A \sim B$ immer auch A einer eigentlichen Teilmenge von B äquivalent. Für endliche Mengen ist aber, wenn $\mathfrak{a} = \mathfrak{b}$ ist, niemals $\mathfrak{a} < \mathfrak{b}$, also auch nicht $\mathfrak{a} \leqq \mathfrak{b}$.

Es sagt ja $\mathfrak{a} \leqq \mathfrak{b}$, daß A einer von B verschiedenen Teilmenge von B äquivalent ist; ohne eben auszuschließen, daß $A \sim B$ ist.

10. Die Mächtigkeit einer endlichen Menge wird als endliche Mächtigkeit bezeichnet, oder auch als endliche Kardinalzahl. Dementsprechend können wir auch die Mächtigkeit einer nichtendlichen Menge transfinite Kardinalzahl nennen; jedoch hat Cantor selbst, trotz dieses gelegentlichen Vorschlags, für diesen Fall die Bezeichnung als Mächtigkeit meist beibehalten und den Namen der transfiniten Zahl auf die (später zu betrachtenden) transfiniten Ordnungszahlen beschränkt. Es entspricht dies auch besser unserem mathematischen Sprachgefühle, demgemäß wir für jede Schöpfung unseres Geistes, die als Zahl bezeichnet werden soll, verlangen, daß das „Anhängen eines Elementes" (ungefähr die „Operation" $+1$) die Zahl ändert, während für nichtendliche Mächtigkeiten doch $\mathfrak{a} + 1 = \mathfrak{a}$ ist. Dagegen ist es schon länger in Gebrauch, logisch-mathematische Gebilde auch dann „Zahlen" zu nennen, wenn für diese z. B. das kommutative Gesetz nicht gilt.

Da jede endliche Menge einer geschlossenen Numeratorenmenge Z_k äquivalent ist, kann die Mächtigkeit einer endlichen Menge durch einen bestimmten Numerator k charakterisiert werden. Wir haben schon früher (Kap. VII, Art. 10) k in diesem Sinne die Anzahl der Elemente einer mit Z_k äquivalenten Menge genannt und können entsprechend jetzt „k" geradezu als Zeichen für die Mächtigkeit einer solchen Menge benutzen.

Auf dieser Grundlage ergibt sich eine neue Interpretation des in Kap. VII, Art. 8 beschriebenen axiomatischen Formenbereichs.

Es wird dort „x qual. $\mathfrak{J}$" als die Aussage interpretiert werden, daß x die Eigenschaft besitzt, Zeichen einer endlichen Mächtigkeit zu sein. Ebenso werden wir den Zeichen $\times$, $+$ und $=$ jetzt die auf Mächtigkeiten bezügliche Bedeutung unterlegen, so daß z. B.

$$k + 1 = \mathfrak{f} k$$

uns jetzt sagt, daß die Vereinigungsmenge der Mengen M und N, die den Numeratorenmengen Z_k bzw. Z_1 äquivalent sind, mit der Menge $Z_{\mathfrak{f}k}$ äquivalent ist.

Es wird schließlich statt des Zeichens $\prec$ das Zeichen $<$ zu setzen sein, um den a. a. O. beschriebenen Bereich geradezu als jenen Bereich schildern zu können, der uns die Theorie der endlichen Kardinalzahlen als exakten Wahrheitsbereich liefert.

Kalkül mit Mächtigkeiten.

11. Der Kalkül mit Mächtigkeiten beruht auf der Anwendung gewisser Anschauungsgesetze, die sich mehr oder weniger unmittelbar aus der Vergleichung der Mächtigkeiten ergeben.

Die einfachsten solcher Anschauungsgesetze, deren Evidenz keiner weiteren Auseinandersetzung bedarf, sind (in einem Satze zusammengefaßt):

Mit $\mathfrak{a} = \mathfrak{m}$ und $\mathfrak{b} = \mathfrak{n}$ ist auch:

$$\mathfrak{a} + \mathfrak{b} = \mathfrak{m} + \mathfrak{n},$$

$$\mathfrak{a} \times \mathfrak{b} = \mathfrak{m} \times \mathfrak{n},$$

$$\mathfrak{a}^{\mathfrak{b}} = \mathfrak{m}^{\mathfrak{n}},$$

die eben nur aussagen, daß die Mächtigkeit von $\mathfrak{V}_s(A, B)$, $\mathfrak{V}_p(A, B)$, und A^B, wo A und B als elementenfremd gedacht sind, der Definition nach mit der Mächtigkeit von A und B bestimmt ist.

Ebenso „sehen“ wir unmittelbar, daß wenn

$$\mathfrak{a} < \mathfrak{b}, \quad \mathfrak{b} < \mathfrak{c}, \quad \text{oder } \mathfrak{a} < \mathfrak{b}, \quad \mathfrak{b} \leqq \mathfrak{c}, \quad \text{oder } \mathfrak{a} \leqq \mathfrak{b}, \quad \mathfrak{b} < \mathfrak{c}$$

ist, immer auch

$$\mathfrak{a} < \mathfrak{c}$$

ist.

Um dies z. B. für den zweiten Fall auszuführen, wissen wir jetzt, daß A einer Teilmenge von B äquivalent ist, ohne daß aber $A \sim B$ ist; wir wissen ferner, daß B einer Teilmenge von C äquivalent ist. Es ist demnach auch A einer Teilmenge von C äquivalent; während $A \sim C$ „unmöglich ist“. Es würde ja $A \sim C$ auch $A \sim B$ besagen, was aber durch $\mathfrak{a} < \mathfrak{b}$ ausgeschlossen ist. Ähnlich in den anderen Fällen.

Bezeichnen jetzt die Numeratoren (k, l usw.) endliche Mächtigkeiten, und $\aleph_0$ die Mächtigkeit einer abzählbar unendlichen Menge, so ergibt die Anschauung (in früher schon erörterten Tatsachen, Kap. VII, Art. 13):

$$k + \aleph_0 = \aleph_0,$$

$$\aleph_0 + \aleph_0 = \aleph_0$$

und auch

$$k \times \aleph_0 = \aleph_0.$$

Bezeichnet man nämlich die Elemente einer Menge A, deren Mächtigkeit $\aleph_0$ ist, mit a_i, wo i jeder Numerator sein kann, so kann man die Elemente der Verbindungsmenge von Z_k und A mit a_{ij}

bezeichnen; wo $j < k'$ ist. Z_k und A sind als elementenfremd vorauszusetzen, und man sieht eben, daß $\mathfrak{V}_p(Z_k, A)$ die Vereinigungsmenge einer endlichen Menge abzählbar unendlicher Mengen, also abzählbar unendlich ist, was eben in $k \times \aleph_0 = \aleph_0$ ausgedrückt ist.

Die Elemente der Verbindungsmenge zweier abzählbar unendlicher Mengen können mit a_{ij} bezeichnet werden, wo i und j jeden Numerator bedeuten. Sie sind demnach auch die Elemente der Vereinigungsmenge einer abzählbar unendlichen Menge abzählbar unendlicher Mengen; d. h. es ist

$$\aleph_0 \times \aleph_0 = \aleph_0 .$$

Der Cantorsche Satz wird in dieser neuen Ausdrucksweise lauten:

Ist $\mathfrak{a}$ die Mächtigkeit einer konsistenten Menge A, so hat man immer

$$\mathfrak{a} < 2^{\mathfrak{a}},$$

womit ja nach den bisherigen Entwicklungen geradezu gesagt ist, daß eine Äquivalenzbeziehung zwischen „allen" Elementen von A und „allen" Teilmengen von A unmöglich ist, während eine Äquivalenzbeziehung zwischen allen Elementen von A und gewissen Teilmengen von A unmittelbar hergestellt werden kann.

Ist M eine (konsistente) Menge von der Mächtigkeit $\mathfrak{m}$, und jedes Element von M eine (konsistente) Menge, die einer Menge A von der Mächtigkeit $\mathfrak{a}$ äquivalent ist, so bestimmt jedes Element der Verbindungsmenge von M eine A-Belegung von M, und umgekehrt, so daß

$$\overline{\overline{\mathfrak{V}_p M}} = \overline{\overline{A^M}} = \overline{\overline{A}}^{\overline{\overline{M}}}$$

ist. Damit ist die Mächtigkeit einer Belegungsmenge mit der Mächtigkeit einer Verbindungsmenge in einer Gleichheit verbunden, und es ist z. B.

$$\aleph_0^2 = \aleph_0 \times \aleph_0 = \aleph_0$$

erwiesen.

Im Mächtigkeitskalkül machen wir weiter von folgenden Anschauungsgesetzen sehr häufig Gebrauch.

Ist $\mathfrak{a} < \mathfrak{b}$ oder $\mathfrak{a} \leqq \mathfrak{b}$, so wird auch

$$\mathfrak{a} + \mathfrak{m} \leqq \mathfrak{b} + \mathfrak{m},$$

$$\mathfrak{a} \times \mathfrak{m} \leqq \mathfrak{b} \times \mathfrak{m},$$

$$\mathfrak{a}^{\mathfrak{m}} \leqq \mathfrak{b}^{\mathfrak{m}},$$

$$\mathfrak{m}^{\mathfrak{a}} \leqq \mathfrak{m}^{\mathfrak{b}}.$$

Es sind dies Relationen, die durchweg unmittelbar evidente Tatsachen beschreiben.

Eine sehr einfache Anwendung der bisher angeführten Gesetze ergibt die folgenden fundamentalen Eigenschaften des Kontinuums. Die Mächtigkeit der mit $\mathfrak{C}_a$ bezeichneten Menge (des abstrakten Kontinuums) bezeichnen wir mit $\mathfrak{c}$, die selbstverständlich auch der Menge der reellen Zahlen zukommt (Kap. VII, Art. 11 und 16). Es ist aber $\mathfrak{C}_a$ geradezu die Potenzmenge von Z, und demnach (Art. 8 dieses Kapitels)

$$\mathfrak{c} = 2^{\aleph_0}.$$

Hieraus ergibt sich

$$\mathfrak{c}^k = 2^{k \times \aleph_0} = 2^{\aleph_0} = \mathfrak{c}.$$

Diese Tatsache wird gewöhnlich so ausgesprochen, daß das lineare und das k-dimensionale Kontinuum gleiche Mächtigkeit besitzen.[1]

Es ist aber auch

$$\mathfrak{c}^{\aleph_0} = (2^{\aleph_0})^{\aleph_0} = 2^{\aleph_0},$$

d. h. das Kontinuum mit abzählbar unendlich vielen Dimensionen hat die Mächtigkeit des linearen Kontinuums.

Die in Art. 8 dieses Kapitels erhärtete Äquivalenz zwischen den Mengen der dyadischen und Dezimalbrüche wird in folgendem Satze verallgemeinert. Es ist (für $1 < k$):

$$k^{\aleph_0} = \aleph_0^{\aleph_0} = 2^{\aleph_0}.$$

Man hat nämlich

$$2^{\aleph_0} = (2^{\aleph_0})^{\aleph_0}$$

und wegen $k < 2^{\aleph_0}$ auch

$$k^{\aleph_0} \leqq 2^{\aleph_0};$$

im Falle, wo $2 < k$ ist, ist aber $2^{\aleph_0} \leqq k^{\aleph_0}$; also in der Tat

$$2^{\aleph_0} = k^{\aleph_0}.$$

Und ähnlich wegen $\aleph_0 < 2^{\aleph_0}$ auch $\aleph_0^{\aleph_0} \leqq 2^{\aleph_0}$; andererseits aber wegen $2 < \aleph_0$ ferner $2^{\aleph_0} \leqq \aleph_0^{\aleph_0}$ und damit endlich, indem man wieder den Äquivalenzsatz anwendet:

$$2^{\aleph_0} = \aleph_0^{\aleph_0}.$$

---

[1] Als k-dimensionales Kontinuum bezeichnen wir die Menge der $\mathfrak{C}_r$-Belegungen von Z_k, als Kontinuum mit abzählbar unendlich vielen Dimensionen die Menge der $\mathfrak{C}_r$-Belegungen von Z.

Die wohlgeordneten Mengen.

12. Der Begriff der geordneten Menge wurde schon in Kap. III, Art. 6 eingeführt. Wir haben dann weiter in Kap. VII, Art. 12 festgesetzt, daß eine geordnete Menge wohlgeordnet genannt werde, wenn jede ihrer Teilmengen, mit Ausnahme der Nullmenge (also auch die Menge selbst) auf Grundlage der den Elementen der geordneten Menge zugeschriebenen Ordnungsrelationen ein „erstes" Element besitzt. Dabei mag noch daran erinnert werden, daß für geordnete Mengen, wenn a und b irgendwelche verschiedene Elemente der Menge sind, von den Ordnungsrelationen $a \prec b$ und $b \prec a$ eine und immer nur eine gilt, und daß der Denkbereich der geordneten Menge die Eigenschaft

$$[x \prec y] \text{ inv. } Q\,[(y \prec z) \text{ inv. } (x \prec z)]$$

besitzt.

Um die Cantorsche Theorie der wohlgeordneten Mengen in ihrer monumentalen Einfachheit völlig einwandfrei darzustellen, wird es jedoch notwendig sein, den Begriff der „Wohlordnung"[1] selbst einerseits präziser, andrerseits allgemeiner zu fassen und uns dadurch vor jenem Fehlschlusse zu bewahren, der als „Antinomie der Menge aller Ordnungszahlen" die ganze Theorie einer nicht unberechtigten Skepsis auslieferte.[2]

Die wohl nicht schwierigen, aber doch ganz ungewohnten Betrachtungen, die uns zu einer neuen Fassung des Begriffs der Wohlordnung (und auch der Ordnung) zwingen, mögen zuerst an einem ganz einfachen Beispiele dargelegt werden, das aber doch geeignet ist, diese Begriffsbildung zu erläutern und die entsprechenden allgemeinen Festsetzungen vorzubereiten.

---

[1] Ich habe als Nicht-Deutscher kaum das Recht, das von den deutschen Mathematikern durchweg gebrauchte Wort „Wohlordnung" als etymologisches Monstrum abzulehnen. Wäre es aber nicht angezeigt, dafür den auch international brauchbaren Ausdruck „Eutaxis" zu setzen?

[2] Die von Cantor selbst gegebenen speziellen Entwicklungen sind für diese präzisere und allgemeinere Fassung des Begriffs der wohlgeordneten Menge wörtlich gültig. Es genügt aber durchaus nicht, sich darauf zu berufen, daß in gewissen Betrachtungen die „Menge aller Ordnungszahlen" explicite nicht vorkommt. Wenn der Begriff der wohlgeordneten Menge wo und wann immer tatsächlich zu Widersprüchen führen sollte, so wäre eben dieser Widerspruch in dem Begriffe selbst enthalten; und es „könnte" dann eben jede Anschauung, die an einem Widerspruch ergebenden Denkbereiche errungen wird, wieder Widersprüche ergeben, wenn dieser Widerspruch auch noch nicht aufgedeckt wurde. „Evident" können nur solche Anschauungen sein, die an widerspruchslosen Denkbereichen erworben werden.

Es sei K eine Menge, deren Elemente die Schriftsymbole a, b, c und nur diese (als primäre Erlebnisse, Gesichtseindrücke) sind. Die Menge K sei in $O(K)$ durch die Ordnungsrelationen $a \prec b$, $a \prec c$, $b \prec c$ geordnet. Es ist dann

$$a \operatorname{rel.} K, \quad b \operatorname{rel.} K, \quad c \operatorname{rel.} K,$$
$$a \prec b, \quad a \prec c, \quad b \prec c$$

ein Formenbereich, der den die Menge K definierenden Denkbereich vollständig charakterisiert. Die Menge K ist durch die gegebenen Ordnungsrelationen offenbar nicht nur geordnet, sondern auch wohlgeordnet.

Von der Menge K können wir durch einen sehr einfachen Denkprozeß, den man als „Anhängen eines neuen Elementes d" bezeichnet, zu einer anderen Menge L übergehen. Wir setzen nämlich fest, daß die neue Menge L außer a, b, c noch das von diesen verschiedene Element d enthalten soll, und daß für dieses Element Ordnungsrelationen bestehen sollen, denen zufolge a, b und c „vor d" stehen sollen. Die Menge L ist jedenfalls von K verschieden; demgemäß benutzen wir für diese auch ein neues Zeichen und beschreiben dann den diese Menge definierenden Denkbereich durch den Formenbereich:

$$a \operatorname{rel.} L, \quad b \operatorname{rel.} L, \quad c \operatorname{rel.} L, \quad d \operatorname{rel.} L,$$
$$a \prec b, \quad a \prec c, \quad b \prec c,$$
$$a \prec d, \quad b \prec d, \quad c \prec d$$

und konstatieren unmittelbar, daß diese so geordnete Menge auch wohlgeordnet ist.

Es hat sich aber in diesen Übergang von K zu L ein Denkfehler, eine Verletzung der Grundnorm unsres Denkens (sog. quaternio terminorum) eingeschlichen. Die Ordnungsrelation, die für die Ordnung von K gebraucht wurde, ist in dieser Ordnung vollständig definiert; das Zeichen $\prec$, wenn es einmal in K gebraucht wurde, ist in

$$a \prec b, \quad a \prec c, \quad b \prec c$$

seiner Bedeutung nach vollständig erschöpft. Wir haben durchaus nicht das Recht, jetzt $a \prec d$ zu setzen, oder mit anderen Worten, wir haben, indem wir auch $a \prec d$, $b \prec d$, $c \prec d$ setzen, die Bedeutung des Zeichens $\prec$ geändert. Allerdings ist es für die so definierte Menge L unmittelbar ersichtlich, daß sie (als Cantorsche Menge) auch konsistent ist, und es scheint demnach, daß diese Änderung des Zeichens der Ordnungsrelation, wenn wir innerhalb des

Denkbereichs bleiben, der die Menge L definiert, da wir ja dann eben nur die neue Ordnungsrelation benutzen, auch ohne Schaden wegbleiben kann. Das ist in der Tat der Fall, wenn die neue so hergestellte Menge, in der nur ein Ordnungszeichen verwendet wird, konsistent ist. Wir werden aber vielleicht auch Fälle zu betrachten haben, wo dem nicht so ist, und das zu speziell definierte „Anhängen eines Elementes" Widersprüche erzeugen kann, indem es eben zu nicht-konsistenten Mengen führt.

Wir wollen deshalb dieses „Anhängen eines Elementes" genauer beschreiben. Die neue Menge L soll das neue Element d enthalten; die Elemente a, b, c sollen der in der Menge K (und durch diese) definierten Ordnungsrelation $\prec$ genügen; es sei weiter aber auch

$$a \,|\!\prec\!|'\, d, \quad b \,|\!\prec\!|'\, d, \quad c \,|\!\prec\!|'\, d,$$

wo jetzt $|\!\prec\!|'$ eine neue Ordnungsrelation bedeutet. Die so gegebene (durch die neue Ordnungsrelation eben von L verschiedene) Menge L' kann nun konsistent sein, wenn es auch L nicht gewesen wäre. Bei unserem Beispiele, wo die Konsistenz unmittelbar ersichtlich ist, scheint das allerdings eitel Haarspalterei zu sein; aber ein „Denkfehler" liegt doch vor, wenn wir die Bedeutung der Ordnungsrelation ändern und die alte und neue Bedeutung einfach als nicht verschieden setzen. Mag er auch bei dem betrachteten Beispiele, soweit wir die an diesem erworbenen Anschauungen verfolgen, keinen Widerspruch ergeben, so kann doch eben dieser Denkfehler, wenn wir das Anhängen eines Elementes bei einer beliebigen konsistenten wohlgeordneten Menge ausführen, zu weiteren Anschauungen führen, die als die Grundnorm unsres Denkens verletzend abgelehnt werden müssen. Es wird sich sehr bald zeigen, daß dieser Fall bei gewissen Mengen tatsächlich eintritt. Jener Denkfehler wird jedenfalls prinzipiell zu vermeiden sein, und dies geschieht, wenn wir das „Anhängen eines neuen Elementes" auf Grund einer neuen Ordnungsrelation ausführen. Dabei wird die Menge L' in bezug auf die prinzipiellen Eigenschaften der Wohlordnung mit L übereinstimmen; aber diese Betrachtungen führen uns dazu, den Begriff der wohlgeordneten Menge eben präziser und allgemeiner zu fassen, so daß das „Anhängen eines neuen Elementes" an eine konsistente wohlgeordnete Menge immer wieder zu einer konsistenten wohlgeordneten Menge führt; und ein Widerspruch nur dann eintritt, wenn wir verschiedene Ordnungsrelationen als nicht-verschieden betrachten, d. h. einen „Irrtum begehen".

Der prinzipielle Inhalt dieser Betrachtungen mag noch so gefaßt werden, daß die Ordnungsrelation, die gewisse gegebene Dinge verknüpft, ihre Bedeutung ändert, wenn neue Dinge in die „Ordnung" aufgenommen werden, und daß demgemäß bei der formalisierten Darstellung jener Verknüpfung entsprechend neue Zeichen zur Anwendung gelangen müssen. Es wird notwendig sein, in die präzise und allgemeine Fassung des Begriffs der wohlgeordneten Menge auch jene Fälle aufzunehmen, wo verschiedene Ordnungsrelationen nebeneinander auftreten.[1]

13. *Wir gehen nun dazu über, die Synthese des Begriffs der geordneten und insbesondere der wohlgeordneten Menge in allgemeiner und zugleich präziser Weise auszuführen.*

Es sei M irgend eine konsistente Menge, x, y irgendwelche verschiedenen Elemente von M. Wir nennen dann

$$x \mid \prec \mid_{\alpha} y$$

eine Ordnungsrelation in M, wenn von den beiden Relationen

$$x \mid \prec \mid_{\alpha} y, \quad y \mid \prec \mid_{\alpha} x$$

eine und nur eine in den Bereich der geordneten Menge $O(M)$ gehört. Solcher Ordnungsrelationen kann es verschiedene geben, die wir durch an dem Zeichen $\mid \prec \mid$ angebrachte Indizes unterscheiden. Offenbar haben wir es im Sinne von Kap. IV, Art. 12 mit Formen zu tun, deren Hauptname „α-Ordnungsrelation" und deren Teilnamen „den ersten Teil x enthaltend" und „den zweiten Teil y enthaltend" sind. Für jede Relation, die wir Ordnungsrelation nennen wollen, soll aber noch der Denkbereich $O(M)$ die Eigenschaft

$$[x \mid \prec \mid_{\alpha} y]\,\text{inv.}\,Q\,[(y \mid \prec \mid_{\beta} z)\,\text{inv.}\,(x \mid \prec \mid_{\gamma} z)]$$

besitzen. D. h. wenn „x vor y" und „y vor z" steht, soll auch „x vor z" stehen; genau so, wie es die gewohnte Anschauung, die wir Ordnung nennen, verlangt; nur daß in dem ungenauen satzlichen Ausdruck die Bedeutung des Wortes „vor" bei dem wiederholten Gebrauche des Wortes nicht mehr genau dieselbe ist, wie das in der Involution eben präzis gefaßt ist. Man sieht aber auch unmittelbar,

[1] In der Forderung, an jede wohlgeordnete Menge ein Element anhängen zu können, stecken schon die später genauer zu erörternden „Antinomien". Einerseits können wir nicht zugestehen, daß das „unmöglich" ist; andererseits kommen wir doch zu einem Widerspruch. Jene Tatsache ist evident, die entsprechende Anschauung enthält eben nichts von der Nichtverschiedenheit der verschiedenen Ordnungsrelationen, mit der erst ein Widerspruch in widerspruchslose Anschauungen hineinkonstruiert wird. Man beachte hierzu die Ausführungen in Kap. III, Art. 6.

daß bei der „Ordnung“ genannten naiven Anschauung das gar nicht verlangt wird und diese Identität der Ordnungsrelationen nur auf Grund einzelner gar zu einfacher Fälle mittels einer sehr unvollständigen Induktion als allgemein erschaut behauptet wird.

Die Menge M ist nun in $O(M)$ mittels der so beschaffenen Ordnungsrelationen geordnet; sie ist endlich wohlgeordnet, wenn jede ihrer Teilmengen (mit Ausschluß der Nullmenge) ein „erstes“ Element besitzt, d. h. wenn auf Grund der gegebenen Ordnungsrelationen zu jeder Teilmenge T ein in dieser Teilmenge enthaltenes Element p von folgender Beschaffenheit angegeben werden kann. Ist x ein von p verschiedenes Element von T, so besteht in $O(M)$ eine Ordnungsrelation

$$p \,|\prec|_{\mu}\, x,$$

wo das Zeichen $|\prec|_{\mu}$ irgend eine der benutzten Ordnungsrelationen andeutet, und jene Relation nur fordert, daß p „vor x“ stehe, aber die genaue Bedeutung des „vor“ in verschiedenen Fällen verschieden sein kann.

Diese begrifflichen Festsetzungen sind allerdings den gewöhnlichen Darstellungen der Mengenlehre gegenüber sehr ungewohnt; trotzdem ist es evident, daß die Annahme durchweg nicht verschiedener Ordnungsrelationen nichts anderes als ein Denkfehler ist, der, auf einem ungenauen sprachlichen Ausdruck fußend, eine gar nicht vorhandene Anschauung zur unabweisbaren Tatsache stempelt.

Die jetzt gegebenen Festsetzungen können und sollen aber auch dann gelten, wenn die Forderung, daß M eine konsistente Menge sei, fallen gelassen wird.

In diesem allgemeinen Falle haben wir es nur mit einer G-Eigenschaft zu tun, d. h. mit einer Unterscheidung, nach der „jedes“ Ding „gegeben“ oder „nicht gegeben“ ist, und zwar so, daß eben für jedes Ding einer und nur einer dieser Fälle eintritt. Die Beschreibung des Denkbereichs, der die Menge M definieren soll, ist auch jetzt ein völlig bestimmtes Erlebnis, aber die Ausführung der so gegebenen Anweisung ist unmöglich, insofern die so beschriebene „Menge“ eben nicht „möglich und widerspruchslos“, kürzer ausgedrückt: nicht konsistent ist. Wenn wir, dem Sprachgebrauche folgend, auch jetzt von der (inkonsistenten) Menge M sprechen, so wird dies bei einiger Vorsicht zu keinerlei Inkonvenienzen führen. Wir müssen es nur sorgfältig vermeiden, dieses M als Ding zu betrachten und Anschauungen als evident zu erklären, die an diesem sich selbst widersprechenden Denkgebilde erworben werden. Es ist eben evident, daß dann Widersprüche eintreten können.

Wenn also von hier ab von Mengen die Rede ist, ohne daß ihre Konsistenz besonders gefordert bzw. konstatiert wird, müssen wir sorgfältig darauf achten, daß die Aussagen sich immer nur auf Dinge beziehen, welche die G-Eigenschaft besitzen, und nicht auf den objektivierten Kollektivbegriff aller die G-Eigenschaft besitzenden Dinge, der eventuell mit jener Mengenrelation unmöglich ist, vielleicht auch mit gar keiner Mengenrelation gebildet werden kann[1]; die Objektivierung solcher Kollektivbegriffe liegt eben außerhalb des Bereichs der „Mengenlehre".

14. In diesem Sinne werden die Grundzüge der Cantorschen Theorie wohlgeordneter Mengen[2] sich folgendermaßen gestalten:

Die wohlgeordneten Mengen M und M' heißen durch eine zwischen den Elementen (d. h. jetzt zwischen den die G- bzw. G'-Eigenschaft besitzenden Dingen) bestehende Äquivalenzbeziehung ähnlich abgebildet, wenn mit der Ordnungsrelation $x|\prec|_\alpha y$, die zwischen zwei beliebigen Elementen von M besteht, die zwischen den x und y entsprechenden Elementen x' und y' von M' bestehende Ordnungsrelation: $x'|\prec|_\beta y'$ (und nicht $y'|\prec|_\gamma x'$) ist. Eine solche Äquivalenzbeziehung werden wir als Ähnlichkeitsbeziehung bezeichnen.

Wir sagen in diesem Falle, daß die entsprechenden Ordnungsrelationen „gleichgerichtet" sind, d. h. in den entsprechenden Ordnungsrelationen sind die entsprechenden Elemente zugleich „erste" oder „zweite" Teile. In diesem Falle werden wir die äquivalenten Mengen M und M' kurz „ähnlich" nennen, indem wir die Äquivalenzbeziehung, auf die sich die Aussage bezieht, als ein für allemal gegeben nicht besonders erwähnen. In diesem Sinne schreiben wir kurz

$$M \simeq M'.$$

Damit ergibt sich das Anschauungsgesetz: Mit $M \simeq M'$ und $M' \simeq M''$ ist auch $M \simeq M''$. Man sieht auch unmittelbar, daß jede wohlgeordnete Menge zu sich selbst ähnlich ist.

Von fundamentaler Bedeutung sind gewisse Teilmengen der wohlgeordneten Mengen, die wir den zu einem bestimmten Ele-

[1] So z. B. für die Menge aller Dinge, wenn eben jede Menge als Ding gefaßt wird.

[2] Math. Annalen Bd. 49, S. 207—246.

mente m von M gehörigen **Abschnitt** und **Rest** nennen und demgemäß mit $A(m)$ bzw. $R(m)$ bezeichnen (indem wir die Angabe der Menge M, wenn diese ein für allemal gegeben ist, zur Abkürzung weglassen).

Der zu m gehörige Abschnitt $A(m)$ enthält alle Elemente x von M, für die eine Ordnungsrelation von der Gestalt $x| \prec |_\alpha m$ besteht, und nur diese.

Der zu m gehörige Rest $R(m)$ enthalte das Element m, sowie alle Elemente y von M, für die eine Ordnungsrelation von der Gestalt $m| \prec |_\beta y$ besteht, und nur diese Elemente.

Die Teilmengen $A(m)$ und $R(m)$ sind demnach komplementär, d.h. jedes Element von M ist Element von $A(m)$ **oder** $R(m)$, wo sich aber diese beiden möglichen Fälle ausschließen. Durch die für M gegebenen Ordnungsrelationen sind $A(m)$ und $R(m)$, wie überhaupt jede Teilmenge von M, geordnet und zwar wohlgeordnet.[1]

Auf Grund der Bildung des Abschnittsbegriffs sind wir schon imstande, jenes Anschauungsgesetz zu statuieren, das eine unmittelbare Verallgemeinerung der vollständigen Induktion enthält, und auf dem die grundlegende logisch-mathematische Bedeutung der wohlgeordneten Menge beruht. Es ist dies **das Gesetz der sog. transfiniten vollständigen Induktion:**

Es sei eine G-Eigenschaft „gegeben"; es besitze das erste Element von M die G-Eigenschaft; mit allen Elementen von $A(m)$ besitze auch m die G-Eigenschaft. Dann besitzt jedes Element von M die G-Eigenschaft.

Diejenigen Elemente von M, denen die G-Eigenschaft nicht zukommt, geben eine Teilmenge von M, die wegen der Wohlordnung

---

[1] Jede wohlgeordnete Menge M besitzt ein „erstes" Element p; die Teilmenge M_1 von M, die jedes Element von M mit Ausnahme des ersten enthält, ein erstes Element, das wir „zweites Element von M" nennen, und mit p_1 bezeichnen. Offenbar ist, wenn wir $A(p)$ eine Bedeutung geben wollen, dieses die Null-Teilmenge von M_1 und $A(p_1)$ eine Menge, die ein und nur ein Element, das erste Element von M enthält. Um eben — wie dies im Texte geschieht — sagen zu können, daß **jeder** Abschnitt von M eine wohlgeordnete Menge ist, wollen wir die Mengen, die gar kein Element enthalten, die Nullmengen, und jene Mengen, die ein und nur ein Element enthalten, als **uneigentliche wohlgeordnete Mengen** bezeichnen.

Eine Nullmenge, als wohlgeordnete Menge, besitzt offenbar überhaupt keinen Abschnitt.

Auch diejenige Menge, die nur zwei Elemente enthält, a und b, für die eine Ordnungsrelation $a| \prec |_\alpha b$ festgelegt ist, ist noch, genau genommen, nur im uneigentlichen Sinne des Wortes wohlgeordnet.

Ebenso wird, wenn M ein „letztes" Element u enthält, $R(u)$ eine Menge sein, die nur ein Element enthält. Dann ist eben $R(u)$ eine uneigentliche wohlgeordnete Menge.

von M ein erstes Element a besitzt. Dann besitzt jedes Element von $A(a)$ die G-Eigenschaft und damit auch a. Es wäre a, das die G-Eigenschaft besitzt und auch nicht besitzt, von sich selbst verschieden. Das ist im formalen und dogmatischen Sinne des Wortes unmöglich. (Der Glaube an die Zuverlässigkeit unseres Denkens zwingt uns, das Vorkommen eines solchen Elementes abzulehnen.) D. h. jedes Element von M besitzt die G-Eigenschaft.[1]

Die Betrachtung der wohlgeordneten Mengen ergibt noch das folgende fundamentale Anschauungsgesetz.

Eine Ähnlichkeitsbeziehung zwischen einer wohlgeordneten Menge und irgend einem ihrer Abschnitte ist unmöglich. (Ist m ein Element der wohlgeordneten Menge M, so sind M und $A(m)$ niemals ähnlich.)

Für Nullmengen ist schon die Bildung eines Abschnitts unmöglich; für Mengen, die nur ein Element enthalten, ist die Nullmenge der einzige Abschnitt. Wir können uns also auf solche wohlgeordnete Mengen beschränken, die, wenn m irgend ein Element von M ist, auch ein von m verschiedenes Element enthalten.

Wären nun M und irgend ein Abschnitt von M ähnlich, so würden diejenigen Elemente von M, für die der zugehörige Abschnitt diese Eigenschaft besitzt, eine von der Nullmenge verschiedene Teilmenge von M ergeben; diese Teilmenge besitzt ein erstes Element n, so daß $A(n) \simeq M$, während für jedes Element n', das der Ordnungsrelation $n' \,|\prec|_a\, n$ entspricht, $A(n')$ und M nicht ähnlich sein können. Es gibt Elemente n'; wie daraus ersichtlich ist, daß n gewiß nicht das erste Element von M ist. In diesem Falle wäre ja $A(n)$ eine Nullmenge und zwischen $A(n)$ und der

[1] Für den logischen Inhalt dieses Satzes und der weiter folgenden ist noch dies zu bemerken. Die Sätze: „Jedes Element von M besitzt die G-Eigenschaft“ und „Es ist unmöglich, daß ein Element von M die G-Eigenschaft nicht besitzt“ sagen eigentlich verschiedenes aus. Im ersten Falle ist von der unmittelbaren Anschauung die Rede, daß irgendein Element von M die G-Eigenschaft besitzt. Im zweiten Falle wird behauptet, daß die Anschauung, ein Element von M besitze die G-Eigenschaft nicht, das Teilerlebnis enthält, nach dem jenes Element die G-Eigenschaft besitzt. Erst dann, wenn wir dem Worte „unmöglich“ seine dogmatische Bedeutung beilegen, d. h. unsern Glauben, daß eine solche Anschauung tatsächlich niemals vorkommen wird, in den Denkbereich als Erlebnis aufnehmen, werden die beiden Behauptungen nicht verschieden sein. In jeden Denkbereich, der ein „Wissen“ darstellt, ist dieser Glaube aufgenommen, und dementsprechend benutzt unser logisches Denken jene beiden Behauptungen als unterschiedslos; obwohl — wenn auch nicht in dem Inhalte, so doch in der Herleitung jener Behauptungen — ein Unterschied immer zu erkennen ist. In dem einen Falle ist eben eine direkte Anschauung vorhanden, während diese im zweiten Falle durch eine deductio ad absurdum ersetzt wird, die vom Standpunkte der Erkenntnistheorie aus gewiß eine andere Bedeutung hat. (Erlebnis des Denkbereichs und Erlebnis am Denkbereich.)

eigentlichen wohlgeordneten Menge kann nicht einmal eine Äquivalenzbeziehung, geschweige denn eine Ähnlichkeitsbeziehung stattfinden.

Wäre nun $M \simeq A(n)$, so müßte dem Elemente n von M (wie überhaupt jedem Elemente von M) ein Element n' von $A(n)$ entsprechen; d. h. es wäre auf Grund der Wohlordnung von M, $n' | \prec |_\alpha n$. Damit ist aber eine Ähnlichkeitsbeziehung von $A(n)$ und $A(n')$ gegeben. Wegen $M \simeq A(n)$ werden irgendwelche Elemente x, y von $A(n)$ als Elemente von M betrachtet, Elemente x', y' von $A(n')$ ergeben, da wegen $x | \prec |_\beta n$ auch $x' | \prec |_\gamma n'$ ist. Ebenso wird aus der Ordnungsrelation zwischen x und y eine gleichgerichtete Ordnungsrelation zwischen x' und y'. Man hat demnach nicht nur $M \simeq A(n)$, sondern auch $A(n) \simeq A(n')$ und damit endlich $M \simeq A(n')$. Es wäre dann aber nicht n das erste Element in M von der Beschaffenheit, daß $A(n) \simeq M$, was unseren Voraussetzungen nach unmöglich ist. Es wäre damit n von sich selbst verschieden. D. h. die Anschauung einer Ähnlichkeitsbeziehung zwischen einer wohlgeordneten Menge und irgend einem ihrer Abschnitte ergäbe ein unmögliches Teilerlebnis und ist damit selbst als unmöglich erwiesen.

15. Die ursprüngliche Beschreibung der Abschnitte bzw. Reste einer wohlgeordneten Menge M zeigt unmittelbar:

Jeder Abschnitt eines Abschnitts der wohlgeordneten Menge M ist wieder Abschnitt von M. Jeder Rest eines Restes der wohlgeordneten Menge M ist wieder Rest von M.

Ebenso einfach ergibt sich:

Wenn x und y verschiedene Elemente von M sind, ist eine Ähnlichkeitsbeziehung $A(x) \simeq A(y)$ unmöglich.

Es ist in dem betrachteten Falle $A(x)$ ein Abschnitt von $A(y)$, oder $A(y)$ ein Abschnitt von $A(x)$; und in beiden Fällen ein Abschnitt einer wohlgeordneten Menge dieser selbst ähnlich, was eben schon als unmöglich erkannt wurde.

Sind M und M' ähnliche wohlgeordnete Mengen, x und x' bei der zugrunde gelegten Äquivalenzbeziehung einander entsprechende Elemente von M bzw. M', so sind auch die Abschnitte $A(x)$ von M und $A(x')$ von M' ähnlich.

Es ergibt sich $A(x) \sim A(x')$ unmittelbar bei der angenommenen Äquivalenzbeziehung zwischen M und M', die ja auch die Richtung der Ordnungsrelationen für alle Elemente von M bzw. M', und demnach auch für die Elemente von $A(x)$ bzw. $A(x')$ erhält. Es gilt endlich auch die Umkehrung des letzten Satzes:

Sind M und M' ähnliche wohlgeordnete Mengen, $A(x)$ ein Abschnitt von M, $A(y')$ ein Abschnitt von M' und endlich $A(x) \simeq A(y')$, so ist y' das bei der benützten Äquivalenzbeziehung dem x entsprechende Element von M'. Nennen wir dieses x'; wäre x' von y' verschieden, so hätten wir doch $A(x) \simeq A(x')$ und $A(x) \simeq A(y')$; damit auch $A(x') \simeq A(y')$. Verschiedene Abschnitte derselben Menge können aber nicht ähnlich sein; oder mit anderen Worten, es ist unmöglich, daß y' von x' verschieden sei.

Nach diesen Vorbereitungen gelangen wir endlich zu dem **Hauptsatze der Theorie der wohlgeordneten Mengen**, der die allgemeine Theorie der „Ordnungszahlen" begründet.

Es seien M und N irgendwelche wohlgeordnete Mengen. Dann tritt immer einer und nur einer der folgenden Fälle ein:

1. M und ein Abschnitt von N sind ähnliche wohlgeordnete Mengen.

2. N und ein Abschnitt von M sind ähnliche wohlgeordnete Mengen.

3. M und N sind ähnliche wohlgeordnete Mengen.

Wir wollen zwischen **gewissen** Elementen von M und N eine umkehrbar eindeutige Beziehung festsetzen. Es sollen das Element x von M und das Element y von N einander entsprechen, wenn die Abschnitte $A(x)$ von M und $A(y)$ von N (auf Grund der für M bzw. N festgesetzten Wohlordnung) ähnlich sind. Die Beziehung ist offenbar umkehrbar eindeutig. Würde dem x in dieser Weise y_1 und y_2 in N entsprechen, so müßten die verschiedenen Abschnitte $A(y_1)$ und $A(y_2)$ von N ähnlich sein, und das ist unmöglich. Ebensowenig können einem Elemente y von N verschiedene Elemente x_1 und x_2 von M entsprechen. Daß diese Festsetzung einander umkehrbar eindeutig entsprechende Elemente von M und N ergibt, ist unmittelbar klar. So werden z. B. die „ersten", die „zweiten" Elemente von M und N einander entsprechen. Wir sehen auch, daß, wenn x_1 und x_2, y_1 und y_2 in dieser Weise einander entsprechende Elemente von M und N sind, der Ordnungsrelation

$$x_1 \mid \prec \mid_\alpha x_2$$

die „gleichgerichtete" Ordnungsrelation

$$y_1 \mid \prec \mid_\beta y_2$$

entspricht. Da nämlich der Abschnitt $A(x_2)$ von M dem Abschnitte $A(y_2)$ von N ähnlich ist, so muß dem Elemente x_1 von M, das „vor" x_2 steht, ein Element von N entsprechen, das „vor" y_2 steht. Es steht demnach y_1 „vor" y_2.

Fraglich bleibt aber, ob die so zwischen Elementen von M und N statuierte umkehrbar eindeutige Beziehung alle Elemente von M bzw. N umfaßt. Ist dies sowohl für M wie für N der Fall, so sind M und N offenbar ähnlich. (Fall 3.)

Daß jene Beziehung zwischen den Elementen von M und N weder alle Elemente von M noch alle Elemente von N umfaßt, erweist sich leicht als unmöglich. Die in dieser Beziehung nicht auftretenden Elemente von M bzw. N bestimmen dann Teilmengen dieser Mengen, die von der Nullmenge verschieden sind. Sei m das erste solche Element von M, n das erste solche Element von N. Dann sind aber offenbar die Abschnitte $A(m)$ von M und $A(n)$ von N einander ähnlich und m, n einander entsprechende Elemente; so daß in jener Beziehung m und n doch auftreten. Die jetzt betrachtete Annahme ist damit als unmöglich erkannt.

Ist weiter jene Beziehung zwischen den Elementen von M und N so beschaffen, daß sie alle Elemente von M, nicht aber alle Elemente von N umfaßt, so gibt es in N eben ein erstes Element n, das in jener Beziehung nicht auftritt. Dann ist der zu n gehörige Abschnitt von N der Menge M ähnlich. (Fall 1).

Endlich können in jener Beziehung wohl alle Elemente von N, aber nicht alle Elemente von M auftreten. Sei dann m das erste Element von M, das nicht zur Verwendung gelangt. Dann ist eben N einem Abschnitte von M ähnlich. (Fall 2).

Damit ist eben auch eine von den aufgezählten Fällen verschiedene Anschauung als unmöglich erkannt.

16. Ist M eine wohlgeordnete Menge, so ist jeder Abschnitt von M, z. B. $A(x)$, wenn x ein Element von M bezeichnet, eine Teilmenge von M, die mit M selbst auch wohlgeordnet ist. Wir haben erkannt, daß dieser Abschnitt und M selbst niemals ähnlich sein können. Für endliche Mengen ist offenbar dasselbe für jede Teilmenge der Fall; für diese Teilmenge ist ja schon die Äquivalenz, um so mehr die Ähnlichkeit mit M ausgeschlossen. Dagegen sehen wir, daß für unendliche Mengen die Ähnlichkeit einer Teilmenge von M mit M selbst durchaus nicht ausgeschlossen ist; so ist für Z_ω diese wohlgeordnete Menge dem Reste ihres ersten Elementes (ja sogar dem Reste irgend eines ihrer Elemente) nicht nur äquivalent, sondern auch ähnlich.

Um so wichtiger ist es, daß wir auch hier das folgende allgemeine Anschauungsgesetz erhärten können.

Eine Ähnlichkeitsbeziehung zwischen der wohlgeordneten Menge M und irgend einem Abschnitte irgend einer Teilmenge von M ist unmöglich.

Offenbar ist aber jeder Abschnitt einer Teilmenge von M auch Teilmenge eines Abschnittes von M, sowie auch umgekehrt jede Teilmenge eines Abschnitts von M Abschnitt einer Teilmenge von M. Wir können demnach die zu erlangende Anschauung auch in folgendem Satze ausdrücken:

Eine Ähnlichkeitsbeziehung zwischen der wohlgeordneten Menge M und irgend einer Teilmenge irgend eines Abschnitts von M ist unmöglich.

Unter den Elementen von M, die einen solchen Abschnitt von M bestimmen, gibt es ein erstes; wir bezeichnen es mit x_1, den zugehörigen Abschnitt wie bisher mit $A(x_1)$, die Teilmenge von $A(x_1)$, um die es sich handelt, mit $TA(x_1)$ und betrachten die supponierte Ähnlichkeitsbeziehung

$$TA(x_1) \simeq M.$$

Das hierbei dem Elemente x_1 von M zugeordnete Element von $TA(x_1)$ sei x'; für dieses ist, wie für jedes Element von $TA(x_1)$, gewiß

$$x' \,|\!\prec\!|_a\, x_1 .$$

Betrachtet man weiter die Elemente von $TA(x_1)$ als Elemente von M, so sind die zugeordneten Elemente in $TA(x_1)$, wie aus der Erhaltung der Richtung der Ordnungsrelationen unmittelbar ersichtlich, durchweg solche, die „vor" x' stehen; d. h. es besteht eine Ähnlichkeitsbeziehung zwischen einer Teilmenge des Abschnitts $A(x')$ und $TA(x_1)$. Demnach ist für diese Teilmenge, die mit $T'A(x')$ bezeichnet werden möge,

$$T'A(x') \simeq TA(x_1).$$

Wegen $TA(x_1) \simeq M$ aber auch

$$T'A(x') \simeq M .$$

Es hätte auch $A(x')$ die für $A(x_1)$ supponierte Eigenschaft, und es wäre nicht x_1 das erste unter jenen Elementen von M, sondern x'. Mit anderen Worten, x_1 wäre von sich selbst verschieden. Die Annahme jener Ähnlichkeitsbeziehung ist demnach in der Tat unmöglich.

Hieraus ersieht man noch:

Ist M eine wohlgeordnete Menge und T irgendeine ihrer Teilmengen, so ist T der Menge M oder einem ihrer

Abschnitte ähnlich. Der Fall, daß M und ein Abschnitt von T ähnlich sind, ist ja nach der eben abgeschlossenen Betrachtung unmöglich.

Man bemerkt noch ohne weiteres, daß von den Erlebnissen „$m \mid \prec \mid_\alpha n$“ und „$A(m)$ ist Abschnitt von $A(n)$“ jedes ein Teilerlebnis des anderen ist, d. h. mit dem einen auch das andere evident (unabweisbare Tatsache) ist.

Mit der wohlgeordneten Menge M können wir auch noch die Menge aller Abschnitte von M zum Gegenstande unserer Betrachtung machen. Offenbar ist diese der Wohlordnung fähig, indem wir festsetzen, daß

$$A(m) \mid \prec \mid_\gamma A(n) \quad \text{oder} \quad A(n) \mid \prec \mid_\gamma A(m)$$

sei, je nachdem

$$m \mid \prec \mid_\alpha n \quad \text{oder} \quad n \mid \prec \mid_\alpha m$$

ist.

Man sieht auch sofort, daß die so wohlgeordnete Menge aller Abschnitte von M und M selbst ähnlich sind.

Neuntes Kapitel.

Ordnungszahlen, Ordinatoren und Wohlordnungssatz.

Einführung der Ordnungszahlen.

1. Mit der Theorie der wohlgeordneten Mengen haben wir Anschauungen erworben, die in den einfachsten Fällen geradezu dieselben sind, die in dem Denkprozesse des „Zählens" auftreten. Eine erste Beschreibung jener Anschauungen, die zusammengesetzt den Denkprozeß des „unbeschränkten, transfiniten Zählens" ermöglichen, geschieht durch die Einführung des Begriffs der Ordnungszahlen.[1] Wie die natürlichen Zahlen, sind auch die (transfiniten) Ordnungszahlen freie Schöpfungen unseres Geistes, mit anderen Worten, Dinge, die wir durch exakte (widerspruchslose) Wahrheitsbereiche definieren, d. h. mit der Anschauung dieser Bereiche erzeugen. Wir verdanken Cantors genialer Schöpfung die Eroberung neuer Gebiete, in denen unser logisch-mathematisches Denken sich in ungeahnter Weise betätigt.

Dabei wird allerdings der Umstand, daß die Ordnungszahl als „Ding" genau definiert werden muß, und daß andererseits eine „reine Ordnungsrelation" für uns ebensowenig denkbar ist, wie eine „reine Copula" (von der sie ja kaum verschieden ist), es notwendig erscheinen lassen, diese Theorie der Ordnungszahlen präziser zu fassen, als dies früher geschehen ist. Damit ist unsere nächste Aufgabe gegeben.

Aus dem Denkbereiche Δ, der eine geordnete Menge definiert, konstruieren wir einen neuen Denkbereich Δ' durch folgende Festsetzung. Die Erlebnisse des Denkbereichs Δ, nach denen ein Ding zu M in der Mengenrelation steht, und weiter die Erlebnisse, nach denen zwischen irgendwelchen Dingen x, y, die Elemente von M sind, die in Δ statuierte Ordnungsrelation stattfindet, — und nur diese Erlebnisse — sollen dem Denkbereiche Δ' angehören. In dem so

[1] Die endgültige und exakte Beschreibung dieser Anschauung erfordert jedoch — wie wir sehen werden — noch die Schöpfung eines weiteren Begriffs, des Ordinatorenbegriffs, der uns weiterhin beschäftigen wird.

gegebenen Denkbereiche verbleiben neben der primären Tatsache, daß die Dinge verschieden sind, nur diejenigen Eigenschaften der Dinge, die durch ihre Ordnungsrelationen gegeben sind. Die Erlebnisse, die dem Denkbereiche angehören, sind daher in Formen ausgedrückt, die durchweg nur Ordnungsrelationen oder Mengenrelationen sind. Der Denkbereich Δ' definiert (erzeugt) demnach eine Cantorsche Menge. Früheren allgemeinen Betrachtungen (Kap. VI, Art. 4) entsprechend, wissen wir, daß der Denkbereich möglich und widerspruchslos, die definierte Menge konsistent ist. Wir nennen die so definierte Menge den Ordnungstypus von M, und bezeichnen sie auch mit $\bar{M}$.

Die Ordnungstypen wohlgeordneter Mengen werden Ordnungszahlen genannt, die offenbar ihrer Beschreibung nach konsistente wohlgeordnete Mengen sind.

In Ordnungstypen und Ordnungszahlen können und wollen wir noch voraussetzen, daß die in ihnen benutzten Ordnungsrelationen nicht verschieden sind. Wir haben es mit Cantorschen Mengen zu tun, und diese bleiben solche, auch wenn wir statt verschiedener Ordnungsrelationen immer nur eine setzen. Die Tatsache, daß von den Relationen $x \prec y$ und $y \prec x$ immer eine und nur eine dem Denkbereiche angehört, bleibt ungeändert; ebenso die Richtung der Ordnungsrelation. Die der Wohlordnung entsprechenden Verhältnisse von M werden jetzt in $\bar{M}$ am einfachsten dargestellt, indem eben von allen anderen Tatsachen, die in M zur Darstellung gelangen, „abstrahiert" wird.

Dabei ist aber ein sehr naheliegender Irrtum (Fehlschluß) sorgfältig zu vermeiden.

Für jede auch nicht konsistente wohlgeordnete Menge M erhalten wir in der so konstruierten (zugeordneten) Cantorschen Menge ein „Bild" jener Wohlordnung, das durch Abstraktion gewonnen wurde, indem wir insbesondere die eventuell verschiedenen Ordnungsrelationen als „in gewisser Beziehung nicht verschieden" setzen, d. h. um den früher für solche Verhältnisse eingeführten Ausdruck zu benützen, als „isolog" annehmen. In der Tat wird die so erzeugte Menge — eine Cantorsche Menge — möglich und widerspruchslos sein. Aber wir haben durchaus nicht das Recht, die so konstruierte Cantorsche Menge als vollständiges Bild der Wohlordnung von M aufzufassen, wenn wir von ihrer Erzeugung aus M absehen, d. h. den Denkbereich der Cantorschen Menge und nur diesen betrachten.

Der wichtigste Fall, wo beinahe unwillkürlich dieser Irrtum

eintritt, ist folgender. Die Tatsache, daß jedes (durch die G-Eigenschaft) gegebene Ding Element von M ist, ist durchaus kein Erlebnis, das dem Denkbereiche angehört, sondern eine Eigenschaft des Denkbereichs, d. h. ein Erlebnis, das der Anschauung an dem Denkbereiche als solchen entstammt. (Ähnlich, wie früher die Widerspruchslosigkeit eines Denkbereichs.) Bei dem Übergange zur Cantorschen Menge ist demnach ein solches Erlebnis ganz entfallen, und es entsteht nur dann wieder, wenn wir die Ähnlichkeit der Cantorschen Menge mit M selbst wieder in den Denkbereich aufnehmen. Dann haben wir es aber durchaus nicht mehr mit dem Denkbereiche zu tun, der die Cantorsche Menge definiert. Unsere Anschauungen bewegen sich dann in einem Denkbereiche, der noch viel komplizierter ist als derjenige, der M selbst definiert. Er enthält nicht nur die Erlebnisse von M, sondern auch an diesen erworbene Anschauungen, ebenso die Erlebnisse des die Cantorsche Menge definierenden Denkbereichs, und endlich Anschauungen, die erst bei simultaner Betrachtung dieser beiden Denkbereiche entstehen.

Wenn wir alle diese Erlebnisse als dem Denkbereiche der Cantorschen Menge angehörend annehmen, muß selbstverständlich eine heillose Verwirrung eintreten, die als „Antinomie der Menge aller Ordnungszahlen“ zur Genüge bekannt ist. Allerdings kann und wird diese Verwirrung durch die jetzt gegebenen präzisen Begriffsbestimmungen beseitigt werden, denen außerdem noch die Erkenntnis der eventuellen Verschiedenheit der zu betrachtenden Ordnungsrelationen anzufügen ist.

2. Die Ordnungszahlen sollen weiterhin durch kleine griechische Buchstaben bezeichnet werden.

Sind λ, μ irgendwelche Ordnungszahlen, so muß nach dem Hauptsatze der Theorie der wohlgeordneten Mengen (Kap. VIII, Art. 15) für diese einer und immer nur einer der folgenden Fälle eintreten:

1. Es sind λ und μ ähnliche wohlgeordnete Mengen.
2. Es sind μ und ein Abschnitt von λ ähnliche wohlgeordnete Mengen.
3. Es sind λ und ein Abschnitt von μ ähnliche wohlgeordnete Mengen.

Der Inhalt dieser Aussagen soll fernerhin in folgenden Sätzen ausgedrückt werden:

1a) λ und μ sind der Ordnung nach gleich.
2a) μ ist der Ordnung nach kleiner als λ.
3a) λ ist der Ordnung nach kleiner als μ.

In symbolischer Schreibweise setzen wir für 1a)

$$\lambda = \mu ,$$

während 2a) und 3a) zur Festsetzung von Ordnungsrelationen (bzw. ihrer „Richtung“) benutzt werden. Im Falle 2a) setzen wir die Ordnungsrelation

$$\mu \mid \prec \mid_{\alpha} \lambda$$

fest; während im Falle 3a)

$$\lambda \mid \prec \mid_{\beta} \mu$$

sein soll. Die Zeichen α, β sollen nur andeuten, daß wir es in $\mid \prec \mid_{\alpha}$ und $\mid \prec \mid_{\beta}$ wohl mit Ordnungsrelationen zu tun haben, die aber bis auf ihre Richtung auch verschieden sein können.

Daß diese Festsetzungen „Ordnungsrelationen“ im bekannten Sinne des Wortes ergeben, erkennen wir unmittelbar aus den für konsistente, wohlgeordnete Mengen früher gegebenen Sätzen.

Theorie der Ordnungszahlen.

3. Die Tatsache, daß die Menge M konsistent und wohlgeordnet ist, soll in der Folge auch so ausgedrückt werden, daß der Menge M eine Ordnungszahl zukommt, oder auch daß zu M eine Ordnungszahl gehört. In anderer Ausdrucksweise, daß die zu M gehörende Ordnungszahl μ „existiert“. (Daß $\overline{M}$ existiert, würde nur die Existenz eines Ordnungstypus aussagen, wenn nicht zugleich behauptet wird, daß M wohlgeordnet ist). Die Elemente von μ sind Dinge, denen nur die durch die Ordnungsrelationen ausgedrückten Eigenschaften zukommen; also im allgemeinen verschieden von den Dingen, die als Elemente von M gegeben sind. Wohl aber ist der Erzeugung, der Definition von μ entsprechend, eine Ähnlichkeitsbeziehung zwischen M und μ gegeben, d. h. eine Äquivalenzbeziehung, welche die Ordnung der entsprechenden Elemente nicht ändert. Wenn a, b irgendwelche Elemente von M, a' und b' die entsprechenden Elemente von μ sind, so wird mit $a \mid \prec \mid b$ auch $a' \mid \prec \mid b'$ sein. Aus a und b wird ja a' und b', indem gewisse Erlebnisse, die a und b betreffen, aus der Beschreibung des Denkbereichs wegbleiben; es bleibt aber $a \mid \prec \mid b$, aus dem dann eben $a' \mid \prec \mid b'$ wird. Daß die Beziehung dann auch umkehrbar eindeutig sein muß, ist evident. Ist a' von b' verschieden, so tritt diese Verschiedenheit eben in den Ordnungsrelationen auf, die erhalten werden, und es sind auch a und b verschieden. Ist umgekehrt a von b verschieden, so gilt für diese eine und nur eine der Ordnungsrelationen $a \mid \prec \mid b$ oder $b \mid \prec \mid a$. Es

tritt demnach in μ eine und nur eine der Ordnungsrelationen $a' \mid \prec \mid b'$ oder $b' \mid \prec \mid a'$ auf. Wäre nun a' von b' nicht verschieden, so wäre z. B. mit $a' \mid \prec \mid b'$ auch $b' \mid \prec \mid a'$ eine Ordnungsrelation in μ. Die Menge M enthielte dann die Ordnungsrelationen $a \mid \prec \mid b$ und $b \mid \prec \mid a$, was nach den Festsetzungen für Ordnungsrelationen eben nicht möglich ist. Wir sehen hieraus:

Wenn der Menge M eine Ordnungszahl μ zukommt, sind M und μ ähnliche wohlgeordnete Mengen.

Wir gehen nun zur Formulierung jenes Anschauungsgesetzes über, das allen unseren weiteren Betrachtungen über Ordnungszahlen zugrunde liegt:

Wenn μ eine beliebige Ordnungszahl ist, so gehört μ als Ordnungszahl auch zur Menge aller Ordnungszahlen, die kleiner als μ sind. Dabei ist als selbstverständlich vorausgesetzt, daß die Ordnung dieser Menge durch jene Ordnungsrelationen geschieht, die zwischen Ordnungszahlen ihrer Definition nach (Art. 2) gegeben sind. Ferner ist, um dem Satze einen ganz präzisen Inhalt zu geben, noch daran zu erinnern, *daß wir in der Beschreibung jeder Ordnungszahl immer nur eine Ordnungsrelation benutzen.* Offenbar ist das nur ein genauer Ausdruck dafür, daß wir der Ordnung nach gleiche Ordnungszahlen als überhaupt nicht verschieden betrachten wollen. Während die jetzt beschriebene Festsetzung eben immer durchgeführt werden kann, wäre die Festsetzung in ihrer gewöhnlichen Form, daß wir „in gewisser Beziehung nicht verschiedene“ Dinge als „überhaupt nicht verschieden“ betrachten wollen, durchaus nicht einwandfrei.

Die konsistente wohlgeordnete Menge, zu der μ als Ordnungszahl gehört, sei M. Dann sind M und μ ähnliche wohlgeordnete Mengen. Jeder Abschnitt von M definiert einen Abschnitt von μ, der offenbar selbst eine Ordnungszahl μ' ist und es ist μ' (der Ordnung nach) kleiner als μ. Ist umgekehrt μ' (der Ordnung nach) kleiner als μ, so definiert sie einen Abschnitt von μ, und demnach einen Abschnitt von M. Die Ordnungszahlen, die kleiner als μ sind, stehen dieser Betrachtung entsprechend in umkehrbar eindeutiger Beziehung zu den Abschnitten von M, und die zwischen ihnen bestehenden Ordnungsrelationen sind mit denen zwischen den Abschnitten von M gleichgerichtet. D. h.: die Menge aller Ordnungszahlen, die kleiner als μ sind, und die Menge aller Abschnitte von M sind ähnlich; diese letztere Menge und M selbst ebenfalls; womit das oben ausgesprochene Gesetz gewonnen ist.

Wir erweitern dieses Gesetz unmittelbar in folgender Form:

Wenn in einer Menge von Ordnungszahlen M jede derselben kleiner als eine bestimmte Ordnungszahl ν ist, so kommt dieser Menge selbst eine bestimmte Ordnungszahl μ zu, die ν oder kleiner als ν ist.

M ist offenbar eine Teilmenge der Menge aller Ordnungszahlen, die kleiner als ν sind, und damit wissen wir auch, daß ihr eine Ordnungszahl zukommt, die (nach den Sätzen in Kap. VIII, Art. 16) gleich oder kleiner als ν ist.

Wenn wir weiter aus M jene Menge von Ordnungszahlen bilden, die jedes Element von M enthält, und weiter mit irgendeinem Elemente von M auch alle Ordnungszahlen enthält, die kleiner als dieses Element sind, so entsteht offenbar eine Menge M_a, deren Elemente wieder durchweg Ordnungszahlen sind, die kleiner als ν sind.

Die M_a zukommende Ordnungszahl μ_a ist die kleinste Ordnungszahl, die größer ist, als alle Elemente von M; es ist dies „die auf alle Elemente von M unmittelbar folgende Ordnungszahl“.

Ist nämlich a ein Element von M, also auch von M_a, so ist nach den bisher erhaltenen Anschauungen a die Ordnungszahl eines Abschnitts von M_a, also a (der Ordnung nach) kleiner als μ_a.

Ist umgekehrt a der Ordnung nach kleiner als μ_a, so ist der Bedeutung gemäß, die diesem Ausdrucke innewohnt, a die Ordnungszahl einer Menge, die einem Abschnitte von M_a ähnlich ist, und damit auch die Ordnungszahl eines Abschnitts von M_a, d. h. eben jenes Element von M_a, das diesen Abschnitt bestimmt.

Dies besagt aber, wie das eben in unserem Satze ausgesprochen wurde, daß jedes Element von M kleiner ist als μ_a, und zu jeder Ordnungszahl, die kleiner als μ_a, ein Element λ von M existiert, so daß $\alpha = \lambda$ oder $\alpha < \lambda$ ist.

Es braucht kaum bemerkt zu werden, daß M und M_a auch zusammenfallen können.

Endlich ergibt noch die Anschauung folgenden Fundamentalsatz:

Jede Menge von Ordnungszahlen M ist, auf Grund der für Ordnungszahlen festgesetzten Ordnungsbeziehungen wohlgeordnet.

Es sei a irgendeine Ordnungszahl, die Element der Menge ist. Wenn die Menge M kein Element enthält, das kleiner als a ist, so ist a kleiner als jedes andere Element der Menge. Gibt es Elemente, die kleiner als a sind, so ist die Menge aller Ordnungszahlen, die kleiner als a sind, jedenfalls wohlgeordnet. Diese Menge und die wohlgeordnete Menge, die a definiert, sind ja ähnlich. Die in M

enthaltenen Ordnungszahlen, die kleiner als α sind, bilden eine Teilmenge der Menge aller Ordnungszahlen, die kleiner als α sind. Sie besitzt ein erstes Element.

Daß aber jede Menge von Ordnungszahlen ein erstes Element besitzt, also auch jede Teilmenge dieser Menge, sagt eben, daß jede solche Menge wohlgeordnet ist.

4. Die der Menge W aller Ordnungszahlen als einer konsistenten wohlgeordneten Menge zukommende Ordnungszahl ξ ist offenbar die größte Ordnungszahl. Jede Ordnungszahl, die Element von W ist, muß demnach kleiner als diese Ordnungszahl sein. Andererseits ist aber doch diese Ordnungszahl ξ Element von W, und demnach einem Abschnitte von W ähnlich. Es wären endlich W und ein Abschnitt von W ähnliche Mengen, und das ist unmöglich. So hätte uns die früher schon als konsistent erkannte W-Menge doch zu einem Widerspruche geführt. Dies ist die berühmte Antinomie der W-Menge, die zuerst von Burali-Forti[1] aufgedeckt wurde, aber auch schon Cantor bekannt war.[2] Daß auch hier keine Antinomie, sondern ein allerdings tiefliegender Fehlschluß vorliegt, wird auf Grund der bisher vorgetragenen genauen logischen Begriffsbildungen leicht zu zeigen sein.[3]

---

[1] Rendiconti del Circolo Matematico di Palermo, Bd. 11, S. 154.

[2] Siehe: Jourdain, Philosophical Magazine, 1904, S. 67 und 70.

[3] Wenn wir „die Menge aller Ordnungszahlen" W genau betrachten, sehen wir, daß die Erlebnisse, die dem die Menge W definierenden Denkbereiche $\{W\}$ angehören, durchweg Mengen- und Ordnungsrelationen sind; so erkannten wir eben W als Cantorsche Menge. In diesen Erlebnissen und ebenso in jenen, die aus diesen „Axiomen" des Denkbereichs durch logische Deduktion abgeleitet werden können, findet sich aber keine Spur der Tatsache, daß die Menge alle Ordnungszahlen als Elemente enthält. Erst wenn wir diesen Denkbereich selbst objektivieren, als Ding betrachten, dessen Eigenschaften in einem höheren Denkbereiche beschrieben werden, kann diese Tatsache in Evidenz treten. In diesem Sinne ist die Eigenschaft der Menge, alle Ordnungszahlen zu enthalten, kein Erlebnis, das dem Denkbereiche $\{W\}$ angehört, sondern eine Anschauung, die an dem „fertigen" Denkbereiche eventuell erlangt wird. Das wurde schon vorläufig in Art. 1 konstatiert. Ebenso ist die Widerspruchslosigkeit eines Denkbereichs kein Erlebnis, das dem Denkbereiche angehört, sondern eine Anschauung, die wir an dem Denkbereiche als solchen erringen. Allerdings können wir diese Tatsache selbst mit andern für jene Anschauung notwendigen zusammen axiomatisieren, gelangen aber dadurch zu einem höheren Denkbereiche $\{W\}'$, der von $\{W\}$ wesentlich verschieden ist. Daß jede Ordnungszahl ein Element von W ist, ist ein Erlebnis in $\{W\}'$, nicht aber ein Erlebnis des ursprünglichen Denkbereichs $\{W\}$, sondern eine an diesem Denkbereiche gewonnene Anschauung.

Die Verwechslung der Denkbereiche $\{W\}$ und $\{W\}'$, die offenbar nicht gestattet ist, führt zur sog. Antinomie der W-Menge. Es soll sogleich näher auseinandergesetzt werden, wie das „Anhängen eines Elementes" an W als Erweiterung des Denkbereiches $\{W\}$ ausgeführt wird, und nachträglich dieses „Anhängen" als Erweiterung des Denkbereiches $\{W\}'$ aufgefaßt wird. In dem einen

Die Beschreibung der Ordnungszahlen (ihre Erzeugung) geschieht mit Hilfe einer und nur einer in den betreffenden Denkprozessen auftretenden Ordnungsrelation. Die Anschauung lehrt sodann, daß wir zwischen diesen Ordnungszahlen selbst Ordnungsrelationen festsetzen können, denen entsprechend auch jede Menge von Ordnungszahlen wohlgeordnet ist. Bei der Beschreibung dieser Ordnungsrelationen werden aber jene Ordnungsrelationen, die die Ordnungszahlen selbst definieren, schon gegeben sein; und dieser Tatsache werden wir nur so gerecht, wenn wir die das eine und andere Mal benutzten Ordnungsrelationen eben als verschiedene Verknüpfungen anerkennen. Damit ist durchaus nicht gesagt, daß, wenn wir diese verschiedenen Verknüpfungen als „in gewisser Beziehung nicht verschieden" setzen, mit anderen Worten, wenn wir von dieser Verschiedenheit abstrahieren wollen, ein Widerspruch entstehen muß; wohl aber ist damit gezeigt, daß, wenn wir jene Abstraktion ausführen, ein Widerspruch entstehen kann. Die „Antinomie der W-Menge" zeigt aber, daß ein solcher Widerspruch tatsächlich eintritt, wenn wir jene der ursprünglichen Anschauung

---

Falle ist diese Erweiterung ausführbar, in dem anderen unmöglich. Die Verwechslung, eine quaternio terminorum ergibt die Antinomie.

Das erstemal erweitern wir den Denkbereich $\{W\}$ durch folgende Festsetzungen. Es sei ein Ding m gegeben durch die Eigenschaft, daß, wenn x ein Element von W ist, und nur dann

$$x \,|\!<\!|\, m$$

sei, und ferner sei jetzt auch m ein Element von W. Allerdings wird damit die Bedeutung von W geändert. Der erweiterte Denkbereich heiße $\{W\}_m$; er definiert eine Cantorsche Menge und ist demnach möglich und widerspruchslos. Daran ist auch durchaus nichts merkwürdiges; denn von der Tatsache, daß W alle Ordnungszahlen enthält, ist weder in $\{W\}$ noch in $\{W\}_m$ die Rede. Diese Tatsache ist nicht vorhanden, solange unser Denken nur Erlebnisse umfaßt, die diesen Denkbereichen angehören. Wenn ich nun sage, daß durch diese Festsetzung m faktisch hinter alle Elemente von W gelangt, so ist das ganz evident; aber ebenso evident ist es, daß ich mich um die Tatsache, daß W alle Ordnungszahlen enthält, absolut nicht gekümmert habe; präzis ausgedrückt, ich habe $\{W\}$, aber durchaus nicht $\{W\}'$ zu $\{W\}_m$ erweitert. Das ist „möglich", genau in dem Sinne der hier entwickelten Betrachtungen. Die Erweiterung von $\{W\}'$ durch Anhängen des Elementes m aber ist unmöglich; denn hier ist die Bestimmung, daß jede Ordnungszahl Element von W ist, eben schon „Erlebnis des Denkbereichs" geworden. Indem wir die beiden Denkprozesse verwechseln, entsteht die „Antinomie".

Man könnte auch statt von einer Festsetzung von einer Anweisung sprechen, nach der ein neues Element angehängt werden soll. Die Anweisung ist das eine Mal ausführbar, das andere Mal nicht.

Prinzipiell gefaßt: Ich kann den Denkbereich $\{W\}$ zu $\{W\}_m$ und auch zu $\{W\}'$ erweitern. Daraus ergibt sich aber durchaus nicht, daß auch alle Erlebnisse von $\{W\}_m$ und $\{W\}'$ in einen möglichen und widerspruchslosen Denkbereich zusammengefaßt werden können. Und das geschieht eben in dem Schlusse von Burali-Forti, dessen Inhalt auf Grund der bisherigen Betrachtungen im Texte genau dargestellt werden kann.

nach verschiedenen Ordnungsrelationen als nicht verschieden zusammenfallen lassen. Wir sehen aber wohl jetzt ganz klar, daß dieses Nicht-verschieden-Setzen in völlig unberechtigter Weise geschieht, und selbst dann, wenn es zu keinem Widerspruch führen würde, den Denkbereich, dessen Eigenschaften wir betrachten, wesentlich ändert.

Mit den konstatierten Tatsachen hat aber die „Antinomie der *W*-Menge" offenbar zu existieren aufgehört. Die Menge aller Ordnungszahlen ist wohlgeordnet; es entspricht ihr aber keine Ordnungszahl in dem Sinne, daß in dieser alle Ordnungsrelationen, die in ihrer Beschreibung auftreten, voneinander nicht verschieden sind. Solange dieser Punkt (die Möglichkeit verschiedener Ordnungsrelationen) nicht geklärt war, mußte die Behauptung, daß der *W*-Menge trotz ihrer Wohlordnung keine Ordnungszahl entspricht, als jeden Sinnes bar abgelehnt werden, wie dies insbesondere Hessenberg[1] betont hat. Jetzt ist es ganz klar, daß der Begriff der Ordnungszahl zur Beschreibung einer beliebigen Wohlordnung nicht ausreicht, sondern, genau so wie früher der Begriff der Mengenrelation, erst entsprechend erweitert werden muß[2], um dieser Forderung zu genügen. Dieses Gebilde ist unter den Ordnungszahlen nicht vorhanden; es wird uns also auch nicht mehr einfallen, es unter den Ordnungszahlen zu suchen, oder gar als dort vorhanden zu setzen. Aus dieser einfach falschen Behauptung, d. h. einer Behauptung, die nicht nur keine vorhandene Anschauung ausdrückt, sondern geradezu eine unmögliche Anschauung als vorhanden hinstellt, ergibt sich endlich auch, daß die *W*-Menge und einer ihrer Abschnitte ähnlich sind.

Die Ordinatoren und der Wohlordnungssatz.

(Fragment.)

5. Es wird nun unsere Aufgabe sein, jene logischen Gebilde zu konstruieren, die zur Beschreibung der Wohlordnung in jedem Falle ausreichen. Es sind dies wieder freie Schöpfungen unsres Geistes, deren „Existenz" in ihrer Widerspruchslosigkeit begründet ist. Dabei wird sich auch hier der für dieses ganze Gebiet wissenschaftlichen Denkens äußerst charakteristische Umstand ergeben, daß die Dinge uns die Anschauung ihrer

[1] A. a. O. § 98.

[2] Man erinnere sich vor allem an die erste Tatsache, aus der unsere ganze Theorie sich einfach und folgerichtig entwickelt. Alle sich nicht enthaltenden α-Mengen können nicht wieder in einer α-Menge, wohl aber in einer β-Menge zu einem neuen Kollektivbegriffe vereinigt werden.

Verknüpfungen aufdrängen, aber auch umgekehrt die Anschauung der Verknüpfungen uns wieder zur Erzeugung neuer Dinge führt.

Wir können und wollen als primäre Ordnungsrelationen diejenigen einführen, in denen festgesetzt ist, daß alle Dinge, die eine bestimmte (gegebene) G-Eigenschaft besitzen, „vor" dem Dinge m stehen, das die G-Eigenschaft nicht besitzt. Dabei werden selbstverständlich Ordnungsrelationen, die sich auf verschiedene G-Eigenschaften beziehen, oder auch solche, in denen wohl dieselbe G-Eigenschaft, aber ein anderes m zur Verwendung gelangt, als „verschieden" anzusehen sein.

Der nächste Schritt ist (genau so, wie bei der Konstruktion des Mengenbegriffs), daß wir diese Anschauung zur Erzeugung eines neuen Dingbegriffs benützen, indem wir von den ursprünglichen Eigenschaften des Dinges absehen, oder mit anderen Worten, einen Denkbereich dadurch beschreiben, daß alle Dinge, welche die G-Eigenschaft besitzen, (in derselben Weise) vor m stehen sollen, wo eben das Ding m durch die Erlebnisse dieses Denkbereichs und nur diese definiert (erzeugt) ist. Dabei ist dem Sinne gemäß, den wir der Relation „vor" beilegen, das so erzeugte Ding als von allen Dingen, welche die G-Eigenschaft besitzen, verschieden anzunehmen. Offenbar liegt uns noch die Pflicht ob, den Denkbereich auf seine Möglichkeit und Widerspruchslosigkeit hin näher zu prüfen; es würde dies in ähnlicher Weise wie bisher, aber in ziemlich langwieriger Ausführung schon hier geschehen können; wir verschieben[1] das aber, weil wir diese Frage später für gewisse Denkbereiche, die einfacher beschaffen, aber für unsere Zwecke genügend sind, unmittelbar entscheiden können.

Wir benutzen weiter die so beschriebene Erzeugung von Dingen in ganz spezieller Weise.

Es sei $\overline{0}$, die „Null" irgend ein Ding, ein Erlebnis, der Gesichtseindruck 0 selbst oder was sonst immer. Aus diesem definieren, erzeugen wir — als freie Schöpfung unsres Geistes — ein Ding $\overline{1}$ durch die Festsetzung

$$\overline{0} \,|{<}|'\, \overline{1};$$

aus diesem wieder, wenn $\overline{0}$, $\overline{1}$ die eben definierten Dinge sind, durch die Festsetzungen

$$\overline{0} \,|{<}|''\, \overline{2}, \quad \overline{1} \,|{<}|''\, \overline{2}$$

das Ding $\overline{2}$. Ebenso das Ding $\overline{3}$ durch die Festsetzungen

$$\overline{0} \,|{<}|'''\, \overline{3}, \quad \overline{1} \,|{<}|'''\, \overline{3}, \quad \overline{2} \,|{<}|'''\, \overline{3},$$

wo wieder $\overline{0}$, $\overline{1}$, $\overline{2}$ die schon eingeführten „Dinge" sind.[2]

Die so erzeugten Dinge $\overline{1}$, $\overline{2}$, $\overline{3}$ sollen **Ordinatoren** genannt werden.

---

[1] Dies konnte der Verfasser nicht mehr nachholen. — D. K.

[2] Die Benützung von $\overline{1}$, $\overline{2}$, $\overline{3}$ als **neuer** Dingzeichen motiviert sich durch ihren offenbaren Zusammenhang mit den für Numeratoren oder endlichen Mächtigkeiten schon benützten Zeichen 1, 2, 3. So gibt z. B. die Einführung von $\overline{3}$ einen Denkbereich, der eine Wohlordnung der mit $\overline{0}$, $\overline{1}$, $\overline{2}$, $\overline{3}$ bezeichneten Dinge beschreibt, und der $\overline{3}$ entsprechende Abschnitt dieser wohlgeordneten Menge ist $\sim Z_3$.

Ist nun eine beliebige G-Eigenschaft gegeben, so soll die Erzeugung eines Dinges, dessen Definition darin besteht, daß jedes Ding, das die G-Eigenschaft besitzt, „vor“ diesem Dinge steht, als Anwendung des $\mathfrak{o}$-Prozesses auf die Menge aller Dinge, welche die G-Eigenschaft besitzen, bezeichnet werden. Es ist dies offenbar eine genauere Beschreibung des Denkprozesses, den wir früher als „Anhängen eines Elementes“ bezeichnet haben.

Wir haben offenbar durch Anwendung des $\mathfrak{o}$-Prozesses aus der Menge, die das einzige Element $\bar{0}$ enthält, den Ordinator $\bar{1}$ „erzeugt“; ebenso aus der Menge, die $\bar{0}$ und $\bar{1}$, und nur diese als Elemente enthält, den Ordinator $\bar{2}$. Ebenso für $\bar{3}$.

Wir setzen nun fest:

Wenn es möglich ist, auf die schon erzeugte Menge von Ordinatoren den $\mathfrak{o}$-Prozeß anzuwenden, so soll dieser Prozeß auch als ausgeführt gedacht werden und das durch den Prozeß erzeugte Ding wieder Ordinator genannt werden.[1]

Genau so wie bei den Numeratoren erhalten wir hier (jedem Numerator k entsprechend) einen Ordinator $\bar{k}$; wenn wir aber alle den Numeratoren entsprechenden Ordinatoren gebildet haben, hindert uns nichts, weiter zu gehen und ein Ding ω zu definieren[2], so daß, wenn k ein beliebiger Numerator, $\bar{k}$ „vor“ ω stehen soll, wo allerdings die für ω zur Verwendung gelangende Ordnungsrelation von jeder solchen verschieden sein muß, die bei der Erzeugung irgend eines $\bar{k}$ schon benutzt wurde.

Die soeben beschriebenen Denkprozesse begründen das evidente Anschauungspostulat, daß es für jedes (genau beschriebene) Ding unmittelbar ersichtlich wird, ob es ein Ordinator ist oder nicht; d. h. ob die Definition (die Erzeugung) des Dinges die geforderten Eigenschaften besitzt.

Ebenso ergibt die Beschreibung des Denkprozesses das folgende Anschauungsgesetz: Sind α und β irgendwelche Ordinatoren, so kann α in der Erzeugung von β schon benutzt sein; wenn dies aber nicht der Fall ist, so muß β in der Erzeugung von α benutzt werden. Es ergibt dies, insofern eine von den benützten Ordnungsrelationen verschiedene Ordnungsrelation denkbar ist, eine Ordnungsrelation zwischen den Ordinatoren, indem wir im ersten Falle $\alpha |<|_0 \beta$, im zweiten Falle $\beta |<|_0 \alpha$ setzen.

Sobald wir überhaupt eine von den benützten wieder verschiedene Ordnungsrelation denken können, ist es unmittelbar klar, daß der $\mathfrak{o}$-Prozeß ausgeführt werden kann, und die Erzeugung

[1] Die Analogie mit der in Kap. III ausgeführten Erzeugung der Numeratoren liegt auf der Hand; weshalb wir uns hier wohl kürzer fassen können.

[2] Es sollen weiter für die Bezeichnung der Ordinatoren, insofern sie nicht Numeratoren entsprechen, kleine griechische Buchstaben benützt werden. Sie treten ja an die Stelle der Ordnungszahlen, die sich als für unsere Zwecke ungenügend erweisen und nur vorübergehend benützt werden, um die Tatsache, daß verschiedene Ordnungsrelationen nebeneinander auftreten, zu erhärten.

der Ordinatoren schließt demnach erst damit ab, daß alle möglichen verschiedenen Ordnungsrelationen auch schon zur Verwendung gelangt sind.

Offenbar ergibt sich aus diesen Betrachtungen, daß die Menge aller Ordinatoren logische Existenz besitzt, d. h. durch einen exakten und widerspruchslosen Wahrheitsbereich definiert ist. Ihre Beschreibung enthält ja nur Mengenrelationen und Ordnungsrelationen. Wir haben es demnach mit einer Cantorschen Menge zu tun und für diese wurde die fragliche Tatsache eben ganz allgemein erhärtet. Damit ist aber selbstverständlich die logische Existenz jedes einzelnen Ordinators auch zur Evidenz gebracht.

Es lehrt endlich die Anschauung, daß dann auch die Menge aller Ordinatoren im Sinne unsrer obigen Ausführung geordnet ist und daß die hierbei auftretende Ordnungsrelation $|<|_0$ von den bei der Erzeugung der Ordinatoren benützten verschieden ist; wenigstens insofern, als sie bei der Beschreibung von $|<|_0$ schon benützt waren.

Die Anschauung zeigt endlich, daß die Menge aller Ordinatoren, in denen jedoch wenigstens eine Ordnungsrelation noch nicht gebraucht wurde, auf Grund der neuen Ordnungsrelation $|<|_0$ wohlgeordnet ist, und ein Widerspruch nur dadurch auftreten kann, daß wir behaupten, daß die Erzeugung der Ordinatoren schon alle Ordnungsrelationen aufgebraucht hat.

Zeitfracht Medien GmbH
Ferdinand-Jühlke-Straße 7
99095 Erfurt, Deutschland
produktsicherheit@kolibri360.de